RISC-V+OpenHarmony开源软硬件创新与应用丛书

基于RISC-V架构的OpenHarmony应用开发与实践

王剑 孙庆生 于大伍 蒋学刚 ◎ 编著

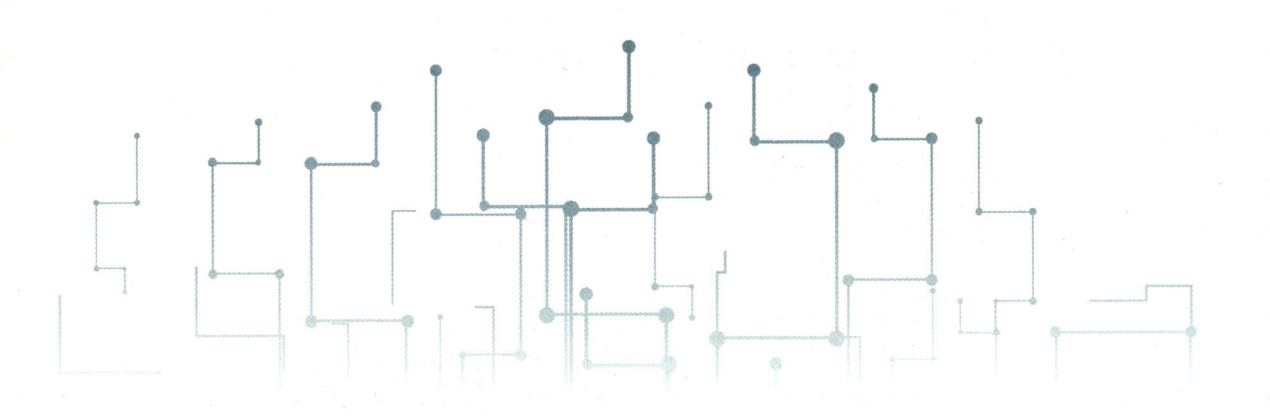

机械工业出版社
CHINA MACHINE PRESS

本书以 RISC-V 技术和 OpenHarmony 操作系统作为研究分析对象，首先阐述 RISC-V 指令集的相关基础知识，然后介绍基于 RISC-V 架构的润开鸿鸿锐开发板（SC-DAYU800A）的硬件架构和软件开发知识。在此基础上，阐述 OpenHarmony 操作系统的基础理论和实践开发，对北向开发（应用侧）和南向开发（设备侧）分别进行详细介绍，并分析其构建方法和典型案例。最后以 OpenHarmony 相机应用开发作为综合项目进行深入的阐述。

本书可以作为高等学校计算机类、电子信息类专业学生的教材，也可以作为 RISC-V 相关嵌入式开发人员的学习用书。

本书配有授课电子课件，需要的教师可登录 www.cmpedu.com 免费注册，审核通过后下载，或联系编辑索取（微信：13146070618，电话：010-88379739）。

图书在版编目（CIP）数据

基于 RISC-V 架构的 OpenHarmony 应用开发与实践／王剑等编著． -- 北京：机械工业出版社，2025.7．
（RISC-V+OpenHarmony 开源软硬件创新与应用丛书）．
ISBN 978-7-111-78560-6

Ⅰ．TN929.53

中国国家版本馆 CIP 数据核字第 2025TB9326 号

机械工业出版社（北京市百万庄大街 22 号　邮政编码 100037）
策划编辑：解　芳　　　　　　　责任编辑：解　芳　王海霞
责任校对：王文凭　张雨霏　景　飞　责任印制：李　昂
涿州市京南印刷厂印刷
2025 年 7 月第 1 版第 1 次印刷
184mm×260mm・21.5 印张・554 千字
标准书号：ISBN 978-7-111-78560-6
定价：89.90 元

电话服务　　　　　　　　　　　网络服务
客服电话：010-88361066　　　　机　工　官　网：www.cmpbook.com
　　　　　010-88379833　　　　机　工　官　博：weibo.com/cmp1952
　　　　　010-68326294　　　　金　书　网：www.golden-book.com
封底无防伪标均为盗版　　　　　机工教育服务网：www.cmpedu.com

推荐序

在信息技术加速演进的今天,开放与协同正成为推动新一代基础软硬件生态发展的核心驱动力。RISC-V 与 OpenHarmony,分别作为开源指令集架构与开源操作系统的代表,其联动发展正在为开发者构建出一条软硬一体、自由创新、可持续演进的新路径,也为我国打造自主、安全的数字基础设施提供了关键抓手。

RISC-V 以其开放、简洁、模块化的架构设计,既有利于降低设计门槛、丰富架构创新路径,也为构建中国特色的高性能、低功耗、可裁剪芯片体系奠定了基础。与此同时,OpenHarmony 作为面向全场景智能终端的分布式开源操作系统,致力于构建"一个系统,多种设备"的统一平台,不仅提升了跨设备协同的开发效率,也显著推动了国产软件生态体系的完善和扩张。

RISC-V 与 OpenHarmony 这两个开源生态在润开鸿鸿锐 SC-DAYU800A 等平台上的深度融合,不仅为开发者提供了完整的软硬协同开发环境,更为我国构建从芯片到系统再到应用的完整技术链条提供了实践模板。开发者可以在这一平台上自由获取、修改和部署指令集、操作系统和应用程序,从而实现真正意义上的定制化开发、安全可控与敏捷创新。这种自由开放的开发范式,尤其适合教育教学、科研攻关、行业孵化等多个领域。同时,这种"开放架构+开放操作系统"的技术路线,也契合了我国大力发展"新质生产力"的战略方向。在数字中国、工业互联网、车规计算、物联网安全等重点应用领域,RISC-V 与 OpenHarmony 协同提供的"国产可控+生态友好"的能力组合,将有力推动从嵌入式设备、边缘终端到核心工业控制系统的创新升级。

本书系统讲解了 RISC-V 指令集架构与 OpenHarmony 操作系统的核心知识,并以润开鸿鸿锐 SC-DAYU800A 开发板为载体,介绍了从底层硬件到上层应用的完整开发路径。内容涵盖指令级基础知识、嵌入式系统部署、驱动开发、ArkTS 语言开发、UI 框架搭建、编译构建流程以及典型项目实践,兼顾理论深度与工程实用,既可作为高校教材,也可作为工程技术人员与开源爱好者的自学参考。

希望这本书能帮助更多读者掌握开源基础软硬件开发的能力,也希望这本书能在推动国产生态普及、促进开发者成长、提升行业整体技术水平方面,发挥一份积极作用。面向未来,每一段开源代码都可能成为技术变革的起点,每一次自主构建都可能成为产业跃升的阶梯。愿你在这条开源之路上,探索更多可能。

RISC-V 工委会轮值会长　孟建熠

本书编委会

主　任：李春强

副主任：于佳耕

编　委：（按姓名拼音排序）

常　健	陈学军	陈一玲	戴　海	傅　炜	黄大耀	黄怡皓
江　斌	蒋雨希	来　恒	刘　敏	刘宗祥	毛　晗	苗喜良
沈　丁	苏　毅	邰　阳	童琪杰	汪　迪	王　军	王　钰
王云龙	魏明冲	闻　飞	夏文强	苑春鸽	贠利君	曾彩虹
张旭天						

前言

RISC-V 指令集是基于精简指令集计算机（Reduced Instruction Set Computer，RISC）原理建立的开放指令集架构（Instruction Set Architecture，ISA）。作为在指令集技术不断发展和成熟的基础上建立的全新指令，RISC-V 指令集具有完全开源、设计简洁、易于移植 UNIX 系统、模块化设计、完整工具链等特点，同时有丰富的开源实现和流片案例。基于 RISC-V 架构可以设计服务器 CPU、移动终端 CPU、边缘终端 CPU，以及面向嵌入式领域的家用电器控制 CPU、工业控制 CPU、传感器内置 CPU 等。嵌入式系统已广泛应用于通信设备、消费电子、数字家电、汽车电子、医疗电子、工业控制、金融电子、军事、航空航天等各个领域。

OpenHarmony 是一个由华为公司贡献给开放原子开源基金会（OpenAtom Foundation）的开源项目。它是一个全场景分布式操作系统，旨在为各种智能设备提供统一的操作体验。OpenHarmony 的愿景是为全球的智能设备提供统一的操作平台，推动智能设备的发展和创新。随着项目的不断发展，OpenHarmony 正在成为全球智能设备领域的重要参与者。

本书特色包括：

（1）本书深度整合 RISC-V 架构单板计算机和 OpenHarmony 操作系统，获得了国内 OpenHarmony 技术生态领军企业润开鸿的技术支持。

（2）本书参考资料主要来自 OpenHarmony 官方文档、RISC-V 社区和润开鸿技术白皮书，内容具有良好的时效性和实用性。

（3）本书在技术上与时俱进，所阐述的单板计算机采用 SC-DAYU800A（搭载曳影 TH1520 芯片），操作系统采用 OpenHarmony 4.1 版本，应用侧开发采用 ArkTS 语言。

（4）本书案例精选自编写团队的科研项目和实践活动，具有一定实用价值，包含交叉学科知识，展现了 RISC-V 技术与 OpenHarmony 标准系统相结合的创新应用，源码丰富。

本书共 9 章，第 1 章介绍了 RISC-V 处理器架构的相关知识。第 2 章介绍了 OpenHarmony 操作系统的基础知识。第 3 章介绍了润开鸿鸿锐开发板（SC-DAYU800A）的相关软硬件知识。第 4 章介绍了 OpenHarmony 开发实践的基础知识。第 5 章介绍了 ArkTS 语言。第 6 章介绍了程序框架服务和方舟 UI 框架。第 7 章介绍了 OpenHarmony 编译构建。第 8 章介绍了 OpenHarmony 驱动程序。第 9 章介绍了 RISC-V+OpenHarmony 综合开发项目：相机。

本书由王剑负责第 1 章、第 3 章和第 8 章的编写和全书的统稿，孙庆生负责第 2 章、第 4 章和第 5 章的编写，于大伍负责第 6 章和第 7 章的编写，蒋学刚负责第 9 章的编写。本书的编写得到了江苏润开鸿数字科技有限公司、RISC-V 工委会人才工作部张科老师以及机械工业出版社的大力支持和帮助，在此表示衷心的感谢。

本书配有电子课件、教学大纲、教案、源代码、习题答案、模拟试卷、题库和实验指导书等资源，需要的教师可通过以下方式获取：微信 13342988877，邮箱 info@cnrisc-v.com。

本书在编写过程中参考了许多国内外最新的技术资料，文末有具体的参考文献，有兴趣的读者可以查阅相关信息。由于作者水平有限，错误或者不妥之处在所难免，敬请广大读者批评指正和提出宝贵意见。

王 剑

目录

推荐序
前言

第1章　RISC-V 处理器架构 …… 1
  1.1　RISC-V 架构简介 …… 1
    1.1.1　RISC-V 架构的发展及推广 …… 1
    1.1.2　RISC-V 架构的特点 …… 2
    1.1.3　RISC-V 架构处理器芯片 …… 4
  1.2　RISC-V 寄存器 …… 5
    1.2.1　通用寄存器 …… 5
    1.2.2　控制和状态寄存器 …… 6
    1.2.3　程序计数器 …… 6
  1.3　RISC-V 特权模式 …… 6
  1.4　RISC-V 指令集 …… 7
    1.4.1　RISC-V 指令编码格式 …… 8
    1.4.2　RISC-V 指令长度编码 …… 9
    1.4.3　RISC-V 寻址方式 …… 10
    1.4.4　RV32I 指令 …… 11
  1.5　RISC-V 异常与中断 …… 14
    1.5.1　同步异常和异步异常 …… 14
    1.5.2　RV32 特权模式和异常 …… 14
    1.5.3　机器模式异常相关的 CSR 寄存器 …… 15
    1.5.4　异常和中断响应过程 …… 17
    1.5.5　S 模式下的 RISC-V 中断处理 …… 18
  1.6　RISC-V 软件工具链 …… 18
    1.6.1　RISC-V 模拟器 …… 18
    1.6.2　GCC 编译工具链 …… 20
    1.6.3　RISC-V GCC 编译工具链 …… 23
    1.6.4　Makefile …… 25
    1.6.5　clang 和 LLVM …… 27
  1.7　本章小结 …… 31

习题 …… 31

第2章　OpenHarmony 基础 …… 33
  2.1　OpenHarmony 概述 …… 33
    2.1.1　OpenHarmony 技术架构 …… 33
    2.1.2　OpenHarmony 技术特性 …… 34
    2.1.3　OpenHarmony 支持的系统类型 …… 35
    2.1.4　OpenHarmony 的子系统 …… 35
    2.1.5　OpenHarmony 版本说明 …… 37
    2.1.6　OpenHarmony 源码目录结构 …… 37
  2.2　OpenHarmony 标准系统的内核 …… 38
    2.2.1　内核概述 …… 38
    2.2.2　Linux 内核编译与构建 …… 40
    2.2.3　内核增强特性 …… 41
    2.2.4　OpenHarmony 开发板上 Patch 的应用 …… 41
  2.3　OpenHarmony 应用理论基础 …… 42
    2.3.1　应用的基本概念 …… 42
    2.3.2　Stage 模型应用程序包结构 …… 44
  2.4　本章小结 …… 49

习题 …… 49

第3章　润开鸿鸿锐开发板（SC-DAYU800A）介绍 …… 51
  3.1　SC-DAYU800A 开发板概述 …… 51
    3.1.1　硬件介绍 …… 51
    3.1.2　软件特性 …… 54
  3.2　OpenHarmony 的 SC-DAYU800A 开发板代码下载和编译 …… 56
    3.2.1　Ubuntu 概述 …… 56
    3.2.2　Ubuntu 20.04 编译环境配置 …… 60

3.2.3　基于SC-DAYU800A开发板的
　　　　代码下载 …………………… 62
　3.2.4　基于SC-DAYU800A开发板的
　　　　OpenHarmony代码编译 …… 66
3.3　镜像烧录 ……………………………… 67
　3.3.1　环境准备 …………………… 67
　3.3.2　SC-DAYU800A开发板烧
　　　　录镜像 …………………… 70
3.4　SC-DAYU800A+OpenHarmony
　　交叉编译工具链 ………………… 72
　3.4.1　RISC-V架构的LLVM工具
　　　　链构建 …………………… 72
　3.4.2　RISC-V架构的rustc工具
　　　　链构建 …………………… 73
　3.4.3　内核工具链 ………………… 73
3.5　本章小结 ……………………………… 73
习题 ……………………………………………… 74

第4章　OpenHarmony开发
##　　　实践基础 ……………………………… 75

4.1　OpenHarmony设备端基础
　　环境搭建 ………………………… 75
　4.1.1　配置Samba服务器 ………… 76
　4.1.2　设置Windows映射 ………… 77
　4.1.3　安装库和工具集 …………… 77
　4.1.4　获取源码 …………………… 78
　4.1.5　安装编译工具 ……………… 79
4.2　开发第一个设备端程序
　　"Hello World" …………………… 80
　4.2.1　程序编写 …………………… 80
　4.2.2　编译 ………………………… 83
　4.2.3　烧录和执行 ………………… 90
4.3　OpenHarmony应用端开发
　　基础环境搭建 …………………… 92
　4.3.1　工具准备 …………………… 92
　4.3.2　配置hdc工具环境变量HDC_
　　　　SERVER_PORT ……………… 95
4.4　开发第一个应用端程序"Hello
　　Ohos World" ……………………… 96
　4.4.1　创建ArkTS工程 …………… 96

　4.4.2　构建第一个页面 …………… 99
　4.4.3　构建第二个页面 …………… 100
　4.4.4　实现页面间的跳转 ………… 102
　4.4.5　使用开发板运行应用 ……… 105
4.5　调试工具 ……………………………… 106
　4.5.1　aa工具 ……………………… 106
　4.5.2　bm工具 …………………… 110
　4.5.3　打包工具 …………………… 114
　4.5.4　拆包工具 …………………… 117
　4.5.5　LLDB工具 ………………… 118
4.6　Stage模型下的应用配置
　　文件 ……………………………… 120
　4.6.1　app.json5配置文件 ………… 120
　4.6.2　module.json5配置文件 …… 121
4.7　资源分类与访问 ……………………… 122
　4.7.1　资源分类 …………………… 122
　4.7.2　资源访问 …………………… 123
4.8　本章小结 ……………………………… 125
习题 ……………………………………………… 125

第5章　ArkTS ……………………………… 126

5.1　ArkTS语言基础 ……………………… 127
　5.1.1　变量和常量 ………………… 127
　5.1.2　运算符 ……………………… 127
　5.1.3　数据类型 …………………… 129
　5.1.4　流程控制语句 ……………… 132
　5.1.5　函数 ………………………… 136
5.2　类和对象 ……………………………… 140
　5.2.1　类的声明 …………………… 140
　5.2.2　对象 ………………………… 143
　5.2.3　继承、抽象类和接口 ……… 143
5.3　泛型 …………………………………… 146
5.4　异常处理 ……………………………… 148
5.5　模块的导出和导入 …………………… 150
　5.5.1　模块导出 …………………… 150
　5.5.2　模块导入 …………………… 151
5.6　UI范式 ………………………………… 151
　5.6.1　基本语法 …………………… 152
　5.6.2　声明式UI …………………… 153

5.6.3	自定义组件	156	6.7.2	分布式设备管理部分 242
5.6.4	状态管理	164	6.7.3	绘图部分 246
5.6.5	渲染控制	170	6.8	本章小结 248
5.7	本章小结	173		习题 248
	习题	173	第7章	OpenHarmony 编译构建 250
第6章	程序框架服务和方舟 UI 框架	174	7.1	OpenHarmony 编译基础知识 250
6.1	程序框架服务	174	7.2	编译构建 Kconfig 可视化配置 253
6.2	Stage 模型开发概述	175	7.3	产品适配规则（标准系统） 255
6.3	Stage 应用组件	176	7.3.1	目录功能介绍 255
6.3.1	UIAbility 组件	176	7.3.2	产品仓适配 256
6.3.2	ExtensionAbility 组件	183	7.4	子系统配置 258
6.3.3	AbilityStage 组件容器	184	7.5	部件配置规则及编译 258
6.3.4	应用上下文 Context	186	7.5.1	部件配置规则 258
6.3.5	信息传递载体 Want	188	7.5.2	新增并编译部件 260
6.3.6	进程模型	190	7.6	模块配置规则及编译 262
6.3.7	线程模型	191	7.6.1	模块配置规则 262
6.4	程序访问控制	192	7.6.2	新建模块 267
6.4.1	应用权限概述	192	7.6.3	模块依赖的使用 270
6.4.2	选择申请权限的方式	194	7.6.4	编译模块 271
6.4.3	声明权限	195	7.7	特性配置规则 271
6.4.4	声明 ACL 权限	197	7.8	HAP 编译构建 273
6.4.5	向用户申请授权	197	7.8.1	编译子系统提供的模板 273
6.4.6	应用权限列表	201	7.8.2	操作步骤 274
6.5	方舟 UI 框架	204	7.8.3	GN 脚本配置示例 275
6.5.1	方舟 UI 框架概述	204	7.9	SC-DAYU800A 移植 276
6.5.2	方舟 UI 框架的组成	204	7.9.1	OpenHarmony 在标准系统上的移植步骤 276
6.6	方舟 UI 框架的实现（基于声明式开发范式）	206	7.9.2	将 OpenHarmony 移植到 SC-DAYU800A 283
6.6.1	开发布局	206	7.10	编译 OpenHarmony 的 LLVM 工具链 285
6.6.2	添加组件	209	7.11	本章小结 285
6.6.3	添加气泡和菜单	224		习题 286
6.6.4	设置组件导航	229	第8章	OpenHarmony 驱动程序 287
6.6.5	设置页面路由	231	8.1	OpenHarmony 驱动程序概述 287
6.6.6	支持交互事件	236	8.1.1	OpenHarmony 驱动程序框架 287
6.7	OpenHarmony 北向开发典型项目：分布式绘图	241	8.1.2	驱动开发分类 289
6.7.1	功能使用前置条件	241		

8.2 HDF 驱动开发流程 …………… 290
  8.2.1 驱动开发概述 ………………… 290
  8.2.2 HDF 配置管理 ………………… 293
  8.2.3 配置生成 ……………………… 299
8.3 基于 HDF 的驱动开发步骤 …… 300
  8.3.1 驱动实现 ……………………… 300
  8.3.2 驱动编译脚本编写 …………… 301
  8.3.3 驱动配置 ……………………… 301
  8.3.4 驱动消息机制管理开发 ……… 303
  8.3.5 驱动服务管理开发 …………… 306
  8.3.6 HDF 开发示例代码 …………… 308
8.4 典型设备驱动程序开发项目：
    触摸屏 Touchscreen ……………… 309
  8.4.1 触摸屏 Touchscreen 概述 …… 309
  8.4.2 接口说明 ……………………… 309
  8.4.3 开发步骤 ……………………… 311
  8.4.4 开发代码 ……………………… 312
8.5 典型设备驱动程序开发项目：
    串口通信（基于 NAPI）………… 313
  8.5.1 napi_demo 代码处理 ………… 313
  8.5.2 napi_demo 代码介绍 ………… 314
  8.5.3 创建类型声明文件 …………… 314
  8.5.4 BUILD.gn 文件介绍 …………… 314
  8.5.5 napi_demo 编译 ……………… 314
  8.5.6 测试 NAPI 接口功能 ………… 315
8.6 本章小结 ………………………… 315
习题 …………………………………… 315

第 9 章 RISC-V+OpenHarmony 综合开发项目：相机 …… 316

9.1 OpenHarmony 相机驱动框架 … 316
  9.1.1 运行原理 ……………………… 316
  9.1.2 接口 …………………………… 318
  9.1.3 开发步骤 ……………………… 318
  9.1.4 开发代码 ……………………… 323
9.2 OpenHarmony 南向开发典型
    项目：相机驱动测试 …………… 323
  9.2.1 添加测试用例白名单 ………… 323
  9.2.2 测试代码介绍 ………………… 324
9.3 OpenHarmony 南向开发典型
    项目：HAL 框架 Demo ………… 324
9.4 OpenHarmony 北向开发典型项目：
    相机应用侧开发 ………………… 325
9.5 本章小结 ………………………… 330
习题 …………………………………… 330

参考文献 …………………………… 331

第 1 章
RISC-V 处理器架构

过去的几十年，在移动/嵌入式应用以及传统 PC/服务器领域，ARM 架构和 x86 架构都得到了广泛的应用。这些成熟的架构经过多年的发展变得极为复杂和臃肿，而且存在着高昂的专利费用和架构授权问题，一些其他的商业架构由于各种原因也越来越边缘化。具有精简、模块化及可扩充等优点的 RISC-V 架构的出现，引起了产业界的广泛关注。RISC-V 作为开源指令集架构，在错综复杂的国际、政治、经济环境的大背景下又有着特殊的意义。

1.1 RISC-V 架构简介

1.1.1 RISC-V 架构的发展及推广

从 1979 年开始，美国加州大学伯克利分校的 David Patterson 教授提出了精简指令集计算机（Reduced Instruction Set Computer，RISC）的概念，首次使用了 RISC 这一术语，并且长期主导加州大学伯克利分校的 RISC 研发项目。1981 年，在 David Patterson 的主导下，加州大学伯克利分校的一个研究团队开发了 RISC-I 处理器，这是今天 RISC 架构的鼻祖。随后在 1983 年发布了 RISC-II 原型芯片，又在 1984 年和 1988 年分别完成了 RISC-III 和 RISC-IV 的设计。2010 年，加州大学伯克利分校 Krste Asanovic 教授带领的研究团队为了满足一个项目的需求，设计了一套全新的、简洁且开源的指令集架构——RISC-V。图 1-1 所示为五代 RISC 架构处理器。

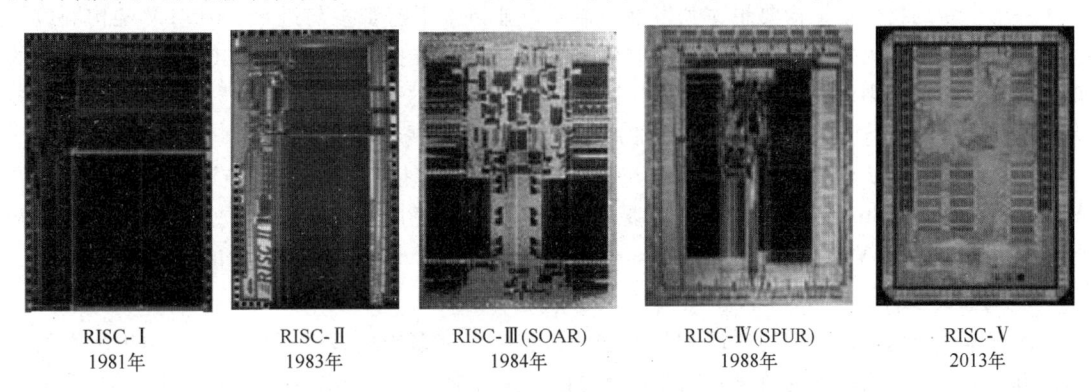

RISC-I	RISC-II	RISC-III(SOAR)	RISC-IV(SPUR)	RISC-V
1981年	1983年	1984年	1988年	2013年

图 1-1 五代 RISC 架构处理器

2015 年，RISC-V 基金会正式成立，它是一家非营利组织，负责维护 RISC-V 指令集标准手册和架构文档，建立 RISC-V 生态。基金会成员可以使用 RISC-V 商标。由于 RISC-V 架构使用 BSD

开源协议，它给予使用者很大自由：允许使用者修改和重新发布开源代码，也允许基于开源代码开发商业软件并进行发布和销售。同年，RISC-V 项目组的主要成员成立了 SiFive 公司，以推动 RISC-V 架构的商业化应用。

RISC-V 基金会遵循的原则包括：

1）RISC-V 指令集及相关标准必须对所有人开放且无须授权。

2）RISC-V 指令集规范必须能够在线下载。

3）RISC-V 的兼容性测试套件必须提供源码下载。

RISC-V 基金会总部从美国迁往瑞士，并于 2020 年 3 月完成在瑞士的注册，基金会更名为 RISC-V 国际基金会（RISC-V International Association）。这个行动向全世界传达 RISC-V 坚持开放自由、为全球半导体行业服务的理念，使任何组织和个人都可以不受地缘政治影响、自由平等地使用 RISC-V。现在，基金会成员已经超过 1000 家，包括了高通、英特尔、NXP、谷歌、英伟达、华为、腾讯、阿里巴巴等全球知名企业。

在国家网信办、工信部、中国科学院等多个部门的支持和指导下，中国开放指令生态（RISC-V）联盟于 2018 年 11 月 8 日在浙江乌镇举行的第五届互联网大会上正式成立。中国开放指令生态（RISC-V）联盟旨在以 RISC-V 指令集为抓手，联合学术界及产业界推动开源开放指令芯片及其生态的发展，积极构建全世界共享的开源芯片生态。

1.1.2 RISC-V 架构的特点

经过多年的发展，在嵌入式应用中存在着多种不同体系结构的处理器，这导致嵌入式技术开发人员必须学习和掌握不同架构，降低了产品开发的效率，提高了人员培养的成本。同时，传统的处理器架构的封闭性提高了系统研发与成果转化的成本，束缚了创新，阻碍了技术的推广和进步。

RISC-V 架构在设计时充分借鉴了其他架构的优点，也吸取了它们的经验和教训，使得它在设计理念、结构和性能等方面具有自己的优点，具体优点如下。

1. 开放性与许可

一个全新的指令集架构要想蓬勃发展，需要产业链上下游都参与进来。RISC-V 架构顺应了这一趋势，把指令集架构转变为一个由非营利基金会组织维护的开放标准，IP 核、生态相关的软硬件开发和维护则由其他营利/非营利组织或个人完成。这个标准凭借其开放性，得到了很多大公司和社区的支持。这种模式极大地加速了 RISC-V 的发展和应用。

伯克利研究团队认为，指令集架构（ISA）作为软硬件接口的说明和描述规范，不应该像 ARM、PowerPC、x86 等指令集那样需要付费授权才能使用，而应该开放（Open）和免费（Free）。这样 RISC-V 架构既不会受到单一商业实体的控制，也不会有商业上的限制。

2. 简洁的设计

现有体系结构经过长期的发展和版本迭代，积累了许多历史遗留问题，不同历史版本的产品在市场中共存，新版本的研发必须考虑兼容性，使得指令集架构的复杂度随时间持续提升，变得越来越繁杂和臃肿。

RISC-V 架构在吸收各体系结构优点的基础上，重新开始设计，摆脱了旧有技术的束缚。新设计技术和方法的引入极大简化了 RISC-V 指令集的设计，使得 RISC-V 架构的指令非常简洁，将指令集压缩到了最小限度，基本的 RISC-V 指令仅有 40 多条，通过可选的模块化指令来扩展其功能，以应用于不同的领域。

简洁的设计也使得开发者的学习门槛大幅降低，可以较快地掌握所需的技术，加快项目开发进程。例如，ARMv8-A 架构的官方手册仅一卷就多达 8538 页，相比之下，RISC-V 官方手册仅有两卷，包括 238 页的指令集手册和 91 页的特权架构手册。

3. 模块化的指令集

RISC-V 的指令集使用模块化的方式进行组织，提供大量自定义编码空间以支持对指令集的扩展，从而允许开发者根据资源、能耗、权限、实时性等不同需求，基于部分特定的模块和扩展指令集进行模块的组合，实现了强大的系统定制化能力。

RISC-V 指令集的每个模块使用一个英文字母表示，其中字母 I 表示整数指令集。整数指令集是唯一强制要求实现的指令集，能够实现完整的软件编译器。其他的指令子集均为可选的模块，其代表性的模块包括 M、A、F、D、C 等，见表 1-1。

表 1-1 RISC-V 模块化指令集

类型	指令集	说明
基本指令集	RV32I	包含 32 位地址空间与整数指令，支持 32 个通用整数寄存器
	RV32E	RV32I 子集，仅支持 16 个通用整数寄存器
	RV64I	包含 64 位地址空间与整数指令，以及一部分 32 位的整数指令，支持 32 个 64 位通用整数寄存器
	RV128I	包含 128 位地址空间与整数指令，及一部分 64 位和 32 位的指令，支持 32 个 128 位通用整数寄存器
扩展指令集	M	包含整数乘法和除法指令
	A	包含存储器原子操作指令
	F	包含单精度（32 位）浮点运算指令
	D	包含双精度（64 位）浮点运算指令
	Q	包含四精度（128 位）浮点运算指令
	C	包含 16 位长度压缩指令
	B	包含位操作指令
	E	包含为嵌入式设计的整数指令
	H	包含虚拟化扩展指令
	K	包含密码运算扩展指令
	V	包含可伸缩矢量扩展指令
	P	包含打包 SIMD 扩展指令
	J	包含动态翻译语言扩展指令
	T	包含事务内存指令
	N	包含用户态中断指令

表 1-1 中的特定组合"IMAFD"是一个稳定的通用组合，用英文字母"G"表示，例如 RV32G 或 RV64G，等同于 RV32IMAFD 或 RV64IMAFD。

4. 日趋完善的生态系统

良好的生态系统对发展芯片技术以及形成良性、可持续的芯片产业循环至关重要。与其他开源指令集相比，RISC-V 在社区支持方面更完善，它不仅支持 Linux、SeL4、BSD 等通用操作系统，还支持 FreeRTOS 和 RT-Thread 等实时操作系统；同时，RISC-V 兼容 GCC、LLVM 等主流编译和调试工具链，并支持 C/C++、Java、Python、OpenCL 和 Go 等主流编程语言。

1.1.3　RISC-V 架构处理器芯片

RISC-V 是一种开放的指令集架构，而不是指一款具体的处理器。任何个人或机构都可以遵循 RISC-V 架构设计自己的处理器。所有依据 RISC-V 架构而设计且通过 RISC-V 官方认证的处理器都可以称为 RISC-V 架构处理器。

1. 曳影 1520（TH1520）芯片

曳影 1520 是一款具备低功耗、高性能、高安全、多模态感知和多媒体 AP（Application Processor，应用处理器）能力的 AI 处理器芯片，可用于刷脸支付终端、AI 边缘计算、视频会议一体机、人脸识别考勤门禁、带屏智能音箱等应用场景。其基于多核异构架构，集成了基于 RISC-V 指令集架构的四核 C910 和单核 C906 处理器，内嵌多个强大的硬件加速引擎，支持性能优化的高端应用，支持 H.265/H.264/VP9 标准视频编码，最高分辨率达 4K@40fps[○]；以及支持 H.265/H.264/VP9/AVS2 等格式视频解码，最高分辨率达 4K@75fps。此外，曳影 1520 还支持 JPEG 编解码，最高分辨率达 32K×32K。曳影 1520 内嵌 3D GPU，完全兼容 OpenGL ES1.1/2.0/3.0/3.1、OpenCL 1.1/1.2/2.0 和 Vulkan 1.1/1.2，支持 2D 加速引擎以及通用 DSP 加速器。曳影 1520 支持双通道外部存储器接口，兼容 LPDDR4/LPDDR4X，提供最大存储带宽达 34 GB/s，同时提供了满足多变应用需求的外设接口。

2. 全志科技 D1 芯片

全志科技公司于 2021 年 4 月推出 D1 芯片，该芯片搭载了 64 位单核 RISC-V CPU，并支持运行 Linux 系统。D1 芯片支持 H.265、H.264、MPEG-1/2/4、JPEG、VC1 等全格式解码，其独立的编码器支持 JPEG 和 MJPEG 编码。D1 芯片支持 RGB、LVDS、MIPI DSI、HDMI、CVBS OUT 等显示输出接口，可满足不同屏幕的显示要求。

3. SiFive Freedom U540 芯片

SiFive 公司在 2017 年 10 月份发布了 SiFive Freedom U540 芯片。这是全球第一款采用开源 RISC-V 指令集的多核 SoC（System on Chip，片上系统）。该芯片也是世界上首款由 Linux 驱动的 RISC-V SoC，适用于 AI、机器学习、网络、网关和智能物联网设备。该芯片采用台积电 28 nm HPC 工艺制造，集成了 4 个主频高达 1.5 GHz 的 U54 RV64GC 内核（支持 Sv39 虚拟内存）和 1 个用于管理的 E51 RV64IMAC 内核。每个内核配备了 32 KB L1 指令缓存和 32 KB L1 数据缓存，采用高效五级有序流水线设计，所有内核共享一个 2 MB L2 缓存。图 1-2 所示为基于 U540 芯片的 SiFive HiFive Unleashed 开发板。

[○] fps 是"帧/s"的简写。

图 1-2　SiFive HiFive Unleashed 开发板

1.2　RISC-V 寄存器

在 RISC-V 指令集架构中，寄存器组主要包括通用寄存器（General Purpose Register，GPR），以及控制和状态寄存器（Control and Status Register，CSR），还包含一个独立的程序计数器（Program Counter，PC）。

微课 1-1
RISC-V 寄存器

1.2.1　通用寄存器

基本的通用寄存器包含 32 个通用整数寄存器，分别是 x0~x31。其中 x0 寄存器较为特殊，被设置为硬连线的常数 0，这是因为在程序运行过程中常数 0 的使用频率非常高，因此专门用一个寄存器来存放常数 0。

如果是 32 位的 RISC-V 架构（RV32I），每个通用寄存器的宽度为 32 位；如果是 64 位的 RISC-V 架构（RV64I），每个通用寄存器的宽度为 64 位。

在资源受限的使用环境下，RISC-V 定义了可选的嵌入式架构（使用扩展指令集"E"），则只有 x0~x15 这 16 个通用整数寄存器。且由于嵌入式架构只支持 32 位的 RISC-V 架构（即 RV32E），因此每个通用寄存器的宽度为 32 位。

如果支持"F""Q""D"三个浮点运算指令集，则需要另外增加 32 个通用浮点寄存器 f0~f31。通用浮点寄存器的宽度分别是 32 位、64 位和 128 位。

为了使汇编程序易于阅读，在汇编程序中，每个寄存器都有一个采用应用程序二进制接口（Application Binary Interface，ABI）协议定义的别名。表 1-2 列出了通用寄存器组及其 ABI 别名。

表 1-2　通用寄存器组及其 ABI 别名

寄存器名称	ABI 别名	描　　述	数据保存者
x0	zero	常数 0	—
x1	ra	链接寄存器（函数返回地址）	Caller（调用者）
x2	sp	栈指针寄存器	Callee（被调用者）
x3	gp	全局指针寄存器（基地址）	—
x4	tp	线程指针寄存器（基地址）	—

(续)

寄存器名称	ABI 别名	描述	数据保存者
x5	t0	临时寄存器/备用链接寄存器	Caller
x6~x7	t1~t2	临时寄存器	Caller
x8	s0/fp	保存寄存器/帧指针寄存器（函数调用时保存数据）	Callee
x9	s1	保存寄存器（函数调用时保存数据）	Callee
x10~x11	a0~a1	函数参数/返回值寄存器（函数调用时传递参数和返回值）	Caller
x12~x17	a2~a7	函数参数寄存器（函数调用时传递参数）	Caller
x18~x27	s2~s11	保存寄存器（函数调用时保存数据）	Callee
X28~x31	t3~t6	临时寄存器	Caller
f0~f7	ft0~ft7	浮点临时寄存器	Caller
f8~f9	fs0~fs1	浮点保存寄存器	Callee
f10~f11	fa0~fa1	浮点函数参数/返回值寄存器	Caller
f12~f17	fa2~fa7	浮点函数参数寄存器	Caller
f18~f27	fs2~fs11	浮点保存寄存器	Callee
f28~f31	ft8~ft11	浮点临时寄存器	Caller

1.2.2 控制和状态寄存器

RISC-V 指令集架构还定义了一组控制和状态寄存器（CSR），使用特定的 CSR 指令访问，用来配置或记录处理器内核运行状态。CSR 寄存器是处理器核内部的寄存器，在 CSR 指令中使用 12 位独立的地址编码空间，其中的高 4 位地址空间用于编码 CSR 的读写权限及不同特权级别下的访问权限。

1.2.3 程序计数器

在一部分处理器架构中，当前执行指令的程序计数器（PC）值可以被反映在某些通用寄存器或特殊寄存器中。任何改变通用寄存器的指令都有可能改变该值，从而导致分支或跳转。但是在 RISC-V 架构中，程序计数器是独立的，在指令执行过程中，PC 值会自动变化。程序如果想读取 PC 值，只能通过某些指令间接获得，例如 AUIPC 指令。

1.3 RISC-V 特权模式

RISC-V 架构定义了处理器的 4 种工作模式，也叫特权模式（Privileged Mode），包括机器模式（Machine Mode，M 模式）、超级管理员模式（Hypervisor Mode，H 模式）、管理员模式（Supervisor Mode，S 模式）和用户模式（User Mode，U 模式），其中，H 模式截至本书定稿时处于草案状态。

1）机器模式是 RISC-V 指令集架构中最高级别的特权限模式。RISC-V 处理器内核复位后会自动进入机器模式。在机器模式下运行的程序权限最高,可以执行处理器的所有指令,可访问处理器内的所有资源。机器模式是在系统设计中必须实现的一种特权模式,其他特权模式都是可选的。不同的系统可以根据运行环境和实际需要,决定是否支持实现某一级别的特权模式。

2)用户模式是 RISC-V 特权系统中级别最低的特权模式,又被称作"非特权模式"。在用户模式下运行的程序仅可以访问处理器内部的限定资源。

3)管理员模式具有比用户模式更高的操作权限,可以访问和管理一台机器中的敏感资源。管理员模式需要与机器模式和用户模式共同实现,因此不能出现系统中只存在管理员模式而不存在用户模式的情况。

4)超级管理员模式可用于管理跨机器的资源,或者将机器整体作为组件承担更高级别的任务。例如,超级管理员模式可以协助一台机器实现系统的虚拟化操作。

表 1-3 列出了不同特权模式的等级和编码。机器模式的权限等级最高,用户模式的权限等级最低。RISC-V 架构中通过 CSR 来控制当前的特权模式,通过设置 CSR 中特定 2 位的编码值,可以切换到不同的特权模式。

表 1-3 RISC-V 架构的特权模式

等 级	编 码	名 称	缩 写
0	00	用户/应用模式	U
1	01	管理员模式	S
2	10	超级管理员模式	H
3	11	机器模式	M

RISC-V 架构并不要求 RISC-V 处理器同时支持 4 种特权模式。设计处理器时,可根据不同的应用选择所需的模式组合。表 1-4 列出了 RISC-V 处理器支持的特权模式组合。

表 1-4 RISC-V 处理器支持的特权模式组合

模式数量	支持模式	应用场景
1	M	简单的嵌入式系统
2	M、U	支持安全架构的嵌入式系统
3	M、S、U	可运行类 UNIX 操作系统的系统
4	M、H、S、U	支持虚拟机的系统

1.4 RISC-V 指令集

RISC-V 指令集架构采用模块化的方式进行组织,以基本指令集+扩展指令集的方式进行组合。处理器的设计者选择不同的扩展指令集来满足不同的应用需求。

RISC-V 指令集架构中的基本指令集,也是唯一强制要求实现的指令集,是由字母 I 表示的基本整数指令集 RV32I。RISC-V 指令集架构仅仅需要 RV32I,就能运行一个完整的软件栈,其他特殊功能的指令集在这个基本指令集上叠加。

RISC-V 指令集采用固定长度指令,除了"C"指令集(压缩指令)中的指令长度为 16 位以外,其他指令集中的指令长度都是 32 位。RV64I 和 RV128I 指令集中的指令长度也是 32 位,只是扩展了 64 位、128 位的数据访问指令。

在 32 位的 RISC-V 指令集架构中,指令和数据的寻址空间是 2^{32} B,即 4 GB。

注意:RISC-V 指令集架构仅支持小端模式(存储系统的低地址中存放字数据的低字节内容,高地址存放字数据的高字节内容),以简化硬件的实现。

1.4.1 RISC-V 指令编码格式

RV32I 指令编码格式可分为 6 种类型,不同类型指令的编码格式见表 1-5。

表 1-5 RV32I 指令分类及编码格式

指令类型	字段 bit[31] ←——————————————————— bit[0]						备 注
	7 位	5 位	5 位	3 位	5 位	7 位	
R 类型	funct7	rs2	rs1	funct3	rd	opcode	寄存器和寄存器算术指令
I 类型	imm[11:0]		rs1	funct3	rd	opcode	寄存器和立即数算术指令或加载指令
S 类型	imm[11:5]	rs2	rs1	funct3	imm[4:0]	opcode	存储指令
B 类型	imm[12|10:5]	rs2	rs1	funct3	imm[4:1|11]	opcode	条件跳转指令
U 类型	imm[31:12]				rd	opcode	长立即数操作指令
J 类型	imm[20|10:1|11|19:12]				rd	opcode	无条件跳转指令

由表 1-5 可见,指令编码是由以下几个部分组成。

1) opcode(操作码)字段:表示指令类型。
2) funct3 和 funct7(功能码)字段:与 opcode 字段一起定义指令的功能。
3) rd 字段:表示目标寄存器的编号。
4) rs1 字段:表示第一个源寄存器的编号。
5) rs2 字段:表示第二个源寄存器的编号。
6) imm 字段:表示立即数。

示例 1-1:加法指令

```
add  x9, x20, x8
```

这是 R 类型指令,由两个源寄存器 rs2 和 rs1、一个目标寄存器 rd、操作码 opcode,以及两个功能码 funct3 和 funct7 组成。其指令编码格式见表 1-6。

表 1-6 示例 1-1 的指令编码格式

数 制	指令编码格式 add x9, x20, x8					
	funct7	rs2	rs1	funct3	rd	opcode
十进制	0	8	20	0	9	51

(续)

数制	指令编码格式						
	add x9, x20, x8						
	funct7	rs2	rs1	funct3	rd	opcode
二进制	0000000	01000	10100	000	01001	0110011

组合：0000000_01000_10100_000_01001_0110011，HEX：008A04B3

示例 1-2：加法指令

`addi x9, x8, 1`

这是 I 类型指令，由 12 位的立即数 imm、一个源寄存器 rs1、一个目标寄存器 rd、操作码 opcode 和功能码 funct3 组成。其指令编码格式见表 1-7。

表 1-7 示例 1-2 的指令编码格式

数制	指令编码格式				
	addi x9, x8, 1				
	imm[11:0]	rs1	funct3	rd	opcode
十进制	1	8	0	9	19
二进制	000000000001	01000	000	01001	0010011

组合：000000000001_01000_000_01001_0010011，HEX：00140493

示例 1-3：存储指令

`sw x1, 1000 (x2)`

这是 S 类型指令，其指令编码格式见表 1-8。

表 1-8 示例 1-3 的指令编码格式

数制	指令编码格式					
	sw x1, 1000 (x2)					
	imm[11:5]	rs2	rs1	funct3	imm[4:0]	opcode
十进制	31	1	2	2	8	35
二进制	0011111	00001	00010	010	01000	0100011

组合：0011111_00001_00010_010_01000_0100011，HEX：3E112423

1.4.2 RISC-V 指令长度编码

RISC-V 指令集架构规定，指令的长度可以是 16 位的任意倍数。基本指令集 RV32I 的指令长度为 32 位，所以这些指令必须在 4 字节边界上对齐；压缩指令集扩展"C"的指令长度为 16 位，这些指令必须在 2 字节边界上对齐。如果指令未按规定的边界对齐，处理器内核将会在读取指令时触发异常错误。

为了能够在取值后快速地译码，所有 RISC-V 指令的 opcode 字段最低几位专门用于编码表示该条指令的长度，这样也简化了硬件设计。例如，如图 1-3 所示，前面介绍的 RV32I 指令格式中 opcode 字段为 7 位（Bit[6:0]），其中最低两位的编码为 11，表示指令长度为 32 位。

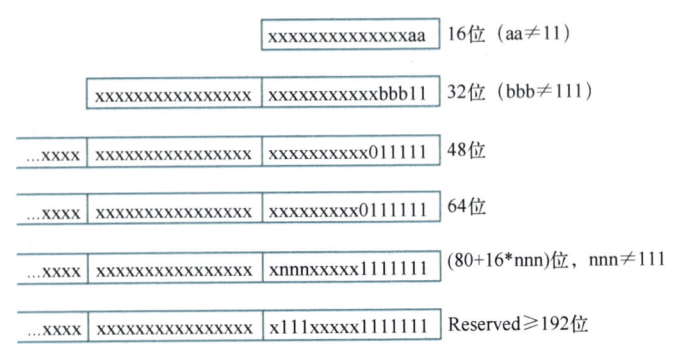

```
xxxxxxxxxxxxxxaa                      16位（aa≠11）

xxxxxxxxxxxxxxx    xxxxxxxxxxbbb11    32位（bbb≠111）

...xxxx  xxxxxxxxxxxxxxx  xxxxxxxxx011111    48位

...xxxx  xxxxxxxxxxxxxxx  xxxxxxxx0111111    64位

...xxxx  xxxxxxxxxxxxxxx  xnnnxxxxx1111111   (80+16*nnn)位，nnn≠111

...xxxx  xxxxxxxxxxxxxxx  x111xxxxx1111111   Reserved≥192位
```

图 1-3　RISC-V 指令长度编码

1.4.3　RISC-V 寻址方式

寻址方式是指处理器根据指令中给出的地址信息，找出操作数的存放地址，实现对操作数的访问。根据指令中给出的操作数的不同形式，RISC-V 指令集架构支持的寻址方式有：立即数寻址、寄存器寻址、寄存器间接寻址和 PC 相对寻址等。

1. 立即数寻址

立即数寻址是指将常数作为操作数，直接包含在指令的 32 位编码中。在 RISC-V 的汇编指令中，在操作符的后面加上字母 "i" 表示立即数操作指令。

需要注意的是，RV32I 的不同类型指令中立即数的长度是不同的，如示例 1-2 中，立即数的长度为 12 位，也就是 imm[11:0]。

例如，addi　x8, x8, 1，一个源操作数在寄存器 x8 中，另一个源操作数是立即数 1，两者相加后的结果存入目标寄存器 x8 中。

2. 寄存器寻址

寄存器寻址指令的源操作数和目标操作数都存在寄存器中，从寄存器中读取数据，结果也存入寄存器中。

例如示例 1-1 中的加法指令 add　x9, x20, x8，一个源操作数在寄存器 x20 中，另一个源操作数在寄存器 x8 中，两者相加后的结果存入目标寄存器 x9 中。

3. 寄存器间接寻址

寄存器间接寻址指令以寄存器中保存的数值作为数据在内存中的存储地址，处理器根据存储地址找到对应的存储空间并读取数据，或者将数据写入对应的存储空间中。如果指令中带有偏移量 offset，则存储地址是寄存器中的值与偏移量之和。

例如示例 1-3 中的加法指令 sw　x1, 1000 (x2)，以寄存器 x2 的值为基地址加上偏移量 1000 得到数据的存储地址，将寄存器 x1 中的 32 位数值存储到该地址对应的存储空间中。

4. PC 相对寻址

程序计数器（PC）用来指示下一条指令的地址，也就是会决定程序执行的流程。PC 相对寻址方式就是以当前 PC 值为基地址，以操作数为偏移量，两者相加后得到新的存储空间地址，处理器将该地址作为下一条指令的存储地址，实现程序流程的跳转。

RISC-V 指令集提供了一条 PC 相对寻址指令 auipc：

```
auipc rd, imm
```

该指令先将立即数 imm 符号扩展为 20 位，再左移 12 位后成为一个新的 32 位的立即数，再将当前 PC 的值和 32 位的新立即数相加，结果存入寄存器 rd 中。

由于生成的 32 位新立即数是有符号数，因此该指令的寻址范围是以当前 PC 值为基地址的前后各 2 GB 地址空间，即 PC±2 GB。

1.4.4 RV32I 指令

1. 算术运算指令

RV32I 指令集中只提供了基础的加法运算指令 add、减法运算指令 sub，见表 1-9。

表 1-9 算术运算指令

指　令	指令格式	说　　明
add	add　rd, rs1, rs2	将寄存器 rs1 的值和寄存器 rs2 的值相加，结果存入寄存器 rd 中
addi	addi　rd, rs1, imm	将寄存器 rs1 的值和 12 位立即数 imm 相加，结果存入寄存器 rd 中
sub	sub　rd, rs1, rs2	将寄存器 rs1 的值减去寄存器 rs2 的值，结果存入寄存器 rd 中

2. 逻辑运算指令

RV32I 指令集中提供了与 and、或 or、非 not 和异或 xor 几种逻辑运算指令，见表 1-10。

表 1-10 逻辑运算指令

指　令	指令格式	说　　明
and	and　rd, rs1, rs2	将寄存器 rs1 的值和寄存器 rs2 的值按位与，结果存入寄存器 rd 中
andi	andi　rd, rs1, imm	将寄存器 rs1 的值和 12 位立即数 imm 按位与，结果存入寄存器 rd 中
or	or　rd, rs1, rs2	将寄存器 rs1 的值和寄存器 rs2 的值按位或，结果存入寄存器 rd 中
ori	ori　rd, rs1, imm	将寄存器 rs1 的值和 12 位立即数 imm 按位或，结果存入寄存器 rd 中
not	not　rd, rs	将寄存器 rs 的值按位取反，结果存入寄存器 rd 中
xor	xor　rd, rs1, rs2	将寄存器 rs1 的值和寄存器 rs2 的值按位异或，结果存入寄存器 rd 中
xori	xori　rd, rs1, imm	将寄存器 rs1 的值和立即数 imm 按位异或，结果存入寄存器 rd 中

3. 移位指令

RV32I 指令集中常见的移位指令有逻辑左移 sll、逻辑右移 srl 和算术右移 sra，见表 1-11。

表 1-11 移位指令

指　令	指令格式	说　　明
sll	sll　rd, rs1, rs2	将寄存器 rs1 的值逻辑左移 rs2 位，结果存入寄存器 rd 中
slli	slli　rd, rs1, imm	将寄存器 rs1 的值逻辑左移 imm 位，结果存入寄存器 rd 中
srl	srl　rd, rs1, rs2	将寄存器 rs1 的值逻辑右移 rs2 位，结果存入寄存器 rd 中
srli	srli　rd, rs1, imm	将寄存器 rs1 的值逻辑右移 imm 位，结果存入寄存器 rd 中
sra	sra　rd, rs1, rs2	将寄存器 rs1 的值算术右移 rs2 位，结果存入寄存器 rd 中
srai	srai　rd, rs1, imm	将寄存器 rs1 的值算术右移 imm 位，结果存入寄存器 rd 中

4. 比较置位指令

RV32I 指令集支持的比较置位指令见表 1-12。

表 1-12　比较置位指令

指　令	指令格式	说　明
slt	slt　rd, rs1, rs2	有符号数比较，如果寄存器 rs1 的值小于寄存器 rs2 的值，寄存器 rd 置 1，否则置 0
slti	slti　rd, rs1, imm	有符号数比较，如果寄存器 rs1 的值小于立即数 imm，寄存器 rd 置 1，否则置 0
sltu	sltu　rd, rs1, rs2	无符号数比较，如果寄存器 rs1 的值小于寄存器 rs2 的值，寄存器 rd 置 1，否则置 0
sltui	sltui　rd, rs1, imm	无符号数比较，如果寄存器 rs1 的值小于立即数 imm，寄存器 rd 置 1，否则置 0
seqz	seqz　rd, rs1	如果寄存器 rs1 的值等于 0，寄存器 rd 置 1，否则置 0
snez	snez　rd, rs1	如果寄存器 rs1 的值不等于 0，寄存器 rd 置 1，否则置 0
sltz	sltz　rd, rs1	如果寄存器 rs1 的值小于 0，寄存器 rd 置 1，否则置 0
sgtz	sgtz　rd, rs1	如果寄存器 rs1 的值大于 0，寄存器 rd 置 1，否则置 0

5. 无条件跳转指令

RV32I 指令集支持的无条件跳转指令有 jal 和 jalr 两个，见表 1-13。

表 1-13　无条件跳转指令

指　令	指令格式	说　明
jal	jal　rd, offset	跳转到 PC+offset 的地址处，并将返回地址（PC+4）保存到寄存器 rd 中
jalr	jalr　rd, offset(rs1)	跳转到 rs1+offset 的地址处（该地址最低位要清零，保证地址 2 字节对齐），并将返回地址（PC+4）保存到寄存器 rd 中

6. 有条件跳转指令

RV32I 指令集支持的有条件跳转指令见表 1-14。

表 1-14　有条件跳转指令

指　令	指令格式	说　明
beq	beq　rs1, rs2, label	如果寄存器 rs1 和 rs2 的值相等，则跳转到 label 处
bne	bne　rs1, rs2, label	如果寄存器 rs1 和 rs2 的值不相等，则跳转到 label 处
blt	blt　rs1, rs2, label	有符号数比较，如果寄存器 rs1 的值小于寄存器 rs2 的值，则跳转到 label 处
bltu	bltu　rs1, rs2, label	无符号数比较，如果寄存器 rs1 的值小于寄存器 rs2 的值，则跳转到 label 处
bgt	bgt　rs1, rs2, label	有符号数比较，如果寄存器 rs1 的值大于寄存器 rs2 的值，则跳转到 label 处
bgtu	bgtu　rs1, rs2, label	无符号数比较，如果寄存器 rs1 的值大于寄存器 rs2 的值，则跳转到 label 处

(续)

指 令	指 令 格 式	说 明
bge	bge rs1, rs2, label	有符号数比较,如果寄存器 rs1 的值大于等于寄存器 rs2 的值,则跳转到 label 处
bgeu	bgeu rs1, rs2, label	无符号数比较,如果寄存器 rs1 的值大于等于寄存器 rs2 的值,则跳转到 label 处

7. 装载指令

装载指令用来将存储器中的数据或立即数装载到寄存器中。RV32I 指令集支持的装载指令见表 1-15。

表 1-15 装载指令

指 令	指 令 格 式	说 明
lb	lb rd, offset(rs1)	将存储器中 rs1+offset 地址处的一个字节数据进行符号扩展后存入寄存器 rd 中
lbu	lbu rd, offset(rs1)	将存储器中 rs1+offset 地址处的一个字节数据存入寄存器 rd 中
lh	lh rd, offset(rs1)	将存储器中 rs1+offset 地址处的两个字节数据进行符号扩展后存入寄存器 rd 中
lhu	lhu rd, offset(rs1)	将存储器中 rs1+offset 地址处的两个字节数据存入寄存器 rd 中
lw	lw rd, offset(rs1)	将存储器中 rs1+offset 地址处的四个字节数据进行符号扩展后存入寄存器 rd 中
lwu	lwu rd, offset(rs1)	将存储器中 rs1+offset 地址处的四个字节数据存入寄存器 rd 中
lui	lui rd, imm	将立即数 imm 符号扩展为 20 位,再左移 12 位后成为一个新的 32 位立即数,将 32 位的新立即数存入寄存器 rd 中
auipc	auipc rd, imm	将立即数 imm 符号扩展为 20 位,再左移 12 位后成为一个新的 32 位立即数,再将当前 PC 的值和 32 位的新立即数相加,结果存入寄存器 rd 中

8. 存储指令

存储指令用来将寄存器中的数据保存到存储器中。RV32I 指令集支持的存储指令见表 1-16。

表 1-16 存储指令

指 令	指 令 格 式	说 明
sb	sb rs2, offset(rs1)	将寄存器 rs2 值的低 8 位存储到存储器中的 rs1+offset 地址处
sh	sh rs2, offset(rs1)	将寄存器 rs2 值的低 16 位存储到存储器中的 rs1+offset 地址处
sw	sw rs2, offset(rs1)	将寄存器 rs2 值的低 32 位存储到存储器中的 rs1+offset 地址处

9. CSR 操作指令

RISC-V 指令集架构还定义了一组控制和状态寄存器,可以使用特定的 CSR 操作指令来访问 CSR 寄存器。RV32I 指令集支持的 CSR 操作指令见表 1-17。

表 1-17 CSR 操作指令

指 令	指令格式	说 明
csrrw	csrrw rd, csr, rs1	将 csr 寄存器中的旧值读入到 rd 寄存器中后,将寄存器 rs1 中的新值写入到 csr 寄存器中,同时保证该指令执行的原子性
csrrwi	csrrwi rd, csr, imm	将 csr 寄存器中的旧值读入到 rd 寄存器中后,将 5 位零扩展的立即数 imm 写入到 csr 寄存器中,同时保证该指令执行的原子性
csrrs	csrrs rd, csr, rs1	将 csr 寄存器中的旧值读入到 rd 寄存器中后,将 csr 寄存器的旧值和寄存器 rs1 的值按位或的结果写入 csr 寄存器中,同时保证该指令执行的原子性
csrrsi	csrrsi rd, csr, imm	将 csr 寄存器中的旧值读入到 rd 寄存器中后,将 csr 寄存器的旧值和 5 位零扩展的立即数 imm 按位或的结果写入 csr 寄存器中,同时保证该指令执行的原子性
csrrc	csrrc rd, csr, rs1	将 csr 寄存器中的旧值读入到 rd 寄存器中后,将 csr 寄存器的旧值和寄存器 rs1 的值按位与的结果写入 csr 寄存器中,同时保证该指令执行的原子性
csrrci	csrrci rd, csr, imm	将 csr 寄存器中的旧值读入到 rd 寄存器中后,将 csr 寄存器的旧值和 5 位零扩展的立即数 imm 按位与的结果写入 csr 寄存器中,同时保证该指令执行的原子性

1.5 RISC-V 异常与中断

处理异常和中断是现代处理器中不可缺少的功能。当发生异常或中断时,处理器会暂停当前正在执行的程序,从暂停处跳转到异常处理程序或中断服务程序入口,执行处理程序。异常或中断处理结束后,返回主程序暂停处继续往下执行。RISC-V 架构也提供了异常和中断的处理机制。

1.5.1 同步异常和异步异常

异常分为同步异常和异步异常两种。

1) 同步异常是指处理器执行某条指令而导致的异常,在处理完相应的异常处理程序后,处理器才能继续执行。在同样的环境下,程序不管执行多少遍,同步异常通常都能够复现出来。

常见的同步异常有从非法地址读取指令或数据、指令非法、指令地址未对齐、软件异常、调试导致的异常等。

2) 异步异常是指触发原因和当前执行指令无关的异常。在同样的环境下,程序每次执行时导致异常的原因可能不同,而且发生异常时的当前指令也可能不一样。最常见的异步异常就是外部中断。

1.5.2 RV32 特权模式和异常

机器模式是 RISC-V 架构处理器必须具备的特权模式,在默认情况下,RISC-V 架构处理器会在机器模式中处理异常事件和中断请求,执行异常处理或中断服务程序。

RISC-V 架构为了使处理器能够在等级较低的特权模式下处理异常和中断,提供了委托机制。在机器模式下,通过设置 CSR 寄存器中的中断委托(Machine Interrupt Delegation,mideleg)寄存器和异常委托（Machine Exception Delegation，medeleg）寄存器，可以将一些中断和异常委托给低特权模式处理。在被委托的低特权模式中，也可以通过软件屏蔽被委托的中断。

在用户模式下，如果没有设置异常委托或中断委托，发生异常或中断后，处理器将会转入机器模式，响应并处理异常事件或中断请求。处理完成后，处理器通过 MRET（机器模式异常返回）指令从机器模式返回到用户模式。

在用户模式下，如果设置了委托模式，则可以在用户模式或管理员模式下处理异常或中断。如果是设置在管理员模式下处理，在处理完成后，处理器通过 SRET（管理员模式异常返回）指令从管理员模式返回到用户模式。

1.5.3　机器模式异常相关的 CSR 寄存器

与机器模式异常有关的 CSR 寄存器主要有 mstatus、mie、mip、mtvec、mcause、medeleg、mideleg、mepc、mtval。

1）mstatus 寄存器：记录处理器内核当前的运行状态，见表 1-18。

表 1-18　mstatus 寄存器

字　段	位	说　明
UIE	Bit[0]	用户模式下中断使能，1：打开全局中断使能
SIE	Bit[1]	管理员模式下中断使能，1：打开全局中断使能
MIE	Bit[3]	机器模式下中断使能，1：打开全局中断使能
UPIE	Bit[4]	用于保存用户模式下中断使能状态
SPIE	Bit[5]	用于保存管理员模式下中断使能状态
MPIE	Bit[7]	用于保存机器模式下中断使能状态
SPP	Bit[8]	管理员模式下，中断发生前处理器的特权模式，S 或 U 两种模式
MPP	Bit[12:11]	机器模式下，中断发生前处理器的特权模式，M、S 或 U 三种模式

2）mie 寄存器：开关各种中断使能，见表 1-19。

表 1-19　mie 寄存器

字　段	位	说　明
USIE	Bit[0]	1：用户模式下软件中断使能
SSIE	Bit[1]	1：管理员模式下软件中断使能
MSIE	Bit[3]	1：机器模式下软件中断使能
UTIE	Bit[4]	1：用户模式下定时器中断使能
STIE	Bit[5]	1：管理员模式下定时器中断使能
MTIE	Bit[7]	1：机器模式下定时器中断使能
UEIE	Bit[8]	1：用户模式下外部中断使能
SEIE	Bit[9]	1：管理员模式下外部中断使能
MEIE	Bit[11]	1：机器模式下外部中断使能

3) mip 寄存器：记录各种中断请求状态，见表 1-20。

表 1-20 mip 寄存器

字 段	位	说 明
USIP	Bit[0]	1：用户模式下有软件中断请求
SSIP	Bit[1]	1：管理员模式下有软件中断请求
MSIP	Bit[3]	1：机器模式下有软件中断请求
UTIP	Bit[4]	1：用户模式下有定时器中断请求
STIP	Bit[5]	1：管理员模式下有定时器中断请求
MTIP	Bit[7]	1：机器模式下有定时器中断请求
UEIP	Bit[8]	1：用户模式下有外部中断请求
SEIP	Bit[9]	1：管理员模式有外部中断请求
MEIP	Bit[11]	1：机器模式下有外部中断请求

4) mtvec 寄存器：记录异常向量表基地址，设置向量支持模式，见表 1-21。

表 1-21 mtvec 寄存器

字 段	位	说 明
MODE	Bit[1:0]	1：向量中断模式，中断发生时直接跳到异常向量表中和中断源对应的位置（BASE+异常编码×4），获取该中断源对应的中断服务程序的入口地址，执行中断服务程序 0：查询模式，所有中断服务程序的入口地址相同，都是基地址 BASE，进入中断服务程序后再根据具体的中断源进行相应处理
BASE	Bit[31:2]	异常向量表基地址

5) mcause 寄存器：保存发生异常的原因，用异常编码表示。Bit[30:0] 是 Exception Code（异常编码）字段；Bit[31] 是 Interrupt（中断）字段，1 表示中断，0 表示同步异常。异常编码字段见表 1-22。

表 1-22 mcause 寄存器中的异常编码字段

中 断	异常编码	描 述
11	0	用户软件中断
1	1	监控软件中断
1	2	保留，供将来标准使用
1	3	机器软件中断
1	4	用户定时器中断
1	5	监控定时器中断
1	6	保留，供将来标准使用
1	7	机器定时器中断
1	8	用户外部中断
11	9	管理程序外部中断
1	10	保留，供将来标准使用
1	11	机器外部中断

(续)

中 断	异常编码	描 述
1	12~15	保留,供将来标准使用
1	≥16	保留,供平台使用
0	0	指令地址未对齐
0	1	指令存取故障
0	2	非法指令
0	3	断点
0	4	加载地址未对齐
0	5	装载访问故障
0	6	存储/AMO 地址未对齐
0	7	存储/AMO 访问错误
0	8	U 模式环境调用
0	9	S 模式环境调用
0	10	保留
0	11	M 模式环境调用
0	12	指令页故障
0	13	加载页面错误
0	14	保留,供将来标准使用
0	15	存储/AMO 页面故障
0	16~23	保留,供将来标准使用
0	24~31	保留,供自定义使用
0	32~47	保留,供将来标准使用
0	48~63	保留,供自定义使用
0	≥64	保留,供将来标准使用

6) mideleg 寄存器和 medeleg 寄存器:即中断委托寄存器和异常委托寄存器。在机器模式下,可将部分中断或异常委托给管理员模式或用户模式处理。在管理员模式下,可将部分中断或异常委托给用户模式处理。

7) mepc 寄存器:用于保存进入异常前的 PC 值,即当前程序的停止地址,以作为异常返回地址。

8) mtval 寄存器:用于保存进入异常前的错误指令的编码值或存储器访问的地址值。

1.5.4 异常和中断响应过程

当异常或中断发生时,默认情况下都在机器模式下处理,处理器自动完成以下操作:

1) 保存 PC 值到 mepc 寄存器中,即保存返回地址。
2) 根据异常或中断类型设置 mcasue 寄存器。
3) 将发生异常时的错误指令编码或存储器访问的地址值保存到 mtval 寄存器。
4) 保存异常发生前的中断状态,即把 mstatus 寄存器的 MIE 字段保存到 MPIE 字段。
5) 保存异常发生前的处理器特权模式到 mstatus 寄存器的 MPP 字段。
6) 设置 mstatus 寄存器的 MIE 字段为 0,关闭中断使能。
7) 设置处理器为机器模式。
8) 根据 mtvec 寄存器的值设置 PC,跳转到异常向量表对应位置。

根据异常向量表获取异常处理程序或中断服务程序的入口地址后,处理器将执行异常处理程序或中断服务程序。完成后,处理器会恢复异常或中断发生前的特权模式,返回被暂停的程序继续执行。返回的具体过程如下：

① 把 mstatus 寄存器 MPIE 字段的值赋给 MIE 字段，恢复异常发生前的中断使能状态。

② 根据保存在 mstatus 寄存器的 MPP 字段的处理器特权模式，把处理器恢复为异常发生前的特权模式。

③ 把 mepc 寄存器中的值保存到 PC 寄存器中，返回被暂停的程序处。

1.5.5 S 模式下的 RISC-V 中断处理

无论处理器位于何种特权模式，所有异常都默认将控制权转移到 M 模式的异常处理程序。但 UNIX 系统中大多数异常都应发送给 S 模式下的操作系统。

RISC-V 通过异常委托机制，可以将在 S 模式下产生的异常委托给 S 模式进行处理，而不必切换到 M 模式进行处理。S 模式也有自己的中断处理寄存器：sepc、stvec、scause、sscratch、stval 和 sstatus。发生异常时，异常指令的 PC 值被存入 sepc 寄存器，且 PC 被设置为 stvec 寄存器的值。

根据异常类型设置 scause 寄存器，stval 寄存器被设置成出错的地址或者其他特定异常的信息字。把 sstatus 寄存器中的 SIE 字段置零以屏蔽中断，且 SIE 字段之前的值被保存在 SPIE 字段中。发生例外时的特权模式被保存在 sstatus 寄存器的 SPP 字段，然后设置当前模式为 S 模式。

1.6 RISC-V 软件工具链

工具链是一组程序，它们允许使用编程语言来生成系统可执行的二进制文件。通常，工具链在 IDE（集成开发环境）内部使用。本节首先介绍能够运行 RISC-V 指令的模拟器。

1.6.1 RISC-V 模拟器

下面列举了一些常见的模拟器，读者可以使用它们来编写、验证和调试 RISC-V 代码。

1）Venus：由 Keyhan Vakil（原始分支开发者）和 Stephan Kaminsky（当前维护者）开发的在线 RISC-V 模拟器。

2）Visual Studio Code 的 Venus 扩展：具有独立的学习环境，可通过 VS Code 的标准调试功能运行 RISC-V 汇编代码。

3）康奈尔大学 CS 3410 课程开发的 RISC-V 解析器：用于解析 RISC-V 汇编代码。

4）Ripes：一个基于 RISC-V 指令集架构的可视化计算机体系结构模拟器和汇编代码编辑器。

5）Spike：一个 RISC-V ISA 模拟器，实现了一个或多个 RISC-V harts 的功能模型。Spike 也被称为"RISC-V 功能 ISA 模拟器"。它允许将编译后的 RISC-V 代码作为 ELF 文件运行。通常，Spike 与 RISC-V 代理内核和引导加载程序一起使用。Spike 可以模拟 RISC-V 计算机，代理内核和引导加载程序为用户程序提供运行环境。Spike 也可以在裸机级别进行模拟。Spike 可用于开发和测试自己的 RISC-V 扩展，例如新指令。

图 1-4 所示为 Visual Studio Code 的 Venus 扩展插件。

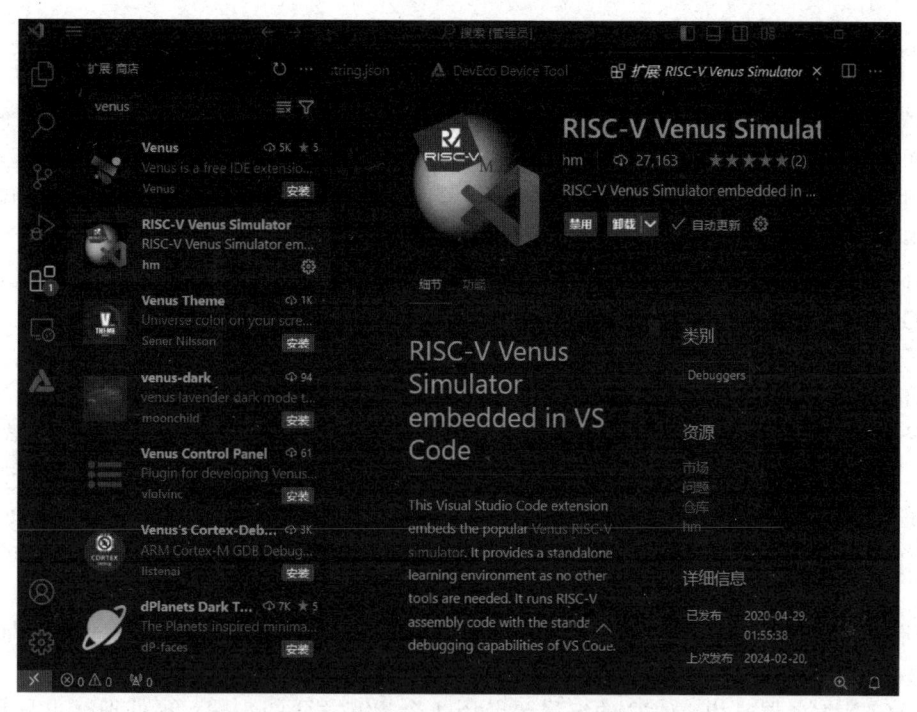

图 1-4 Visual Studio Code 的 Venus 扩展插件

图 1-5 所示为采用 RISC-V 汇编语言编写的 Helloworld 程序。

```
    .text                       # 指示符：进入代码节
    .align 2                    # 指示符：将代码按 2^2 字节对齐
    .globl main                 # 指示符：声明全局符号 main
main:                           # main 的开始符号
    addi sp,sp,-16              # 分配栈帧
    sw   ra,12(sp)              # 保存返回地址
    lui  a0,%hi(string1)        # 计算 string1
    addi a0,a0,%lo(string1)     #    的地址
    lui  a1,%hi(string2)        # 计算 string2
    addi a1,a1,%lo(string2)     #    的地址
    call printf                 # 调用 printf 函数
    lw   ra,12(sp)              # 恢复返回地址
    addi sp,sp,16               # 释放栈帧
    li   a0,0                   # 装入返回值 0
    ret                         # 返回
    .section .rodata            # 指示符：进入只读数据节
    .balign 4                   # 指示符：将数据按 4 字节对齐
string1:                        # 第一个字符串符号
    .string "Hello, %s!\n"      # 指示符：以空字符结尾的字符串
string2:                        # 第二个字符串符号
    .string "world"             # 指示符：以空字符结尾的字符串
```

微课 1-3 RISC-V 汇编语言示例

图 1-5 采用 RISC-V 汇编语言编写的 Helloworld 程序

1.6.2 GCC 编译工具链

编译工具链主要包括针对目标系统的编译器、二进制工具集、标准库,以及目标系统的内核头文件和调试器等组成部分。以 GCC 编译工具链为例,其包含的元素有编译器、汇编器、链接器、实用文件和库,以及实用程序(例如,用于检查二进制文件的工具)。此外,GDB 调试器也被视为编译工具链的一个组成元素。

Linux 环境下,最常见的交叉编译工具链的核心由 glibc、GCC、binutils 和 GDB 组成。

1. GCC

除了编译程序之外,GCC(GUN Compiler Collection 的简称)还包含其他相关工具,所以它能把高级语言编写的源代码构建成计算机能够直接执行的二进制代码。GCC 是 Linux 平台上最常用的编译程序,它是 Linux 平台编译器领域的事实标准。同时,在 Linux 平台上的嵌入式开发领域,GCC 也是用得最普遍的一种编译器。GCC 之所以被广泛采用,是因为它能支持各种不同的目标体系结构。例如,它既支持基于主机的开发,也支持交叉编译。目前,GCC 支持的体系结构有 40 余种,常见的有 x86 系列、Arm、PowerPC、RISC-V 等。同时,GCC 还能运行在多种操作系统上,如 Linux、Solaris、Windows 等。

在开发语言方面,GCC 除了支持 C 语言外,还支持多种其他语言,如 C++、Ada、Java、Objective-C、FORTRAN、Pascal 等。

对于 GUN 编译器来说,GCC 的编译要经历 4 个相互关联的步骤:预处理(也称预编译,Preprocessing)、编译(Compilation)、汇编(Assembly)和链接(Linking)。

GCC 首先调用命令 cpp 进行预处理,在预处理过程中,对源代码文件中的文件包含(include)语句和预编译语句进行分析。然后调用命令 cc 进行编译,在这个阶段,根据输入文件生成以 .o 为扩展名的目标文件。汇编是针对汇编语言的步骤,调用命令 as 进行工作。一般来讲,以 .s 为扩展名的汇编语言文件经过汇编后生成以 .o 为扩展名的目标文件。当所有的目标文件都生成之后,GCC 就可以调用命令 ld 来完成最后的关键性工作,即链接。在链接阶段,所有的目标文件都被安排在可执行程序中的合理位置,同时,该程序所调用到的库函数也从各自所在的库中连到合适的地方。

源代码(这里以 file.c 为例)经过上述 4 个步骤后产生一个可执行文件,每个步骤生成不同类型的文件,具体如下。

```
file.c      C 程序源文件
file.i      C 程序预处理后文件
file.cxx    C++程序源文件,也可以是 file.cc / file.cpp / file.c++
file.ii     C++程序预处理后文件
file.h      C/C++头文件
file.s      汇编程序文件
file.o      目标代码文件
```

下面以 hello 程序为例具体介绍 GCC 是如何完成这 4 个步骤的。

```
#include<stdio.h>
intmain()
{
```

```
printf("Hello World!\n");
return 0;
}
```

（1）预处理阶段

在该阶段，编译器将上述代码中的 stdio.h 编译进来，用户可以使用 GCC 的"-E"选项进行查看。该选项的作用是让 GCC 在预处理结束后停止编译过程。

预处理器（cpp）根据以字符#开头的命令（directives）修改原始的 C 程序。如 hello.c 中 "#include <stdio.h>"指令通知预处理器读系统头文件 stdio.h 的内容，并把它直接插入到程序文本中去。通常，这样就得到一个以 .i 为扩展名的程序文件。gcc 指令的一般格式为：

gcc [选项] 要编译的文件 [选项] [目标文件]

其中，目标文件可采用默认的文件名，GCC 生成可执行文件的文件名默认为"编译文件.out"。

```
[king@localhost gcc]# gcc -E hello.c -o hello.i
```

选项"-o"是指目标文件，.i 文件为预处理过的原始 C 程序。

（2）编译阶段

在编译阶段，GCC 首先要检查代码的规范性及语法是否有错误等，在检查无误后，GCC 把代码翻译成汇编语言。用户可以使用"-S"选项进行查看，如下所示。

```
[king@localhost gcc]# gcc -S hello.i -o hello.s
```

该选项只进行编译而不进行汇编。汇编语言是非常有用的，它为不同高级语言、不同编译器提供了通用的语言。如 C 编译器和 FORTRAN 编译器产生的输出文件用的都是一样的汇编语言。

（3）汇编阶段

在汇编阶段，把编译阶段生成的 .s 文件转成目标文件。此时使用"-c"选项，可看到汇编代码文件（.s）已转变为二进制目标代码文件（.o）了。如下所示。

```
[king@localhost gcc]# gcc -c hello.s -o hello.o
```

（4）链接阶段

在链接阶段，涉及一个重要的概念：函数库。

在这个源程序中并没有定义 printf 函数的实现，且预编译的 stdio.h 中也只有该函数的声明，没有定义该函数的实现，那么，在哪里实现 printf 函数？其实，系统把这些函数的实现都放在名为 libc.so.6 的库文件中了，在没有特别指定时，GCC 会在系统默认的库文件路径（如"/usr/lib"）下进行查找，也就是链接到 libc.so.6 库函数，这样就能实现 printf 函数了，而这正是链接的作用。

函数库一般分为静态库和动态库两种。静态库是指编译链接时，把库文件的代码全部加入到可执行文件中，因此生成的文件比较大，但在运行时就不再需要库文件了。其扩展名一般是".a"。而动态库与之相反，在编译链接时并没有把库文件的代码加入到可执行文件中，而是在程序执行时由运行时链接文件加载库，这样能够节省系统的开销。动态库文件的扩展名一般是".so"，如前面所述的 libc.so.6 就是动态库。GCC 在编译时默认使用动态库。Linux 下动态库文件的扩展名为".so"（Shared Object）。按照约定，动态库文件名的形式一般是 libname.so，如线程函数库被称作 libthread.so，某些动态库文件可能会在名字中加入版本号；静态库文件名的形式是 libname.a，比如共享 archive 的文件名形式是 libname.sa。

完成链接工作之后，GCC 就可以生成可执行文件了，如下所示。

```
[king@localhost gcc]# gcc hello.o -o hello
```

运行该可执行文件，结果如下。

```
[root@localhost Gcc]# ./hello
Hello World!
```

表 1-23 列出了部分 GCC 常见编译选项。

表 1-23　GCC 常见编译选项

参　　数	说　　明
-c	仅编译或汇编，生成目标代码文件，将 .c、.i、.s 等文件生成 .o 文件，其余文件被忽略
-S	仅编译，不进行汇编和链接，将 .c、.i 等文件生成 .s 文件，其余文件被忽略
-E	仅预处理，并发送预处理后的 .i 文件到标准输出，其余文件被忽略
-o file	创建可执行文件并保存在文件 file 中，而不是保存在默认文件 a.out 中
-g	产生用于调试和排错的扩展符号表，用于 GDB 调试，注意 -g 和 -O 通常不能一起使用
-w	取消所有警告
-O [num]	优化，可以指定 0~3 作为优化级别，级别 0 表示没有优化
-L dir	将 dir 目录加到搜索 -lname 选项指定的函数库文件的目录列表中，并优先于 GCC 默认的搜索目录，有多个 -L 选项时，按照出现顺序搜索
-I dir	将 dir 目录加到搜索头文件的目录中，并优先于 GCC 默认的搜索目录，有多个 -I 选项时，按照出现顺序搜索
-U macro	类似于源程序开头的定义语句 #undef macro，也就是取消源程序中的某个宏定义
-lname	在链接时使用函数库 libname.a，链接程序在 -L dir 指定的目录和 /lib、/usr/lib 目录下寻找该库文件，在没有使用 -static 选项时，如果发现共享函数库 libname.so，则使用 libname.so 进行动态链接
-fPIC	产生位置无关的目标代码，可用于构造共享函数库
-static	禁止与共享函数库链接
-shared	尽量与共享函数库链接（默认）

2. binutils

binutils 提供了一系列用来创建、管理和维护二进制目标文件的工具程序，如汇编（as）、链接（ld）、静态库归档（ar）、反汇编（objdump）、elf 结构分析工具（readelf）、无效调试信息和符号的工具（strip）等。通常，binutils 与 GCC 是紧密集成的，若没有 binutils，GCC 是不能正常工作的。

binutils 常见工具见表 1-24。

表 1-24　binutils 常见工具

工具名称	说　　明
addr2line	将程序地址翻译成文件名和行号，对给定地址和可执行文件名称，使用其中的调试信息判断与此地址有关联的源文件和行号

（续）

工具名称	说明
ar	创建、修改和提取归档
as	一个汇编器，将 GCC 的输出汇编为对象文件
c++filt	被链接器用于修复 C++ 和 Java 符号，防止重载的函数相互冲突
elfedit	更新 ELF 文件的 ELF 头
gprof	显示分析数据的调用图表
ld	一个链接器，将几个对象和归档文件组合成一个文件，重新定位它们的数据并且捆绑符号索引
ld.bfd	到 ld 的硬链接
nm	列出给定对象文件中出现的符号
objcopy	复制和转换目标文件
objdump	显示目标文件的详细信息，包括反汇编代码、段信息、符号表、重定位信息等，以帮助开发者分析二进制文件的内容
ranlib	为静态库（归档文件）创建一个符号表索引，并将其存储在归档文件内，索引列出其成员中可重定位的对象文件定义的全局符号
readelf	显示有关 ELF 二进制文件的信息
size	列出给定对象文件每个部分的尺寸和总尺寸
strings	对每个给定的文件输出不短于指定字节数（默认为 4）的所有可打印字符序列，对于对象文件默认只打印初始化和加载部分的字符串，否则扫描整个文件
strip	移除对象文件中的符号
libiberty	包含 GNU 程序中常用的多个工具函数，如 getopt、obstack、strerror、strtol 和 strtoul
libbfd	用于处理二进制文件的库

3. glibc

glibc 是 GNU 发布的 libc 库，即 C 运行库。glibc 是 Linux 系统中最底层的应用程序开发接口，其他所有的运行库几乎都依赖于 glibc。glibc 除了封装 Linux 操作系统所提供的系统服务外，它本身也提供了其他许多必要功能服务的实现，比如 open、malloc、printf 等。glibc 是 GNU 工具链的关键组件，用于和二进制工具及编译器一起使用，为目标架构生成用户空间应用程序。这里要说明的是，musl（在第 4 章介绍）和 glibc 都是 Linux 系统下的 C 标准库实现，但它们在设计目标、实现方式、性能和适用场景等方面存在显著差异。选择 musl 还是 glibc 取决于具体需求。如果需要轻量级、高性能和高安全性的实现，musl 是更好的选择；如果需要广泛的兼容性和丰富的功能支持，则 glibc 更适合。

4. GDB

GDB 也被称为 GNU GDB（GNU Debugger），是 Linux 系统下常用的程序调试工具。它在 Linux 系统下广泛应用于软件开发和维护过程中。

1.6.3 RISC-V GCC 编译工具链

RISC-V GCC 工具链与普通的 GCC 工具链基本相同，用户可以遵照开源的 riscv-gnu-toolchain 项目中的说明自行生成全套的 GCC 工具链。

微课 1-4
RISC-V GCC
编译工具链

由于GCC工具链支持各种处理器架构，因此不同处理器架构的GCC工具链会有不同的命名。遵循GCC工具链的命名规则，当前常见RISC-V GCC工具链有如下几个版本。

1）以"riscv64-unknown-linux-gnu-"为前缀的版本，比如riscv64-unknown-linux-gnu-gcc、riscv64-unknown-linux-gnu-gdb、riscv64-unknown-linux-gnu-ar等。

"riscv64-unknown-linux-gnu-"前缀表示该版本的工具链是64位架构的Linux版本工具链。此Linux版本工具链不是指当前版本工具链一定要运行在Linux操作系统的计算机上，而是指该GCC工具链会使用Linux的glibc作为C运行库。同理，"riscv32-unknown-linux-gnu-"前缀的版本则是32位架构的。

另外，"riscv64-unknown-linux-gnu-"前缀中的riscv64（riscv32的版本同理）与运行在64位或者32位计算机上毫无关系，此处的64和32是指，如果没有通过-march和-mabi选项指定RISC-V架构的位宽，则默认按照64位或者32位的RISC-V架构来编译程序。由于RISC-V指令集是模块化的指令集，因此在为目标RISC-V平台进行交叉编译之时，需要通过选项指定目标RISC-V平台所支持的模块化指令集组合，该选项为（-march=），有效的选项值如下。

➢ rv32i[m][a][f[d]][c]。
➢ rv32g[c]。
➢ rv64i[m][a][f[d]][c]。
➢ rv64g[c]。

在上述选项中，rv32表示目标平台是32位架构；rv64表示目标平台是64位架构；i、m、a、f、d、c、g分别代表了RISC-V模块化指令子集的字母简称。

RISC-V定义了两种整数的ABI调用规则和三种浮点ABI调用规则，通过选项（-mabi=）指明，有效的选项值如下。

➢ ilp32
➢ ilp32f
➢ ilp32d
➢ lp64
➢ lp64f
➢ lp64d

在上述选项中，两种前缀（ilp32和lp64）表示的含义如下：前缀ilp32表示目标平台是32位架构，在此架构下，C语言的int和long类型变量的长度为32位，long long类型变量的长度为64位。

前缀lp64表示目标平台是64位架构，C语言的int类型变量的长度为32位，而long类型变量的长度为64位。

2）以"riscv64-unknown-elf-"为前缀的版本，表示该版本为非Linux版本的工具链。非Linux不是指当前版本工具链一定不能运行在Linux操作系统的计算机上，而是指该GCC工具链会使用newlib作为C运行库。

同理，前缀riscv64（以及riscv32）与运行在64位计算机或者32位计算机上毫无关系，此处的64和32是指如果没有通过-march和-mabi选项指定RISC-V架构的位宽，则默认按照64位或者32位的RISC-V架构来编译程序。

3）以"riscv-none-embed-"为前缀的版本，则表示是为裸机（bare-metal）嵌入式系统最新生成的交叉编译工具链。所谓裸机是嵌入式领域的一种常见形态，表示不运行操作系统的系统。该版本使用新版本的 newlib 作为 C 运行库，并且支持 newlib-nano，能够为嵌入式系统生成更加优化的代码规模。开源的蜂鸟 E203 MCU 系统是典型的嵌入式系统，其使用以 "riscv-none-embed-" 为前缀的版本作为 RISC-V GCC 交叉工具链。此版本编译器由于使用 newlib 和 newlib-nano 作为 C 运行库，因此必须对 newlib 底层的桩函数进行移植，否则无法正常调用底层桩函数的 C 函数（比如 printf 会调用 write 桩函数）。

另外，还有其他 RISC-V GCC 交叉编译工具，比如 riscv64-linux-gnu-gcc 编译器。除了 GCC 之外，LLVM（Low Level Virtual Machine）是另一个支持 RISC-V 的工具链。

1.6.4 Makefile

随着应用程序规模的增大，对源文件的处理也变得越来越复杂，单纯靠手工管理源文件的方法已经力不从心。比如，采用 GCC 对数量较多的源文件依次编译时，尤其是某些源文件已经做了修改，必须重新编译这些文件。为了提高开发效率，Linux 为软件编译提供了一个自动化管理工具 GNU make（后文简称 make）。make 是一种常用的编译工具，开发人员可以通过它很方便地管理软件编译的内容、方式和时机，从而能够把主要精力集中在代码的编写上。make 的主要工作是读取一个文本文件 Makefile。这个文件里主要记录了有关目标文件是从哪些依赖文件中产生的，以及用什么命令来产生。有了这些信息，make 会检查磁盘上的文件，如果目标文件的时间戳（文件的生成时间或被改动的时间）早于其至少一个依赖文件，make 就执行相应的命令，以便更新目标文件。这里的目标文件不一定是最后的可执行文件，它可以是任何一个文件。

Makefile 文件通常被命名为 makefile 或 Makefile。当然，也可以在 make 的命令行中指定其他文件名，如果不特别指定，它会默认查找 makefile 或 Makefile，因此使用这两个文件名是最简单的。

1. Makefile 中的规则

Makefile 文件包含以下规则。

```
: ...
(tab)<command>
(tab)<command>
...
```

例如，考虑以下的 Makefile 文件。

```
# = = =Makefile 开始= = =
myprog :foo.o bar.o
        gcc foo.o bar.o -o myprog
foo.o :foo.c foo.h bar.h
        gcc -c foo.c -o foo.o
bar.o :bar.c bar.h
        gcc -c bar.c -o bar.o
# = = =Makefile 结束= = =
```

这是一个非常基本的 Makefile 文件，make 从最上面开始，把第一个目标 myprog 作为主要目标（即需要保证其总是最新的最终目标）。给出的规则说明，只要文件 myprog 的时间戳比文件 foo.o 或 bar.o 中的任何一个旧，下一行的命令将会被执行。

但是,在检查文件 foo.o 和 bar.o 的时间戳之前,它会往下查找以 foo.o 或 bar.o 为目标文件的规则。当找到关于 foo.o 的规则时,比如该文件的依赖文件是 foo.c、foo.h 和 bar.h,如果这些文件中任何一个的时间戳比 foo.o 的新,命令 "gcc -c foo.c -o foo.o" 将会执行,从而更新文件 foo.o。

接下来,make 对文件 bar.o 做类似的检查,其依赖文件是 bar.c 和 bar.h。检查完成后,make 回到 myprog 的规则。如果刚才两个规则中的任何一个被执行,myprog 就需要重建(因为其中一个 .o 文件比 myprog 新),因而链接命令将被执行。

由此可以看出使用 make 工具来建立程序的好处,在于 make 会自动完成所有烦琐的检查步骤(如检查时间戳)。源码文件的一个简单改变都会造成该文件被重新编译(因为 .o 文件依赖 .c 文件),进而造成可执行文件被重新链接(因为 .o 文件被改变了)。这在管理大型工程项目时将非常高效。

Makefile 文件中的一系列规则主要包括五方面内容:显式规则、隐含规则、变量定义、文件指示和注释。

1)显式规则。显式规则说明如何生成一个或多个目标文件,包括目标文件、依赖文件以及生成所需的命令。

2)隐含规则。由于 make 有自动推导的功能,因此隐含规则可以使书写的 Makefile 更简略,这是 make 所支持的。

3)变量定义。在 Makefile 中要定义一系列的变量,变量一般都是字符串,就像 C 语言中的宏,当 Makefile 被执行时,其中的变量都会被扩展到相应的引用位置上。

4)文件指示。其包括三部分:一是在一个 Makefile 中引用另一个 Makefile,就像 C 语言中include 一样,二是指根据某些情况指定 Makefile 中的有效部分,就像 C 语言中的预编译(#if)一样,三是定义一个多行的命令。

5)注释。Makefile 中只有行注释,和 UNIX 的 Shell 脚本一样,其注释采用 "#" 字符,类似 C/C++、Java 中的 "//"。

值得注意的是,Makefile 中的命令必须以制表符(按〈Tab〉键)开始。

2. 定义变量和引用变量

变量的定义和应用与 Linux 环境变量一样,变量名要大写,变量一旦定义后,就可以用圆括号将变量名括起来,并在前面加上 "$" 符号来进行引用。

变量的主要作用包括:
➢ 保存文件名列表。
➢ 保存可执行命令名,如编译器。
➢ 保存编译器的参数。

变量一般都在 Makefile 的头部定义。按照惯例,所有的 Makefile 变量都应该是大写的。

make 的主要预定义变量如下。
➢ $*:不包括扩展名的目标文件名称。
➢ $+:所有的依赖文件,以空格分隔,并以出现的先后顺序排列,可能包含重复的依赖文件。
➢ $<:第一个依赖文件的名称。
➢ $?:所有的依赖文件,以空格分隔,这些依赖文件的修改时间比目标的创建时间晚。

> $@：目标的完整名称。
> $^：所有的依赖文件，以空格分隔，不包含重复的依赖文件。
> $%：如果目标是归档成员，则该变量表示目标的归档成员名称。

下面给出一个 Makefile 的例子供读者参考。

示例 1-4：Makefile 示例

```
#makefile
CC=riscv64-linux-gnu-gcc       #指定交叉编译器
INSTALL      = install         #安装目录
TARGET       = led8            #编译主入口
all : $(TARGET)
$(TARGET):led8.c led8.h
    $(CC) -static $< -o $@
clean :                        #清除编译结果
    rm -rf *.o $(TARGET)
```

1.6.5 clang 和 LLVM

clang 是 C、C++、Objective-C 高级语言的编译器前端，支持完整的词法分析、语法解析及优化功能。除此之外，clang 还是编译器驱动程序，它集成编译所需的所有库和工具链，使用户无须操作编译的各个阶段所涉及的繁杂工具链。通过命令行参数，clang 会隐式地调用相关工具，在内部选择适当的模块生成可执行文件，这也是 clang 可直接生成可执行文件或汇编文件的原因。表 1-25 对 GCC 与 clang 进行了对比。

微课 1-5
clang 和 LLVM

表 1-25　GCC 和 clang 的对比

名　　称	GCC	clang
内存占用	较大	较小
速度	快	更快
诊断信息可读性	较强	强
兼容性	被构建成一个单一的静态编译器，难以作为 API 被集成到其他工具中	被设计成一个 API，允许它被源代码分析工具和 IDE 集成
静态分析	无	有
许可证	GPL	BSD
语言支持	Java/Ada/FORTRAN/C/C++	C/C++/Objective-C
平台支持	广泛	较少

LLVM（Low Level Virtual Machine）主要涉及编译器的中端和后端，其代码以模块的形式进行划分和实现，包括中间表示、代码分析、优化和代码生成等。

LLVM 完整实现了三段式设计，在这个意义上，LLVM 不再是传统的编译器，而是一种通用的编译器基础架构。对比 GCC，LLVM 有以下三点优势。

1）LLVM 编译器以其优越的框架为开发者提供了高效的开发环境，能够支持应用程序整个生命周期内的分析、转换和优化。对比 GCC，LLVM 由 C++代码编写，其代码组织良好、清晰、规范。此外，LLVM 提供的机器描述更加直观易用，在新后端的配置上也更为简单，学习成本较低，大幅缩短了编译器的开发时长。

2）统一的 IR（Intermediate Representation，中间表示）与模块化，使后端开发人员可以灵活地抽取 LLVM 组件用于其他领域。例如可抽取 LLVM 的即时编译模块 JIT 用于 MapDt 等 GPU 数据库，或者抽取代码生成模块 CodeGen 用于深度学习推理框架的构建。LLVM 不再仅仅是为 clang 等编译器前端提供服务的编译器，还可以为需要 JIT、CodeGen 等功能的所有领域提供服务。

3）开源协议上的优势。GCC 使用 GPL 许可证，而 LLVM 使用 BSD 许可证。GPL 的出发点是代码的开源、免费使用和修改，但不允许将修改后和衍生的代码作为闭源的商业软件发布和销售。BSD 协议允许使用者修改和重新发布代码，也允许发布和销售基于 BSD 代码开发的商业软件，是对商业集成友好的协议。因此很多企业在选用开源产品的时候都首选 BSD 协议。

如图 1-6 所示，LLVM 的编译流程可以分为三大部分：高级语言前端、中间代码优化器和后端代码生成器。高级语言前端将使用高级语言编写的代码转换为 LLVM 中间代码；与高级语言前端和后端代码生成器均独立的中间代码优化器，则对转换得到的 LLVM 中间代码进行优化；后端代码生成器将优化后的中间代码生成针对目标处理器的机器代码。

图 1-6 LLVM 编译流程

LLVM 采用 GCC/clang 的高级语言前端来解析代码，现已支持 C、C++、FORTRAN、Ada、Java 等高级语言，并且可以通过前端的移植接口添加对新的高级语言的支持。又由于该高级语言前端完全独立于之后的中间代码优化器以及后端代码生成器，对以后两个阶段的任何改进和优化都可以使得所有的高级语言前端获益，这大幅提高了模块的复用程度，减少不必要的重复工作。图 1-7 所示为 LLVM 的高级语言前端结构图。

LLVM 的中间代码优化器是建立在 LLVM 虚拟指令集基础之上的，它同样独立于其他的两个部分。在这个阶段，中间代码优化器将执行标量优化、循环优化以及 IPO（Interprocedural Optimization，进程间优化）等标准优化措施。图 1-8 所示为 LLVM 的中间代码优化器结构图。

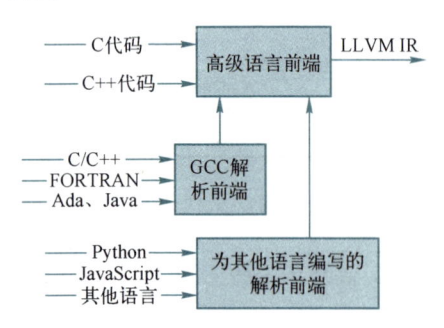

图 1-7 LLVM 的高级语言前端结构图

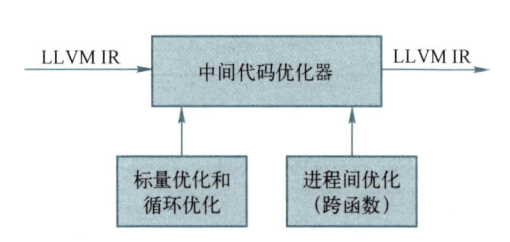

图 1-8 LLVM 的中间代码优化器结构图

后端代码生成器主要由以下部分组成：指令选择、遍前调度、寄存器分配、后期代码优化、代码输出。其中在指令选择前使用 LLVM 中间代码，之后均使用目标处理器的特定代码。图 1-9 所示为 LLVM 的后端代码生成器结构图。

下面简要介绍 LLVM 的后端代码生成器的各个组成部分。

- 指令选择就是将输入给后端代码生成器的 LLVM 中间代码翻译成目标处理器的特定机器指令的过程，在此过程中可进行窥孔优化等工作。
- 遍前调度就是根据目标处理器指令在执行时占用处理器功能单元的资源使用情况对程序的指令序列进行重新安排，同时根据程序使用寄存器的情况对指令序列进行重新安排。
- 寄存器分配是指将原来使用的没有个数限制的虚拟寄存器映射到真实的目标处理器寄存器，由于真实寄存器的个数限制，不能存储的源虚拟寄存器值将被迫放入内存中。在这个过程中，LLVM 采用线性扫描作为默认的寄存器分配算法。
- 后期代码优化是指进行代码长度优化、ILP（Instruction-Level Parallelism，指令级并行）优化等一系列优化工作。
- 代码输出是指根据要求输出目标处理器的汇编代码（.s）、目标文件（.o）或者可执行文件（.exe）。

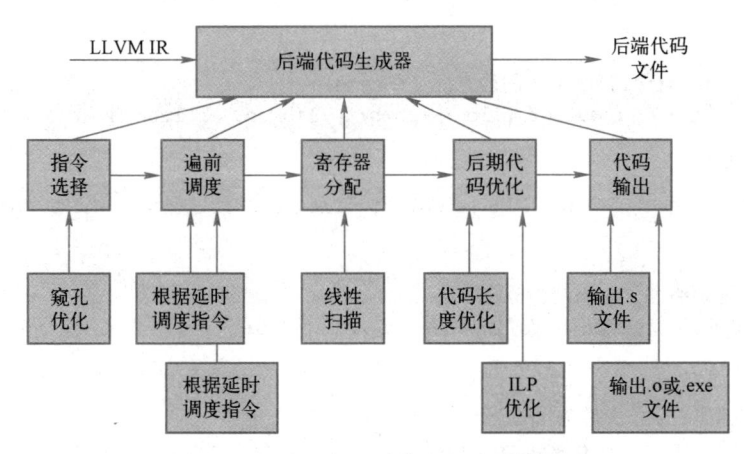

图 1-9 LLVM 的后端代码生成器结构图

综合来看，clang 和 LLVM 共同组成了编译器的前端和后端。以下是一些常用的 clang 命令和参数。

基本编译：

```
# 编译 source_file.c 并生成 output_file 可执行文件
clang source_file.c -o output_file
```

添加编译选项：

```
# 启用所有警告信息，并生成 output_file
clang source_file.c -Wall -Wextra -o output_file
```

指定语言标准：

```
clang source_file.c -std=c11 -o output_file # 使用 C11 语言标准编译
```

优化级别:

clang source_file.c -O2 -o output_file # 使用二级优化编译

调试信息:

clang source_file.c -g -o output_file # 生成调试信息

静态分析:

clang source_file.c -analyze # 运行静态分析检查代码

代码覆盖率:

生成代码覆盖率信息
clang source_file.c -fprofile-arcs -ftest-coverage -o output_file

多文件编译:

编译多个源文件并生成 program 可执行文件
clang file1.c file2.c file3.c -o program

动态库链接:

clang source_file.c -o output_file -l library # 链接到名为 library 的动态库

静态库链接:

链接到位于 /path/to/library 的静态库 libname.a
clang source_file.c -o output_file -L/path/to/library -l:libname.a

预处理器宏定义:

clang source_file.c -DMACRO_NAME -o output_file # 定义预处理器宏 MACRO_NAME

包含目录:

添加头文件搜索路径 /path/to/include
clang source_file.c -I/path/to/include -o output_file

编译为汇编代码:

编译为汇编代码,输出文件为 source_file.s
clang source_file.c -S -o source_file.s

编译为中间表示(IR):

编译为 LLVM 中间表示,输出文件为 source_file.ll
clang source_file.c -emit-llvm -o source_file.ll

禁用优化:

clang source_file.c -O0 -o output_file # 禁用优化

以上是 clang 的一些常用命令和参数,读者可以根据需要组合使用它们来控制编译过程。以下是一些常用的 LLVM 命令和参数。

代码生成器:

llc source.ll -o output.s # 将 LLVM 中间表示转换成目标平台的汇编代码

IR 汇编器:

llvm-as source.ll -o output.bc # 将 LLVM 中间表示汇编成 .bc 文件

反汇编器：

llvm-dis source.bc -o output.ll # 将 .bc 文件反汇编成 LLVM 中间表示

位码链接器：

llvm-link file1.bc file2.bc -o output.bc # 链接多个 .bc 文件

优化器：

opt -O2 input.bc -o output.bc # 对 .bc 文件进行优化

调试器：

lldb --program # 启动调试器并附加到程序

符号表查看器：

llvm-nm archive.bc # 显示 .bc 文件中的符号

机器码反汇编器：

llvm-objdump -d program # 显示程序的反汇编代码

对象文件阅读器：

llvm-readobj -file-headers program # 显示程序文件的头部信息

这些工具和方法构成了 LLVM 项目的核心，它们可以单独使用，也可以与其他工具链组件结合使用，以支持复杂的编译和优化任务。LLVM 的设计允许开发者灵活地选择和组合这些工具，以满足特定的需求。

1.7 本章小结

本章对 RISC-V 架构的发展、主要特点和应用进行了介绍，描述了 RISC-V 架构的寄存器组和处理器特权模式。随后详细介绍了 RISC-V 指令的指令编码格式、寻址方式以及各指令的功能等，并对 RISC-V 架构的异常和中断处理相关知识和响应过程进行了说明。最后介绍了 RISC-V 软件工具链。通过本章，读者可以了解到 RISC-V 架构的基本知识，为后续的学习奠定基础。

习题

一、单项选择题

1. RISC-V 架构的出现引起了产业界的广泛关注，其主要原因是（   ）。
A. 开源且具有精简、模块化及可扩充等优点
B. 仅支持移动/嵌入式领域应用
C. 需要高昂的专利费用和架构授权
D. 只是学术研究项目

2. RISC-V 架构的指令集采用（   ）方式组织。
A. 非模块化　　　　B. 固定长度　　　　C. 模块化　　　　D. 可变长度

3. 下列哪个不是 RISC-V 架构的处理器芯片？（   ）

A. 曳影 1520（TH1520）芯片　　　　B. 全志科技 D1 芯片
C. SiFive Freedom U540 芯片　　　　D. ARM Cortex-A72 芯片

4. 在 RISC-V 架构中，哪个寄存器被设置为硬连线的常数 0？（　　）
A. x0　　　　B. x1　　　　C. x2　　　　D. x3

5. RISC-V 架构的指令编码格式中，opcode 字段表示什么？（　　）
A. 源寄存器编号　　B. 目标寄存器编号　　C. 指令类型　　D. 立即数

二、填空题

1. RISC-V 指令集架构中的基本指令集，也是唯一强制要求实现的指令集，是由字母_____表示的基本整数指令集。

2. RISC-V 架构的异常处理机制中，_____寄存器用于保存进入异常前的 PC 值。

第 2 章 OpenHarmony 基础

OpenHarmony 是由开放原子开源基金会（OpenAtom Foundation）孵化及运营的开源项目，目标是面向全场景、全连接、全智能时代，基于开源的方式，搭建一个智能终端设备操作系统的框架和平台，促进万物互联产业的繁荣发展。本章介绍 OpenHarmony 的基础理论知识。

2.1 OpenHarmony 概述

2.1.1 OpenHarmony 技术架构

OpenHarmony 整体遵从分层设计，从下向上依次为：内核层、系统服务层、框架层和应用层。系统功能按照"系统→子系统→组件"逐级展开，在多设备部署场景下，支持根据实际需求裁剪某些非必要的组件。OpenHarmony 技术架构如图 2-1 所示。

1) 内核层主要包括内核子系统和驱动子系统。内核子系统采用多内核（Linux 内核或者 LiteOS）设计，支持针对不同资源受限设备选用适合的 OS 内核。内核抽象层（Kernel Abstract Layer，KAL）通过屏蔽多内核差异，对上层提供基础的内核能力，包括进程/线程管理、内存管理、文件系统、网络管理和外设管理等。驱动子系统中的硬件驱动框架（Hardware Driver Foundation，HDF）是系统硬件生态开放的基础，实现跨平台外设统一访问，其模块化设计提供驱动开发框架和自动化管理框架。

2) 系统服务层是 OpenHarmony 的核心能力集合，通过框架层对应用程序提供服务。该层包含以下几个部分。

- 系统基本能力子系统集：为分布式应用在多设备上的运行、调度、迁移等操作提供了基础能力，由分布式软总线、分布式数据管理、分布式任务调度、公共基础库子系统、多模输入子系统、图形子系统、安全子系统、AI 子系统等模块组成。
- 基础软件服务子系统集：提供公共的、通用的软件服务，由事件通知、电话、多媒体、DFX（Design For X）等子系统组成。
- 增强软件服务子系统集：提供针对不同设备的、差异化的能力增强型软件服务，由智慧屏专有业务、穿戴专有业务、IoT 专有业务等子系统组成。
- 硬件服务子系统集：提供硬件服务，由位置服务、用户 IAM、穿戴专有硬件服务、IoT 专有硬件服务等子系统组成。

根据不同设备形态的部署环境，基础软件服务子系统集、增强软件服务子系统集、硬件服务子系统集内部可以按子系统粒度裁剪，每个子系统内部又可以按功能粒度裁剪。

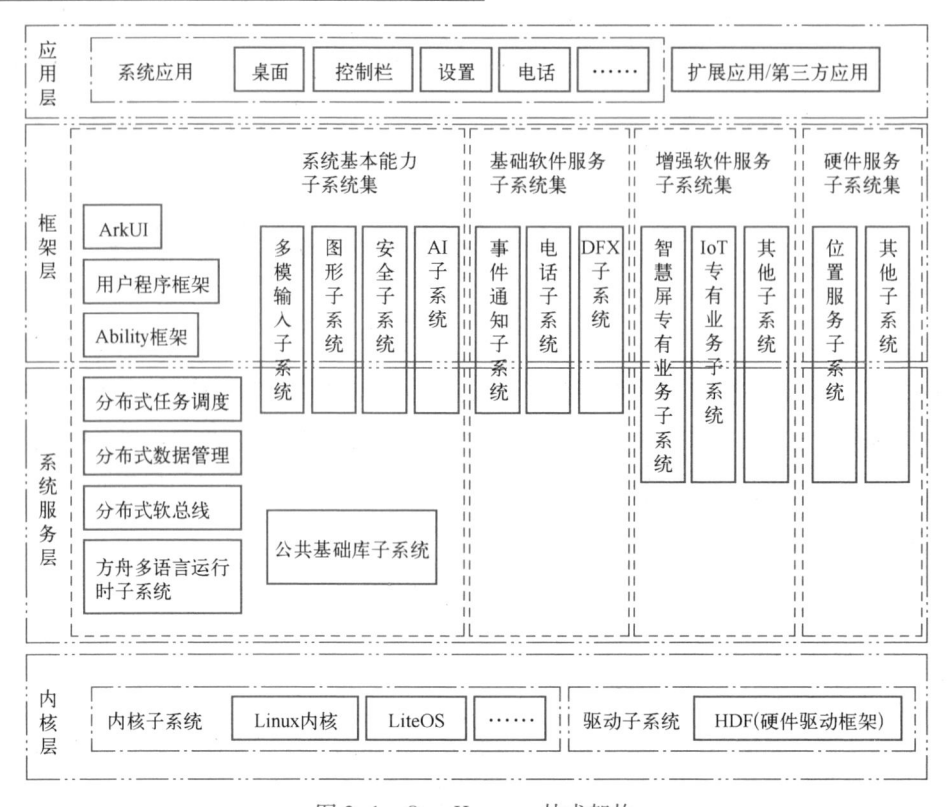

图 2-1　OpenHarmony 技术架构

3）框架层为应用开发提供了 C/C++/JS 等多语言的用户程序框架、Ability 框架、方舟 UI 框架（ArkUI 框架），以及各种软硬件服务对外开放的多语言框架 API。根据系统的组件化裁剪程度，设备支持的 API 也会有所不同。

4）应用层包括系统应用和非系统应用（扩展应用/第三方应用）。应用由一个或多个功能模块（Feature Ability，FA）或粒子模块（Particle Ability，PA）组成。其中，FA 具有 UI 界面，提供与用户交互的能力；而 PA 没有 UI 界面，提供后台运行任务的能力以及统一的数据访问抽象。基于 FA/PA 开发的应用，能够实现特定的业务功能，支持跨设备调度与分发，为用户提供一致、高效的应用体验。

2.1.2　OpenHarmony 技术特性

OpenHarmony 的技术特性主要包括以下几点。

1. 硬件互助，资源共享

该特性主要通过下列模块达成。

（1）分布式软总线

分布式软总线是多设备协同的核心基础设施，为设备间的无缝互联提供了统一的分布式通信能力，能够快速发现并连接设备，实现高效的数据传输和任务分发。

（2）分布式数据管理

分布式数据管理基于分布式软总线，实现了应用程序数据和用户数据的分布式管理。用户数据不再与单一物理设备绑定，业务逻辑与数据存储分离，应用跨设备运行时数据无缝衔接，为打造一致、流畅的用户体验创造了基础条件。

（3）分布式任务调度

分布式任务调度基于分布式软总线、分布式数据管理、分布式 Profile 等技术特性，构建统一的分布式服务管理（发现、同步、注册、调用）机制，支持对跨设备的应用进行远程启动、远程调用、绑定/解绑以及迁移等操作，能够根据不同设备的能力、位置、业务运行状态、资源使用情况并结合用户的习惯和意图，选择最合适的设备运行分布式任务。

（4）设备虚拟化

分布式设备虚拟化平台可以实现不同设备的资源融合、设备管理、数据处理，将周边设备作为手机能力的延伸，共同形成一个超级虚拟终端。

2. 一次开发，多端部署

OpenHarmony 提供用户程序框架、Ability 框架以及 UI 框架，能够保证开发的应用在多终端运行时保证一致性。OpenHarmony 可以实现"一次开发，多端部署"。多终端软件平台 API 具备一致性，确保用户程序的运行兼容性。OpenHarmony 支持在开发过程中预览终端的能力适配情况（CPU/内存/外设/软件资源等）。OpenHarmony 支持根据用户程序与软件平台的兼容性来调度用户呈现。

3. 统一 OS，弹性部署

OpenHarmony 通过组件化和组件弹性化等设计方法，实现硬件资源的灵活适配，支持在多种终端设备间按需弹性部署，全面覆盖了 ARM、RISC-V、x86 等各种 CPU 架构，并支持从百 KB 级内存到 GB 级内存的灵活配置。

2.1.3 OpenHarmony 支持的系统类型

OpenHarmony 支持如下几种系统类型。

1. 轻量系统（Mini System）

轻量系统面向 MCU 类处理器的设备，硬件资源受限，支持的设备最小内存为 128 KB，可以提供多种轻量级的网络协议栈和图形界面框架，以及丰富的 IoT 总线读写部件等。典型应用场景包括智能家居领域的连接类模组、传感器设备、可穿戴设备等。

2. 小型系统（Small System）

小型系统面向应用处理器支持的设备最小内存为 1 MB，可以提供更高的安全能力、标准的图形界面框架、视频编解码的多媒体能力。典型应用场景包括智能家居领域的 IP Camera、电子猫眼、路由器以及智慧出行领域的行车记录仪等。

3. 标准系统（Standard System）

标准系统面向应用处理器支持的设备最小内存为 128 MB，可以提供增强的交互能力、3D GPU 以及硬件合成能力、更多控件，以及动效更丰富的图形能力、完整的应用框架。典型应用场景包括高端的冰箱显示屏。本书主要介绍标准系统。

2.1.4 OpenHarmony 的子系统

OpenHarmony 的子系统是一个逻辑概念，它由具体的组件构成。它包含源码、配置文件、资源文件和编译脚本等。

表 2-1 为 OpenHarmony 标准系统中相关的子系统简介。

表 2-1 OpenHarmony 标准系统中相关的子系统简介

子系统	简介
内核	适用于嵌入式设备及资源受限设备，具有小体积、实时响应、低功耗等特征的 LiteOS 内核；支持基于 Linux 内核演进的适用于标准系统的 Linux 内核
分布式文件	提供本地同步 JS 文件接口
图形	主要包括 UI 组件、布局、动画、字体、输入事件、窗口管理、渲染绘制等模块，构建基于轻量 OS 应用框架满足硬件资源较小的物联网设备，或者构建基于标准 OS 的应用框架满足富设备（如平板和轻智能机等）的 OpenHarmony 系统应用开发
驱动	采用 C 面向对象编程模型构建，通过平台解耦、内核解耦，兼容不同内核，提供了归一化的驱动平台底座，旨在为开发者提供更精准、更高效的开发环境，力求做到"一次开发，多端部署"
电源管理服务	提供如下功能：重启系统；管理休眠运行锁；系统电源状态管理和查询；充电和电池状态查询和上报；屏幕背光亮度状态管理，包括显示亮度调节
多模输入	OpenHarmony 旨在为开发者提供 NUI（Natural User Interface，自然用户界面）的交互方式
启动恢复	负责在内核启动之后，应用启动之前的操作系统中间层的启动，并提供系统属性查询和修改、设备恢复出厂设置的功能
升级服务	支持 OpenHarmony 设备的 OTA（Over The Air）升级
账号	支持在端侧对接厂商云账号应用，提供分布式账号登录状态查询和更新的管理能力
编译构建	提供了一个基于 Gn 和 Ninja 的编译构建框架
测试	开发过程采用测试驱动开发模式
数据管理	支持应用本地数据管理和分布式数据管理： - 支持应用本地数据管理，包括轻量级偏好数据库、关系型数据库。 - 支持分布式数据管理，为应用程序提供不同设备间数据库数据分布式的能力
语言编译运行时	提供了 JS、C/C++ 等程序语言的编译、执行环境，提供支撑运行时的基础库，以及关联的 API、编译器和配套工具
分布式任务调度	提供系统服务的启动、注册、查询及管理能力
JS UI 框架	OpenHarmony UI 开发框架，该子系统支持类 Web 范式编程
媒体	提供音频、视频、相机等简单、有效的媒体组件开发接口，使得应用开发者可以轻松使用系统的多媒体资源
事件通知	提供订阅、退订、发布、接收公共事件的能力
杂散软件服务	提供设置时间的能力
包管理子系统	提供包安装、卸载、更新、查询等能力
电话服务	提供 SIM 卡、搜网、蜂窝数据、蜂窝通话、短彩信等蜂窝移动网络基础通信能力，可管理多类型通话和数据网络连接，为应用开发者提供便捷、一致的通信 API
公共基础类库	存放 OpenHarmony 通用的基础组件，这些基础组件可被 OpenHarmony 各业务子系统及上层应用所使用
研发工具链	提供设备连接调试器 hdc、性能跟踪能力和接口、性能调优框架

(续)

子系统	简介
分布式软总线	分布式软总线旨在为OpenHarmony系统提供跨进程或跨设备的通信能力,主要包含软总线和进程间通信两部分。其中,软总线为应用和系统提供近场设备间分布式通信的能力,提供不区分通信方式的设备发现、连接、组网和传输功能;而进程间通信则提供了设备内或设备间无差别的进程间通信能力
XTS	OpenHarmony兼容性测试套件的集合,当前包括ACTS(Application Compatibility Test Suite,应用兼容性测试套件),后续会拓展DCTS(Device Compatibility Test Suite,设备兼容性测试套件)等
系统应用	提供了OpenHarmony标准版上的部分系统应用,如桌面、SystemUI、设置等应用,为开发者提供了构建标准版应用的具体实例,这些应用支持在所有标准版系统的设备上使用
DFX	OpenHarmony非功能属性能力,包含日志系统、应用和系统事件日志接口、事件日志订阅服务、故障信息生成采集等功能
全球化	提供支持多语言、多文化的能力,包括资源管理能力和国际化能力
安全	包括系统安全、数据安全、应用安全等模块,为OpenHarmony提供了保护系统和用户数据的能力。安全子系统当前具备的开源功能包括应用完整性保护、应用权限管理、设备认证、密钥管理服务

2.1.5 OpenHarmony版本说明

截至本书定稿,OpenHarmony已发展到OpenHarmony 5.0.0 Release,而润开鸿鸿锐开发板(SC-DAYU800A)的最高适配版本为OpenHarmony 4.1 Release,因此本书以OpenHarmony 4.1 Release为主要介绍对象。

随着OpenHarmony 4.1 Release的发布,其开发套件也同步升级到API 11 Release。相比4.0 Release,OpenHarmony 4.1 Release新增4000多个API,应用开发能力更加丰富;应用开发的开放能力以Kit维度呈现,为开发者提供更清晰的逻辑和场景化视角;ArkUI组件的开放性和动效能力得到进一步增强;Web能力持续补齐,便于开发者利用Web能力快速构建应用;分布式能力进一步增强了组网稳定性、连接安全性等;媒体支持更丰富的编码,支持更精细的播控能力等。表2-2显示了OpenHarmony 4.1 Release及其软件和工具。

表2-2 OpenHarmony 4.1 Release及其软件和工具

软件	版本和工具	备注
OpenHarmony	4.1 Release	—
Public SDK	Ohos_sdk_public 4.1.7.5(API Version 11 Release)	面向应用开发者提供,不包含需要使用系统权限的系统接口
HUAWEI DevEco Studio(可选)	4.1 Release	进行OpenHarmony应用开发时推荐使用
HUAWEI DevEco Device Tool(可选)	4.0 Release	OpenHarmony智能设备集成开发环境下推荐使用

2.1.6 OpenHarmony源码目录结构

表2-3列举了OpenHarmony源码目录。

微课2-1
OpenHarmony
源码目录结构

表 2-3 OpenHarmony 源码目录

目录名	描述
applications	应用程序样例，包括 camera 等
base	基础软件服务子系统集和硬件服务子系统集
build	组件化编译、构建和配置脚本
docs	说明文档
domains	增强软件服务子系统集
drivers	驱动子系统
foundation	系统基本能力子系统集
kernel	内核子系统
prebuilts	编译器及工具链子系统
test	测试子系统
third_party	开源第三方组件
utils	常用的工具集
vendor	厂商提供的软件
build.py	编译脚本文件

2.2 OpenHarmony 标准系统的内核

2.2.1 内核概述

内核指的是一个提供硬件抽象层、磁盘及文件系统控制、多任务等功能的系统软件。一个内核不是一套完整的操作系统。OpenHarmony 采用了多内核结构，支持 Linux 和 LiteOS，开发者可按不同产品规格选择使用。Linux 和 LiteOS 均具备上述组成单元，只是实现方式有所不同。多个内核通过 KAL 模块向上提供统一的标准接口。

内核子系统位于 OpenHarmony 下层。需要特别注意的是，由于 OpenHarmony 面向多种设备类型，这些设备有着不同的 CPU 能力、存储大小等。为了更好地适配这些不同的设备类型，内核子系统支持针对不同资源等级的设备选用适合的 OS 内核，KAL 通过屏蔽内核间差异，为上层提供基础的内核能力。

标准系统类设备是面向应用处理器的设备，其支持的设备最小内存为 128 MB。OpenHarmony 选择 Linux 内核作为基础内核，可以对资源受限的不同设备产品配置出适合的 OS 内核，从而为上层提供基础的操作系统能力。

如图 2-2 所示，在 Linux 内核官网上可以看到主要有三种类型的 Linux 内核版本。

➤ mainline 是主线版本，图中，主线版本为 6.13。
➤ stable 是稳定版，由主线版本在时机成熟时发布，稳定版也会在相应主线版本的基础上提供漏洞修复和安全补丁。

Protocol	Location
HTTP	https://www.kernel.org/pub/
GIT	https://git.kernel.org/
RSYNC	rsync://rsync.kernel.org/pub/

Latest Release 6.12.1

mainline:	6.13-rc1	2024-12-01	[tarball]		[patch]	[view diff]	[browse]	
stable:	6.12.1	2024-11-22	[tarball]	[pgp]	[patch]	[view diff]	[browse]	[changelog]
stable:	6.11.10	2024-11-22	[tarball]	[pgp]	[patch] [inc. patch]	[view diff]	[browse]	[changelog]
longterm:	6.6.63	2024-11-22	[tarball]	[pgp]	[patch] [inc. patch]	[view diff]	[browse]	[changelog]
longterm:	6.1.119	2024-11-22	[tarball]	[pgp]	[patch] [inc. patch]	[view diff]	[browse]	[changelog]
longterm:	5.15.173	2024-11-17	[tarball]	[pgp]	[patch] [inc. patch]	[view diff]	[browse]	[changelog]
longterm:	5.10.230	2024-11-17	[tarball]	[pgp]	[patch] [inc. patch]	[view diff]	[browse]	[changelog]
longterm:	5.4.286	2024-11-17	[tarball]	[pgp]	[patch] [inc. patch]	[view diff]	[browse]	[changelog]
longterm:	4.19.324	2024-11-17	[tarball]	[pgp]	[patch] [inc. patch]	[view diff]	[browse]	[changelog]
linux-next:	next-20241203	2024-12-03					[browse]	

图 2-2　Linux 内核版本

➢ longterm 是长期支持版，目前有 6 个长期支持版的内核版本。当长期支持版的内核不再被支持时，也会标记为 EOL（停止支持）。

OpenHarmony 的 Linux 内核基于开源 Linux 内核 LTS 4.19.y/5.10.y 分支演进，在此基线基础上，汇合 CVE 补丁及 OpenHarmony 特性，作为 OpenHarmony Common Kernel 基线。针对不同的芯片，各厂商合入对应的板级驱动补丁，完成对 OpenHarmony 的基线适配。内核的 Patch 组成模块，在编译构建流程中，针对具体芯片平台合入对应的架构驱动代码，进行编译对应的内核镜像。所有补丁来源均遵守 GPL 2.0 协议。

图 2-3 所示为 Linux 内核的整体架构。

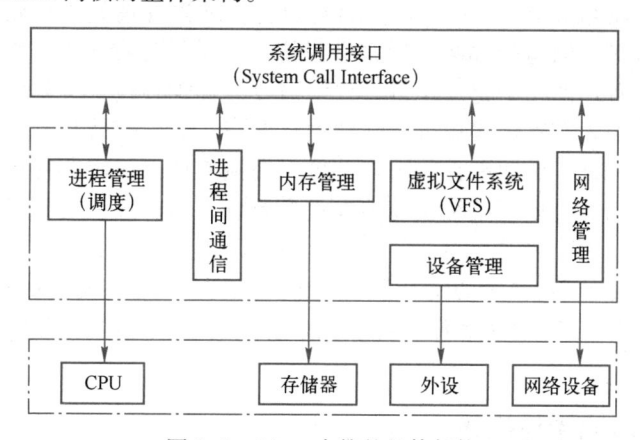

图 2-3　Linux 内核的整体架构

根据内核的核心功能，Linux 内核包含 5 个主要的子系统：进程管理、内存管理、虚拟文件系统、进程间通信和网络管理。

1. 进程管理

进程管理负责管理 CPU 资源，以便让各个进程能够以尽量公平的方式访问 CPU。其主要功能包括进程的创建和销毁、处理进程和外部设备的连接及输入输出通信，以及控制进程如何共享调度器。概括来说，内核进程管理活动就是在单个或多个 CPU 上实现多个进程的抽象。进程管理的源代码位于 ./linux/kernel。

2. 内存管理

Linux 内核管理的另外一个重要资源是内存。内存管理策略是决定系统性能好坏的一个关键因素。内核在有限的可用资源之上为每个进程都创建了一个虚拟空间。内存管理的源代码可以在 ./linux/mm 中找到。

3. 虚拟文件系统

文件系统在 Linux 内核中具有十分重要的地位，它负责外部设备的驱动和存储，并隐藏底层硬件实现的具体细节。Linux 引入了虚拟文件系统（Virtual File System，VFS）为用户提供了统一、抽象的文件系统界面，以支持各类异构文件系统。Linux 内核将不同功能的外部设备，例如 Disk 设备（硬盘、NAND Flash、Nor Flash 等）、输入输出设备、显示设备等，抽象为统一文件对象，通过标准化接口来访问。Linux 中的绝大部分对象都可以视为文件并进行相关操作。

4. 进程间通信

不同进程之间的通信是操作系统的基本功能之一。Linux 内核通过支持 POSIX 标准的 IPC（Inter Process Communication，进程间通信）机制和其他许多广泛使用的 IPC 机制实现进程间通信。IPC 不直接管理硬件资源，它主要负责 Linux 系统中进程之间的通信，比如 UNIX 中最常见的管道、信号量、消息队列和共享内存等。另外，信号（Signal）也常被用来作为进程间的通信手段。Linux 内核支持 POSIX 标准的信号及信号处理并广泛应用。

5. 网络管理

网络管理提供了各种网络标准的访问和网络硬件的支持，负责管理系统的网络设备并实现多种多样的网络标准。网络接口可以分为网络设备驱动程序和网络协议。

以上 5 个子系统相互依赖，缺一不可，相对而言，进程管理处于比较重要的地位，其他子系统的挂起和恢复进程的运行都必须依靠进程管理子系统的参与。当然，其他子系统的地位也非常重要：调度程序的初始化及执行过程中需要内存管理模块分配内存地址空间并进行处理；进程间通信需要内存管理实现进程间的内存共享；而内存管理利用虚拟文件系统支持数据交换，交换进程的运行由调度程序定期调度；虚拟文件系统需要使用网络接口实现网络文件系统，而且使用内存管理子系统实现内存设备管理，同时虚拟文件系统实现了内存管理中内存的交换。

除了这些依赖关系外，内核中的所有子系统还要依赖于一些共同的资源。这些资源包括所有子系统都用到的过程。例如分配和释放内存空间的过程，打印警告或错误信息的过程，还有系统的调试例程等。

2.2.2　Linux 内核编译与构建

本小节以 SC-DAYU800 开发板+Ubuntu x86 主机开发环境为例，介绍 Linux 内核的编译与构建方法。

使用工程的全量编译命令，编译生成 uImage 内核镜像：

```
./build.sh --product-name DAYU800         # 编译 DAYU800 镜像
    --build-target build_kernel           # 编译 DAYU800 的 uImage 内核镜像
    --gn-args linux_kernel_version=\"linux-5.10\"   # 编译指定内核版本
```

2.2.3 内核增强特性

OpenHarmony 针对 Linux 内核在 ESwap（Enhanced Swap）、关联线程组调度和 CPU 轻量级隔离方面进行了增强。

1. ESwap

ESwap 提供了将自定义新增存储分区作为内存交换分区的能力，并创建了一个常驻进程 zswapd，用于将 ZRAM 压缩后的匿名页加密换出到 ESwap 存储分区，从而完全释放出一块可用内存，以此达到维持 MemAvailable 水线的目标。同时，为了配合这一回收机制，ESwap 对整个内存框架进行了改进，优化了匿名页和文件页的回收效率，并且使两者的回收比例更加合理，避免了过度回收导致的 refault 问题及其引发的卡顿现象。

2. 关联线程组调度

关联线程组（Related Thread Group）提供了对一组关键线程调度优化的能力，支持对关键线程组进行独立的负载统计和预测，并且支持设置优选 CPU cluster 功能，从而为组内线程选择最优 CPU 运行，同时根据分组负载选择合适的 CPU 调频点。

3. CPU 轻量级隔离

CPU 轻量级隔离特性提供了根据系统负载和用户配置来选择合适的 CPU 进行动态隔离的能力。内核会将被隔离 CPU 上的任务和中断迁移到其他合适的 CPU 上执行，被隔离的 CPU 会进入 idle 状态，以此来达到功耗优化的目标。同时，该特性还提供了用户态的配置和查询接口，以实现更好的系统调优。

2.2.4 OpenHarmony 开发板上 Patch 的应用

1. 合入 HDF 补丁

按照 kernel.mk 中 HDF 的补丁合入方法，合入不同内核版本的 HDF 内核补丁，在 Makefile 中添加如下代码：

```
$(OHOS_BUILD_HOME)/drivers/hdf_core/adapter/khdf/linux/patch_hdf.sh $(OHOS_BUILD_
HOME) $(KERNEL_SRC_TMP_PATH) $(KERNEL_PATCH_PATH) $(DEVICE_NAME)
```

2. 合入芯片平台驱动补丁

按照 kernel.mk 中的芯片组件所对应的 patch 路径规则及命名规则，将对应的芯片组件 patch 放到对应路径下：

```
DEVICE_PATCH_DIR := $(OHOS_BUILD_HOME)/kernel/linux/patches/${KERNEL_VERSION}/
$(DEVICE_NAME)_patch
DEVICE_PATCH_FILE := $(DEVICE_PATCH_DIR)/$(DEVICE_NAME).patch
```

3. 修改自己所需要编译的 config

按照 kernel.mk 中的芯片组件所对应的 patch 路径规则及命名规则，将对应的芯片组件 config 放到对应路径下：

```
KERNEL_CONFIG_PATH := $(OHOS_BUILD_HOME)/kernel/linux/config/${KERNEL_VERSION}
DEFCONFIG_FILE := $(DEVICE_NAME)_$(BUILD_TYPE)_defconfig
```

由于 OpenHarmony 工程的编译构建流程中会在复制 kernel/linux/linux-*.* 的代码环境后进行打补丁操作，因此在使用 OpenHarmony 的版本级编译命令前，需要准备好 kernel/linux/linux-*.*

的代码环境。

根据不同系统工程的需求，编译完成后会在 out 目录下的 kernel 目录中生成实际编译的内核。基于此目录中的内核，进行对应平台的配置修改，并将最后生成的 .config 文件复制到 config 仓中对应平台的路径下，即可使配置生效。

2.3 OpenHarmony 应用理论基础

用户应用程序泛指运行在设备的操作系统之上，为用户提供特定服务的程序，简称"应用"。一个应用所对应的软件包文件，称为"应用程序包"。当前系统提供了应用程序包开发、安装、查询、更新、卸载的管理机制，便于开发者开发和管理应用。同时，系统还屏蔽了不同的芯片平台的差异（比如 x86/ARM/RISC-V），应用程序包在不同的芯片平台都能够安装运行，这使得开发者可以聚焦于应用的功能实现。

接下来介绍 OpenHarmony 应用的两个基本概念：UI 框架和应用模型。

2.3.1 应用的基本概念

1. UI 框架

OpenHarmony 提供了一套 UI 开发框架，即方舟 UI 框架（ArkUI 框架）。方舟 UI 框架可为开发者提供应用 UI 开发所必需的能力，比如多种组件、布局计算、动画能力、UI 交互、绘制等。

方舟 UI 框架针对不同目的和技术背景的开发者提供了两种开发范式，分别是基于 ArkTS 的声明式开发范式（简称"声明式开发范式"）和兼容 JS 的类 Web 开发范式（简称"类 Web 开发范式"）。表 2-4 简单对比了两种开发范式。

表 2-4 两种开发范式的简单对比

开发范式名称	语言生态	UI 更新方式	适用场景	适用人群
声明式开发范式	ArkTS 语言	数据驱动更新	复杂度较大、团队合作度较高的程序	移动系统应用开发人员、系统应用开发人员
类 Web 开发范式	JS 语言	数据驱动更新	界面较为简单的程序应用和卡片	Web 前端开发人员

2. 应用模型

应用模型是 OpenHarmony 为开发者提供的应用程序所需能力的抽象提炼，它提供了应用程序必备的组件和运行机制。有了应用模型，开发者可以基于一套统一的模型进行应用开发，使应用开发更简单、高效。

应用模型的构成要素如下。

（1）应用组件

应用组件是应用的基本组成单位，也是应用的运行入口。在用户启动、使用和退出应用的过程中，应用组件会在不同的状态间切换，这些状态称为应用组件的生命周期。应用组件提供了生命周期的回调函数，开发者可以通过这些回调感知应用的状态变化。应用开发者在编写应用时，首先需要编写应用组件，同时还需要实现应用组件的生命周期回调函数，并在应用配置文件中配置相关信息。这样，操作系统在运行期间会根据配置文件创建应用组件的实例，并调度其生命周期回调函数，从而执行开发者的代码。具体情况参见第 5 章。

（2）应用进程模型

应用进程模型定义应用进程的创建和销毁方式，以及进程间的通信方式。

（3）应用线程模型

应用线程模型定义应用进程内线程的创建和销毁方式、主线程和 UI 线程的创建方式、线程间的通信方式。

（4）应用任务管理模型（仅对系统应用开放）

应用任务管理模型可以用来定义任务（Mission）的创建和销毁方式，以及任务与组件间的关系。所谓任务，即用户使用一个应用组件实例的记录。用户每次启动一个新的应用组件实例，都会生成一个新的任务。例如，用户启动一个视频应用，此时在"最近任务"界面，将会看到视频应用这个任务。当用户单击这个任务时，系统会把该任务切换到前台。如果这个视频应用中的视频编辑功能也是通过应用组件编写的，那么在用户启动视频编辑功能时，会创建视频编辑的应用组件实例，在"最近任务"界面中，将会展示视频应用、视频编辑两个任务。

（5）应用配置文件

应用配置文件中包含应用配置信息、应用组件信息、权限信息、开发者自定义信息等。这些信息在编译构建、分发和运行阶段分别提供给编译工具、应用市场和操作系统使用。

随着系统的演进发展，OpenHarmony 先后提供了两种应用模型。

➢ Stage 模型：OpenHarmony API 9 新增的模型，是目前主推且会长期演进的模型。在该模型中，由于提供了以 AbilityStage、WindowStage 等类作为应用组件和 Window 窗口的"舞台"，因此称这种应用模型为 Stage 模型。

➢ FA（Feature Ability）模型：从 OpenHarmony API 7 开始支持的模型，已经不再主推。

3. Module

OpenHarmony 应用的典型特点就是多 Module 设计机制。一个应用通常会包含多种功能，将不同的功能特性按模块来划分和管理是一种良好的设计方式。在开发过程中，可以将每个功能模块作为一个独立的 Module 进行开发，Module 中可以包含源代码、资源文件、第三方库、配置文件等，每一个 Module 可以独立编译，实现特定的功能。这种模块化、松耦合的管理方式有助于应用的开发、维护与扩展。

同时，一个应用往往需要适配多种设备类型，在采用多 Module 设计的应用中，每个 Module 都会标注所支持的设备类型。有些 Module 支持全部类型的设备，有些 Module 只支持某一种或几种类型的设备（比如平板电脑），那么在应用市场分发应用包时，也能够根据设备类型进行精准的筛选和匹配，从而将不同的应用包合理地组合和部署到对应的设备上。

Module 按照使用场景可以分为 Ability 和 Library 两种类型。

1) Ability 类型的 Module：用于实现应用的功能和特性。每一个 Ability 类型的 Module 编译后，会生成一个以 .hap 为扩展名的文件，其被定义为 HAP（Harmony Ability Package）。HAP 可以独立安装和运行，是应用安装的基本单位，一个应用中可以包含一个或多个 HAP，具体包含如下两种类型。

➢ Entry 类型的 Module：应用的主模块，包含应用的入口界面、入口图标和主功能特性，编译后生成 Entry 类型的 HAP。每一个应用分发到同一类型的设备上的应用程序包，只能包含唯一一个 Entry 类型的 HAP。
- feature 类型的 Module：应用的动态特性模块，编译后生成 feature 类型的 HAP。一个应用中可以包含一个或多个 Feature 类型的 HAP，也可以不包含。

2）Library 类型的 Module：用于实现代码和资源的共享。同一个 Library 类型的 Module 可以被其他类型的 Module 多次引用。合理地使用该类型的 Module，能够降低开发和维护成本。Library 类型的 Module 分为 Static Library 和 Shared Library 两种类型，编译后会生成共享包。
- Static Library：静态共享库。编译后会生成一个以 .har 为扩展名的文件，即静态共享包（Harmony Archive，HAR）。
- Shared Library：动态共享库。编译后会生成一个以 .hsp 为扩展名的文件，即动态共享包（Harmony Shared Package，HSP）。

实际上，Shared Library 编译后除了会生成一个 .hsp 文件，还会生成一个 .har 文件。这个 .har 文件中包含了 HSP 对外导出的接口，应用中的其他模块需要通过 .har 文件来引用 HSP 的功能。为了表述方便，通常认为 Shared Library 编译后生成 HSP。

表 2-5 列举了 HAR 与 HSP 两种共享包的主要区别。

表 2-5 HAR 与 HSP 两种共享包的主要区别

共享包类型	编译和运行方式	发布和引用方式
HAR	HAR 中的代码和资源跟随使用方编译，如果有多个使用方，它们的编译产物中会存在多份相同副本	HAR 除了支持应用内引用，还可以独立打包发布，供其他应用引用
HSP	HSP 中的代码和资源可以独立编译，运行时在一个进程中代码也只会存在一份	HSP 一般随应用进行打包，当前只支持应用内引用，不支持独立发布和跨应用的引用

图 2-4 所示为 HAR 和 HSP 在 App 包（Application Package）中的形态示意情况。

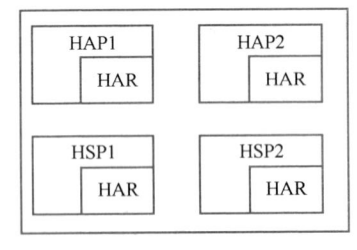

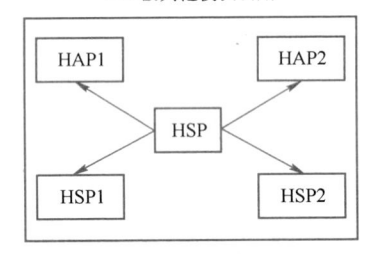

图 2-4 HAR（左图）和 HSP（右图）在 App 包中的形态示意图

2.3.2 Stage 模型应用程序包结构

本小节介绍 Stage 模型开发态、编译态、发布态的应用程序包结构。

1. 开发态包结构

图 2-5 所示为一个项目的工程结构。

在图 2-5 中，AppScope 目录由应用集成开发工具 DevEco Studio 自动生成，不可更改。Module 目录名称可以由 DevEco Studio 自动生成，比如 entry、library 等，也可以自定义。表 2-6 列举了这个工程结构中包含的主要文件类型及其用途。

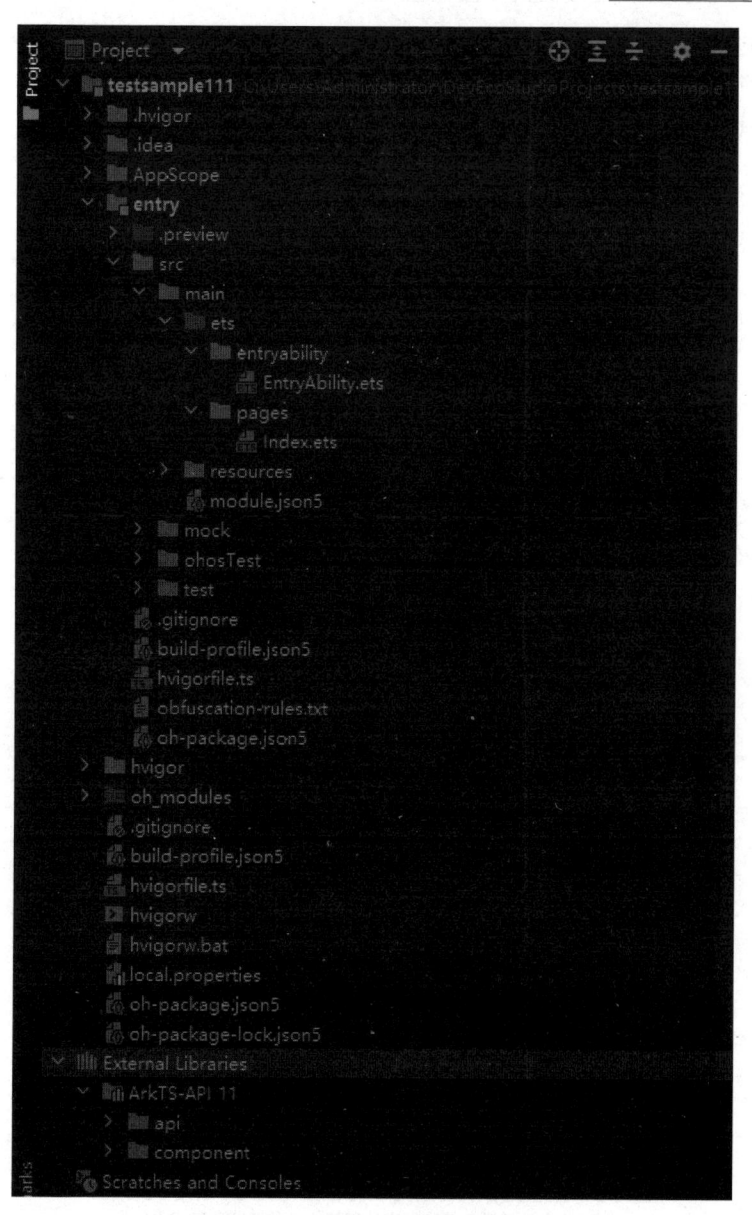

第 2 章　OpenHarmony 基础

图 2-5　一个项目的工程结构

表 2-6　工程结构中包含的主要文件类型及其用途

文 件 类 型	说　　明
配置文件	包括应用级配置信息和 Module 级配置信息
ArkTS 源码文件	用于存放 Module 的 ArkTS 源码文件（.ets 文件）
资源文件	包括应用级资源文件以及 Module 级资源文件，支持图形、多媒体、字符串、布局文件等
其他配置文件	用于编译构建，包括构建配置文件、编译构建任务脚本、混淆规则文件、依赖的共享包信息等

2. 编译态包结构

不同类型的 Module 编译后会生成对应的 HAP、HAR、HSP 等文件，开发态工程结构视图与编译态工程结构视图的对照关系如图 2-6 和图 2-7 所示。

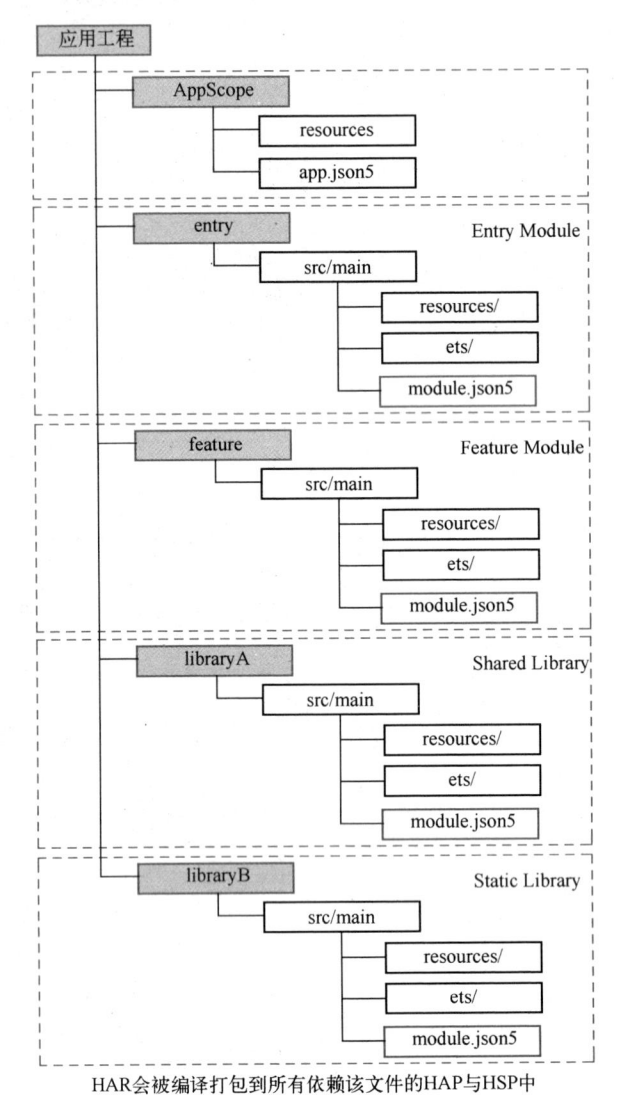

图 2-6 开发态工程结构视图

从开发态到编译态，Module 中的文件会发生如下变更。
- ets 目录：ArkTS 源码编译生成 .abc 文件。
- resources 目录：AppScope 目录下的资源文件会被合并到 Module 下面的资源目录中，如果两个目录下存在重名文件，编译打包后只会保留 AppScope 目录下的资源文件。
- module 配置文件：AppScope 目录下的 app.json5 文件字段会被合并到 Module 下面的 module.json5 文件之中，编译后生成 HAP 或 HSP 最终的 module.json 文件。

```
xxx.app
  ├── entry.hap
  │     ├── ets
  │     │     └── xxx.abc
  │     ├── resources        将AppScope中的资源合并到该资源目录中
  │     └── module.json      将AppScope中的app.json5字段合并到该module.json中
  ├── feature.hap
  │     ├── ets
  │     │     └── xxx.abc
  │     ├── resources        将AppScope中的资源合并到该资源目录中
  │     └── module.json      将AppScope中的app.json5字段合并到该module.json中
  ├── libraryA.hsp
  │     ├── ets
  │     │     └── xxx.abc
  │     ├── resources        将AppScope中的资源合并到该资源目录中
  │     └── module.json      将AppScope中的app.json5字段合并到该module.json中
  └── pack.info
```

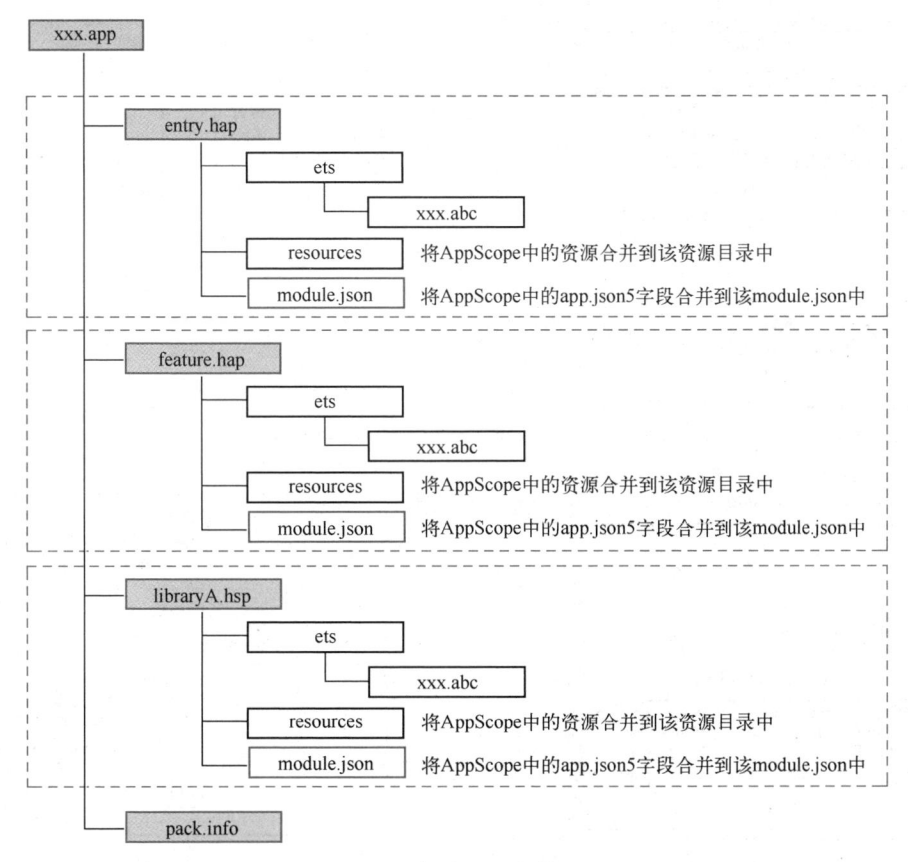

图 2-7 编译态工程结构视图

值得注意的是，在编译 HAP 和 HSP 时，会把它们所依赖的 HAR 直接编译到 HAP 和 HSP 中。

3. 发布态包结构

每个应用中至少包含一个 .hap 文件，可能包含若干个 .hsp 文件，也可能不包含，一个应用中的所有 .hap 与 .hsp 文件合在一起称为 Bundle，其对应的 bundleName 是应用的唯一标识（在工程中参阅 app.json5 配置文件中的 bundleName 标签）。

当应用发布到应用市场时，需要将 Bundle 打包为一个以 .app 为扩展名的文件用于上架，这个 .app 文件称为 App 包。与此同时，DevEco Studio 工具会自动生成一个 pack.info 文件。pack.info 文件描述了 App 包中每个 HAP 和 HSP 的属性，包含 App 中的 bundleName 和 versionCode 信息，以及 Module 中的 name、type 和 abilities 等信息。

值得注意的是，App 包是上架到应用市场的基本单元，但是不能在设备上直接安装和运行。在应用签名、云端分发、端侧安装时，都是以 HAP/HSP 为单位进行签名、分发和安装的。图 2-8 所示为编译发布与上架部署流程。

4. 选择合适的包类型

HAP、HAR、HSP 三者的功能和使用场景总结对比见表 2-7。

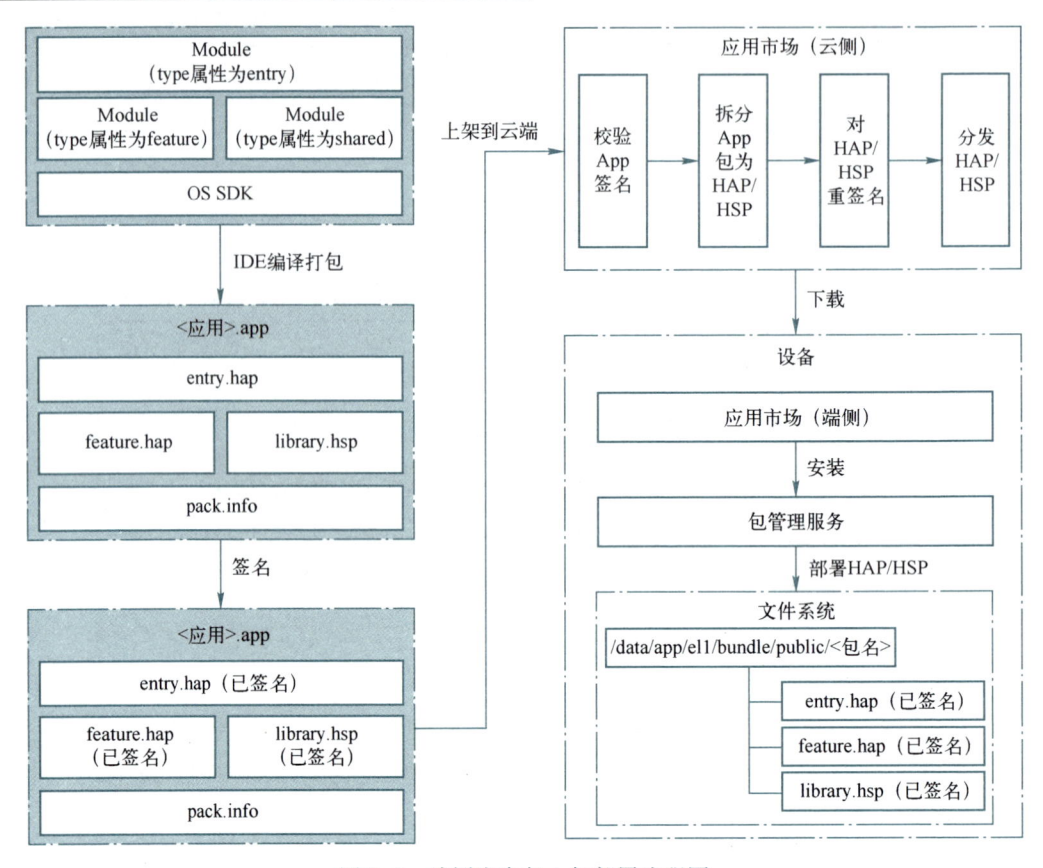

图 2-8　编译发布与上架部署流程图

表 2-7　HAP、HAR、HSP 三者的功能和使用场景总结对比

Module 类型	包类型	说　　明
Ability	HAP	应用的功能模块，可以独立安装和运行，必须包含一个 Entry 类型的 HAP，可选择包含一个或多个 Feature 类型的 HAP
Static Library	HAR	静态共享包，编译态复用。 • 支持应用内共享，也可以发布后供其他应用使用。 • 作为二方库，发布到 OHPM 私仓，供公司内部其他应用使用。 • 作为第三方库，发布到 OHPM 中心仓，供其他应用使用。 • 多包（HAP/HSP）引用相同的 HAR 时，会造成多包间代码和资源的重复复制，从而导致应用包庞大
Shared Library	HSP	动态共享包，运行时复用。 • 当前仅支持应用内共享。 • 当多包（HAP/HSP）同时引用同一个共享包时，采用 HSP 替代 HAR，可以避免 HAR 造成的多包间代码和资源的重复复制，从而减小应用包大小

HAP、HAR、HSP 支持的规格对比见表 2-8，其中"√"表示是，"×"表示否。开发者可以根据实际场景所需的能力，选择相应类型的包进行开发。

表 2-8　HAP、HAR、HSP 支持的规格对比

规　　格	HAP	HAR	HSP
支持在配置文件中声明 UIAbility 组件与 ExtensionAbility 组件	√	×	×
支持在配置文件中声明 pages 页面	√	×	√
支持包含资源文件与 .so 文件	√	√	√
支持依赖其他 HAR 文件	√	√	√
支持依赖其他 HSP 文件	√	√	√
支持在设备上独立安装运行	√	×	×

值得注意的是，HAR 虽然不支持在配置文件中声明 pages 页面，但是可以包含 pages 页面，并通过命名路由的方式进行跳转。由于 HSP 仅支持应用内共享，如果 HAR 依赖了 HSP，则该 HAR 文件仅支持应用内共享，不支持发布到任何外部仓库供其他应用使用，否则会导致编译失败。HAR 和 HSP 均不支持循环依赖，也不支持依赖传递。

2.4　本章小结

本章对 OpenHarmony 的基础知识进行了详细介绍，主要从技术架构、详细特性、内核特征、应用基础知识等方面展开阐述。通过本章，读者可以了解到 OpenHarmony 的基本知识，为后续的学习奠定基础。

习题

一、单项选择题

1. OpenHarmony 技术架构中，内核层主要包括哪些子系统？（　　）
   A. 内核子系统和驱动子系统
   B. 系统服务层和框架层
   C. 应用层和硬件层
   D. 数据管理层和任务调度层
2. OpenHarmony 支持的系统类型中，哪种系统类型支持的设备最小内存为 128 KB？（　　）
   A. 轻量系统　　　　B. 小型系统　　　　C. 标准系统　　　　D. 大型系统
3. OpenHarmony 的内核子系统支持哪种内核？（　　）
   A. 仅 Linux 内核　　　　　　　　　　B. 仅 LiteOS 内核
   C. Linux 内核或 LiteOS 内核　　　　　D. Windows 内核
4. OpenHarmony 的分布式软总线主要提供什么功能？（　　）
   A. 数据存储　　　　　　　　　　　　B. 设备间的分布式通信能力
   C. 图形渲染　　　　　　　　　　　　D. 应用程序开发框架

5. OpenHarmony 的分布式任务调度支持以下哪种操作？（　　）
A. 远程启动　　　　B. 数据加密　　　　C. 硬件加速　　　　D. 文件压缩
6. OpenHarmony 的内核子系统支持哪种文件系统？（　　）
A. 虚拟文件系统　　B. 实体文件系统　　C. 网络文件系统　　D. 硬件文件系统

二、判断题
1. OpenHarmony 是由谷歌孵化及运营的开源项目。（　　）
2. OpenHarmony 的系统服务层不包括硬件服务子系统集。（　　）
3. OpenHarmony 的分布式数据管理实现了应用程序数据和用户数据的分布式管理。（　　）
4. OpenHarmony 的内核抽象层（KAL）的作用是提供图形界面。（　　）

第 3 章 润开鸿鸿锐开发板（SC-DAYU800A）介绍

润开鸿鸿锐开发板（SC-DAYU800A）是一款具备平头哥高性能 RISC-V 开源架构曳影 1520（TH1520）芯片的开发板。它集成了 4 核玄铁 C910 处理器（RISC-V 架构）的平头哥曳影 1520（TH1520）芯片，AI 算力达 4TOPs（Tera Operations Per Second，每秒万亿次操作），支持蓝牙、音频、视频和摄像头等功能，支持多种视频输入输出接口，并提供丰富的扩展接口，可用于工控平板、智慧大屏、智能 NVR、信息发布系统、云终端、车载中控等场景，支持医疗成像、视频会议、家用机器人和无人机等中高端应用，广泛用于边缘计算、人工智能、图像识别、多媒体等领域。

3.1 SC-DAYU800A 开发板概述

3.1.1 硬件介绍

SC-DAYU800A 开发板外观如图 3-1 所示。

图 3-1 SC-DAYU800A 开发板外观

SC-DAYU800A 开发板正面结构图如图 3-2 所示。

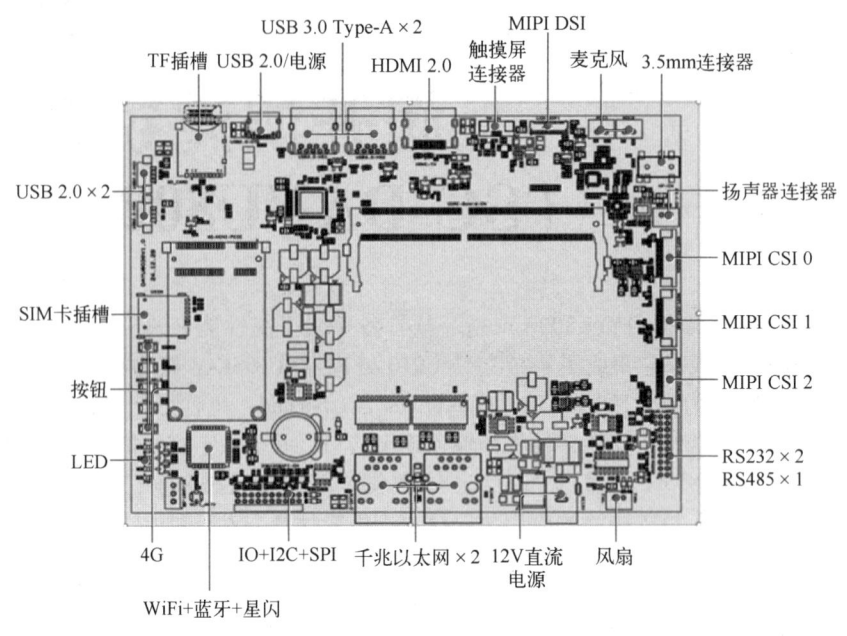

图 3-2　SC-DAYU800A 开发板正面结构图

SC-DAYU800A 开发板反面结构图如图 3-3 所示。

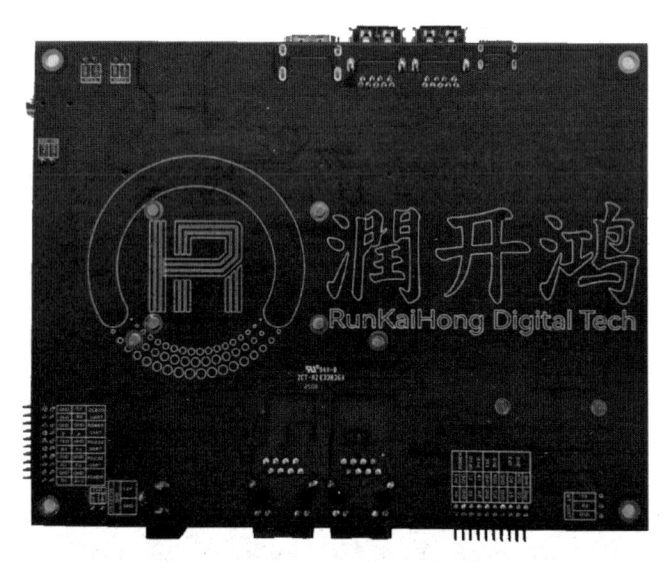

图 3-3　SC-DAYU800A 开发板反面结构图

SC-DAYU800A 开发板所携带处理器的规格介绍见表 3-1。

表 3-1 处理器规格介绍

芯片	曳影 TH1520 芯片
	Quad-core C910 ×4
架构	RISC-V
主频	2.5 GHz
工作电压	12 V/2 A
内存 & 存储	4 GB/8 GB LPDDR4X-3733
通用规格	支持 OpenHarmony、Linux 系统
	双网口：可通过双网口访问和传输内外网的数据，提高网络传输效率
	核心板尺寸为 99.06 mm×84.45 mm×21 mm，可满足小型终端产品空间需求
	丰富的扩展接口，支持多种视频输入输出接口（详见表 3-2 底板规格介绍）

SC-DAYU800A 开发板的底板规格介绍见表 3-2。

表 3-2 底板规格介绍

底板规格	说明
CPU	TH1520 RISC-V 4×C910，最高 2.5 GHz
GPU	PowerVR B-Series BXM-4-64
NPU	4TOPs@INT8
内存	4/8 GB 64 位 LPDDR4X-3733
存储	8/32/64 GB eMMC
视频	1×HDMI，1×4 通道 MIPI DSI
摄像头	2×2 通道 MIPI CSI，1×4 通道 MIPI CSI
以太网	2 Gbit/s
PoE	支持（可选配件）
WiFi+BLE+星闪	BL-M35343XS1，802.11ax 150 Mbit/s
音频	1×耳机，1×扬声器，2×麦克风⊖
USB	2×USB Type-A 3.0 主机，2×USB 2.0 Host HX1.25-4P
	1×USB Type-C 2.0 设备（仅用于下载）
GPIO 引脚	3×UART，1×I2C，1×SPI，1×5 V，1×3.3 V，1×5 V，2×GND，其他
操作系统	OpenHarmony OS
电源输入	DC 12 V/2 A
底板尺寸	159.99 mm×123.0 mm

图 3-4 所示为 SC-DAYU800A 开发板 MIPI 屏幕安装图。

图 3-5 所示为 SC-DAYU800A 开发板 MIPI 摄像头模组安装图。

⊖ 麦克风，即传声器。本书统一采用麦克风的叫法。

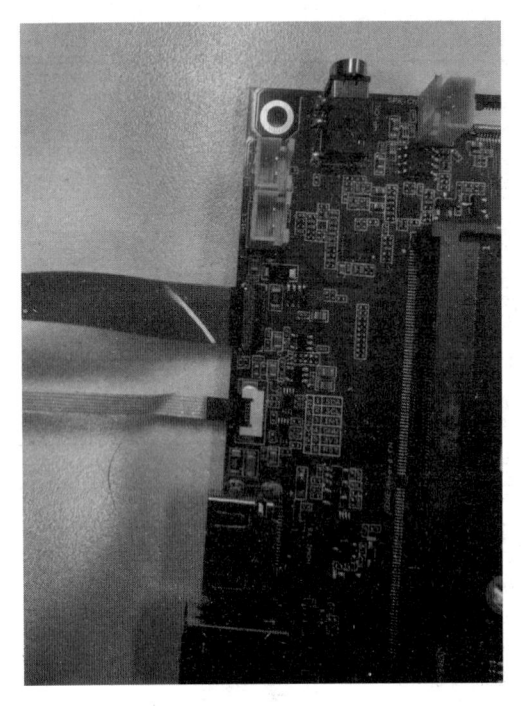

图 3-4 SC-DAYU800A 开发板
MIPI 屏幕安装图

图 3-5 SC-DAYU800A 开发板 MIPI
摄像头模组安装图

3.1.2 软件特性

SC-DAYU800A 开发板的软件特性见表 3-3。

表 3-3 SC-DAYU800A 开发板的软件特性

一级特性	二级特性	支持情况	一级特性	二级特性	支持情况
显示与亮度	屏幕显示	支持	自动旋转屏幕	—	不支持
手动调节亮度	—	支持	截屏	—	支持
自动调节亮度	—	不支持	录屏	—	不支持
深色模式	—	不支持	关机和熄屏	关机	不支持
护眼模式	—	不支持	重启	—	支持
输入	复位键	支持	自动熄屏	—	不支持
音量键	无音量按键	不支持	手动熄屏	—	不支持
触摸	—	支持	语言和输入法	中文显示	支持
多点触摸	—	支持	中文输入法	—	支持
声音和振动	响铃	支持	时间和日期	时间制式设置	支持
静音	—	不支持	时区设置	—	支持
手势导航	—	不支持	接听和拨打电话正常	—	不支持

第 3 章　润开鸿鸿锐开发板（SC-DAYU800A）介绍

（续）

一级特性	二级特性	支持情况	一级特性	二级特性	支持情况
IMS 语音通话	—	不支持	文件管理	文件管理器，可以管理本机文件	支持
IMS 视频通话	—	不支持	常见文档的浏览	—	不支持
紧急呼叫	—	不支持	常见文档的编辑	—	不支持
通话记录	—	不支持	维护和测试	开发人员选项	支持
呼叫转移	—	不支持	故障分类打点	—	不支持
来电铃声设置	—	不支持	将故障日志自动传送到云端	—	不支持
通话录音	—	不支持	应用市场	应用市场	不支持
快速拨号	—	不支持	系统账户	提供系统账户	不支持
短信	收发短信	不支持	浏览器	浏览器访问网页	支持
收发彩信	—	不支持	语音识别/交互	语音唤醒	不支持
蜂窝基础	搜网、驻网，显示运营商信息	不支持	星闪	—	支持
信号强度显示	—	不支持	AI 框架	AI 框架适配	不支持
SIM 卡管理	多卡	不支持	分布式能力	OpenHarmony 系统自带的分布式能力	支持
个人热点	设置并连接热点	不支持	振动	—	不支持
音乐播放	播放本地音乐	支持	来电、信息、通知的音量调节	—	不支持
播放控制（播放、暂停、上一首、下一首、音量）	—	支持	媒体音量调节	—	支持
			通话音量调节	—	支持
视频播放	播放本地视频	支持	扬声器	—	支持
自动对焦	—	不支持	有线耳机	—	支持
手动对焦	—	不支持	听筒	—	不支持
闪光灯	—	不支持	电源和电池	电量显示	支持
视频通话	视频通话依赖的底层能力：边录边播、回声消除等	不支持	充电，有充电状态显示	—	支持
			电量使用统计	—	支持
相册	浏览图片	支持	关机充电	—	不支持
浏览视频	—	支持	存储	内部存储	支持
定位	GPS 定位	不支持	外部存储（扩展存储卡）	—	支持
室内定位	—	不支持			
应用权限管理	应用权限授权	支持	存储空间统计	—	支持
应用权限管理	—	支持	存储空间清理	—	支持
敏感权限访问记录	—	不支持	界面操控	三键导航	支持
生物识别	指纹识别	不支持	时间同步	—	不支持
屏幕解锁	—	不支持	关机计时	—	不支持

55

（续）

一级特性	二级特性	支持情况	一级特性	二级特性	支持情况
闹钟	设置闹钟并按时提醒	不支持	播放实时流媒体，以及直播等功能	—	支持
关机闹钟	—	不支持	录音	录音	支持
备份和恢复	备份和恢复数据	不支持	播放录音	—	支持
重置	还原所有设置	支持	摄像头	拍照	支持
还原网络设置	—	支持	预览	—	支持
恢复出厂设置	—	支持	录像	—	支持
飞行模式	飞行模式	支持	切换前后摄像头	—	不支持
支持 Wi-Fi	2.4 GHz Wi-Fi 连接	支持	人脸识别	—	不支持
5 GHz Wi-Fi 连接	—	不支持	密码	安全键盘	支持
Wi-Fi 开关	—	支持	密码保险箱	—	不支持
支持蓝牙	配对连接蓝牙，主动配对和被动配对	不支持	安全启动	安全启动	支持
蓝牙耳机或者音箱播放声音	—	不支持	锁屏和解锁	屏幕锁定	支持
蓝牙耳机或者音箱播放音乐，耳机反向控制	—	不支持	运营	使用打点[一]统计版本和功能使用情况	支持
			稳定性和性能	内存管理，包括内存压缩、内存交换等	支持
蓝牙分享文件	—	不支持	后台应用自动查杀	—	不支持
蓝牙 HID 协议	—	不支持	GPU 渲染	—	不支持
蓝牙开关	—	不支持	硬件合成	—	不支持
NFC	NFC 识别和交互	不支持	OTA	在线更新版本	支持
移动数据	4G 数据	不支持	全量升级	—	支持
5G 数据	—	不支持	差分升级	—	支持
数据开关	—	不支持	低电量不升级	—	支持
数据使用提醒	—	不支持	跨多版本升级	—	支持
流量统计管理	—	不支持	应用管理能力	安装应用	支持
通话	联系人	不支持	卸载应用	—	支持
播放在线视频	—	支持	应用更新	—	不支持

3.2 OpenHarmony 的 SC-DAYU800A 开发板代码下载和编译

3.2.1 Ubuntu 概述

在过去的 20 多年里，Linux 系统主要被应用于服务器端、嵌入式开发和 PC 桌面 3 大领域。

[一] 打点：在代码中埋点，记录用户行为或系统事件。

例如大型、超大型互联网企业都在使用 Linux 系统作为其服务器端的程序运行平台，全球及国内排名前 1000 的网站中 90%以上使用的系统都是 Linux 系统。

在所有 Linux 版本中，都会涉及以下几个重要概念。

- 内核：内核是操作系统的核心。内核直接与硬件交互，并处理大部分较低层的任务，如内存管理、进程调度、文件管理等。
- 命令和工具：日常工作中，用户会用到很多系统命令和工具，如 cp、mv、cat 和 grep 等。在 Linux 系统中，有 250 多个命令，每个命令都有多个选项。第三方工具也有很多，它们也扮演着重要角色。
- 文件和目录：Linux 系统中所有的数据都被存储到文件中，这些文件被分配到各个目录，构成文件系统。Linux 的目录与 Windows 的文件夹的概念类似。
- Shell：Shell 是一个处理用户请求的工具，它负责解释用户输入的命令，调用用户希望使用的程序。Shell 既是一种命令语言，又是一种程序设计语言。

在 Linux 内核的发展过程中，各种 Linux 发行版本发挥了巨大的作用，正是它们推动了 Linux 的应用，从而让更多的人开始关注 Linux。因此，把 Red Hat、Ubuntu、SUSE 等直接说成 Linux 其实是不确切的，它们是 Linux 的发行版本，更确切地说，应该叫作"以 Linux 为核心的操作系统软件包"。Linux 的各个发行版本使用的是同一个 Linux 内核，因此在内核层不存在什么兼容性问题。

Ubuntu 基于知名的 Debian Linux 发展而来，界面友好，容易上手，对硬件的支持非常全面，是目前最适合作为桌面系统的 Linux 发行版本，而且 Ubuntu 的所有发行版本都是免费的。Ubuntu 的软件包管理器主要有 apt、dpkg 和 tasksel。

表 3-4 中为后续章节将会使用到的命令。

微课 3-1
Linux 常用命令

微课 3-2
文件相关命令

表 3-4　Linux 常用命令

命　令	描　　述	常用使用方法
cd	切换工作目录	进入指定的目录：cd [directory]
mkdir	创建目录	创建目录：mkdir directory 创建目录的同时指定权限：mkdir -m mode directory
touch	创建文件	创建文件：touch file
ls/ll	查看目录文件	查看目录文件：ls 查看所有文件，包括隐藏文件：ls -a
rmdir	删除空目录	删除空目录：rmdir dir
rm	删除文件	删除文件：rm file 强制删除目录：rm dir -rf
ln	创建链接文件	创建硬链接：ln file1 file2 创建软链接：ln -s file1 file2
cp	复制并重命名文件/目录	移动文件：cp file1 file2 移动目录：cp -r dir1 dir2
mv	移动并重命名文件/目录	移动文件：mv file1 file2
tar	压缩/解压缩文件	打包文件：tar -cf file.tar file 解压缩包：tar -xvf file.tar.gz

（续）

命　令	描　述	常用使用方法
find	查找文件	按文件名查找：find ./ -name file *
grep	查找字符串	查找字符串：grep -rn string 查找单词：grep -rnw word
cat	查看小文件	查看文件：cat file 查看文件并显示行号：cat -n file
less	查看大文件（逐页显示文件内容，支持上下左右移动、反向搜索、分屏操作等）	查看文件：less file
more	查看大文件（逐页显示文件内容，按〈Space〉键向下翻页）	查看文件：more file
head	查看文件头 n 行	查看文件头 n 行：head [n] file
tail	查看文件尾 n 行	查看文件尾 n 行：tail [n] file
sudo	使用超级用户权限执行命令	超级用户权限执行命令：sudo cmd 切换 root 用户：sudo su
su	切换用户	切换用户：su user
chmod	修改文件/目录权限 [r/w/x]	修改权限：chmod mode file 增加权限：chmod +mode file 减少权限：chmod -mode file
chgrp	修改文件所属群组	修改群组：chgrp group file
chown	修改文件拥有者	修改拥有者：chown owner file
useradd	创建用户（超级用户权限）	创建用户：useradd -d /home/username -s /bin/bash -r -m username
userdel	删除用户（超级用户权限）	删除用户：userdel -r username
passwd	为用户设置密码（超级用户权限）	设置密码：passwd username
scp	远程复制文件	远程复制文件：scp user@ip:file_path target_path 远程复制目录：scp -r user@ip:file_path target_path
reset	重启系统（超级用户权限）	重启系统：reset
poweroff	关机（超级用户权限）	关机：poweroff
pwd	查看当前目录的绝对路径	查看路径：pwd
wc	按照\n统计行数	统计行数：wc -l file
ps	查看当前运行的进程	查看进程详细信息：ps -Afl
top	动态监视进程（每 3 s 刷新一次）	动态监视进程：top
kill	发送信号给进程	终止信号：kill [-15] pid 强制终止信号：kill -9 pid

在 Linux 中，环境变量是一个很重要的概念。环境变量可以由系统、用户、Shell 以及其他程序来设置。这里的变量就是一个可以被赋值的字符串，赋值范围包括数字、文本、文件名、设备以及其他类型的数据。

下面的例子将为变量 TEST 赋值，然后使用 echo 命令输出。

微课 3-3
Linux 环境变量

示例 3-1：echo 命令

```
TEST="Linux Programming"
echo $TEST
Linux Programming
```

注意：变量赋值时，前面不能加 $ 符号，变量输出时必须加 $ 前缀。退出 Shell 时，变量将消失。

/etc/profile 文件包含了通用的 Shell 初始化信息，由 Linux 管理员维护，一般用户无权修改。但是用户可以修改主目录下的 .profile 文件，增加一些特定的初始化信息，包括设置默认终端类型和外观样式、设置 Shell 命令查找路径（即 PATH 变量）、设置命令提示符等。

表 3-5 列出了部分重要的环境变量。

表 3-5 部分重要的环境变量

变 量	描 述
DISPLAY	用来设置将图形显示到何处
HOME	当前用户的主目录
IFS	内部域分隔符
LANG	可以让系统支持多语言。例如，将 LANG 设为 pt_BR，则可以支持（巴西）葡萄牙语
PATH	指定 Shell 命令的路径
PWD	当前所在目录，即 cd 命令中指定的目录
RANDOM	生成一个 0~32767 之间的随机数
TERM	设置终端类型
TZ	时区。可以是 AST（大西洋标准时间）或 GMT（格林尼治标准时间）等
UID	以数字形式表示的当前用户 ID，Shell 启动时会被初始化

下面的例子中使用了部分环境变量。

示例 3-2：环境变量

```
$echo $HOME
/root
$echo $DISPLAY
$echo $TERM
xterm
$echo $PATH
/usr/local/bin:/bin:/usr/bin:/home/amrood/bin:/usr/local/bin
$
```

Linux 中的 apt（Advanced Packaging Tool）是 Debian 和 Ubuntu 系统中的命令行前端软件包管理器。

apt 命令提供了查找、安装、升级、删除某个、一组，甚至全部软件包的命令，而且命令十分简洁。

apt 命令的执行需要超级管理员（也叫超级用户）权限（root）。sudo 是 Linux 系统管理命令，它允许普通用户执行一些或者全部 root 权限命令，如 halt（关闭系统）、reboot（重启系统）、su

（变更使用者身份）等。这样不仅减少了 root 用户的登录和管理时间，同样提升了安全性。

sudo 命令的语法如下所示。

```
sudo [ -Vhl LvkKsHPSb ] | [ -p prompt ] [ -c class | - ] [ -a auth_type ] [-u username | #uid ] command
```

apt 命令的语法如下所示。

```
apt [options] [command] [package …]
```

apt 常用命令如下所述。

1）列出所有可更新的软件清单：sudo apt update。
2）升级软件包：sudo apt upgrade。
3）列出可更新的软件包及版本信息：apt list --upgradeable。
4）升级软件包，升级前先删除需要更新的软件包：sudo apt full-upgrade。
5）安装指定的软件：sudo apt install <package_name>。
6）安装多个软件包：sudo apt install <package_1> <package_2> <package_3>。
7）更新指定的软件：sudo apt update <package_name>。
8）显示软件包的具体信息，例如版本号、安装大小、依赖关系等：sudo apt show <package_name>。
9）删除软件包：sudo apt remove <package_name>。
10）清理不再使用的依赖和库文件：sudo apt autoremove。
11）移除软件包及其配置文件：sudo apt purge <package_name>。
12）查找软件包：sudo apt search <keyword>。
13）列出所有已安装的软件包：apt list --installed。
14）列出所有已安装的软件包的版本信息：apt list --all-versions。

3.2.2　Ubuntu 20.04 编译环境配置

为了方便读者迅速上手开发板实践，本章介绍了润开鸿公司预置的多种优化工程。首先介绍 Ubuntu 一键初始化配置环境的工程。由于 Ubuntu 是后续章节中 OpenHarmony 程序编译的主要平台，本书将在后续章节中详细介绍其使用方法，本节只介绍其代码下载和配置等工作。该配置工程旨在对 Ubuntu 一键初始化配置环境，解决 OpenHarmony 的编译依赖问题，基于脚本配置后，配合一键下载 OpenHarmony 代码工程，用户便能轻松完成 OpenHarmony 的下载和编译。该工程当前支持 Ubuntu 18.04、Ubuntu 20.04 和 Ubuntu 22.04 版本，建议使用 OpenHarmony 推荐的 Ubuntu 20.04 版本。

Ubuntu 一键初始化配置环境工程的核心程序是自动化配置脚本。该自动化脚本命令如下所示。它实现的配置功能如图 3-6 所示。

```
apt-get -f -y install ssh # SSH 连接服务器必备，直接在本机上操作时不用提前安装
apt-get -f -y install net-tools # SSH 连接服务器必备，直接在本机上操作时不用提前安装
apt-get -f -y install git
apt-get -f -y install dos2unix
git clone https://gitee.com/itopen/OpenHarmony_env_init.git
cd OpenHarmony_env_init
./build.sh # 脚本文件详见本书配套资源
```

图3-6 自动化脚本实现的配置功能

在如图 3-6 所示的配置界面中，用户选择适合自身的功能即可。

系统配置管理员只须进行 root 环境配置，个人账号只须进行用户环境配置，强烈建议读者不要直接使用 root 账号进行开发。

进行 root 环境配置的前提是拥有 root 账号或者具备 root 权限的账号，主要实现功能如下：
➢ 配置/etc/apt/sources.list 为国内镜像源。
➢ 修改/usr/bin/sh 符号链接指向/bin/bash。
➢ 安装基础软件包。
➢ 安装 Git-LFS。
➢ 安装 Android Repo。
➢ 创建/usr/include/asm 链接/usr/include/x86_64-linux-gnu/asm。

进行用户环境配置对用户权限没有限制，主要实现功能如下：
➢ 配置 .bashrc 中的 PS1。
➢ 配置 tools 辅助工具集。
➢ 配置 SSH 客户端。
➢ 配置 Git 版本控制。
➢ 配置 Vim 编辑器。
➢ 配置 Python 3 软件源。
➢ 配置 hb 编译工具。

进行独立的功能环境配置必须拥有 root 账号或者具备 root 权限的账号，主要实现功能如下：
➢ 配置/etc/apt/sources.list 为国内镜像源。
➢ 修改/usr/bin/sh 符号链接指向/bin/bash。

- 创建/usr/include/asm 链接/usr/include/x86_64-linux-gnu/asm。
- 安装基础软件包。
- 完成 Vim 编辑器的个性化配置，安装后删除文件 ~/.vim 和 ~/.vimrc 即可删除个性化配置。

3.2.3　基于 SC-DAYU800A 开发板的代码下载

在完成了 Ubuntu 一键初始化配置环境之后，接下来下载适配 SC-DAYU800A 开发板的 OpenHarmony 活跃分支代码。本小节介绍两种下载方法。

1. 一键自动下载（推荐使用）

本脚本用于在项目中下载 OpenHarmony 主要分支源代码和 Tag 源代码，解决下载代码时查找对应分支不便的问题。脚本如下所示。

```
git clone https://gitee.com/itopen/ohos_download.git
cd ohos_download
./ohos_download.sh
# 输入所需下载的分支，例如：1.1 表示要下载 OpenHarmony master 分支
```

需要注意的是，当第一次使用该脚本下载代码时会提示设置代码下载的路径，然后将该路径保存在本地的 .config 文件中，以后再次下载时则不再提示。若不输入内容直接按〈Enter〉键，则默认保存在 ~/OpenHarmony 文件中。若输入设置，则保存在脚本所在的目录下面。其他路径可自行设置，但必须为绝对路径。

运行效果如下：

```
first download code, please set code download path, default is ~/OpenHarmony
.  # 这里输入存放路径
```

本脚本中使用到了 git 命令，如果未执行 3.2.2 节中的自动化脚本配置功能（见图 3-6），则需要安装单独 Git。

```
sudo apt install git
sudo apt-get update
sudo apt-get install curl
sudo apt-get install git-lfs
```

在该脚本执行过程中会涉及 Git 账户问题，如图 3-7 所示，须按格式填写相关信息。

```
Run
 git config --global user.email "you@example.com"
 git config --global user.name "Your Name"
to set your account's default identity.
Omit --global to set the identity only in this repository.
fatal: unable to auto-detect email address (got 'king@ubuntu.(none)')
```

图 3-7　Git 账户问题

自动化脚本下载 OpenHarmony 源代码的最终运行结果如图 3-8 所示。

```
*****************************************
* Welcome to download OpenHarmony Code   *
* Please Choice OpenHarmony SDK:         *
* OpenHarmony Riscv64                    *
*   dayu800-ohos                press 1.1 *
*   dayu800-sig                 press 1.2 *
* OpenHarmony Branch                     *
*   OpenHarmony master          press 2.1 *
*   OpenHarmony-3.0-LTS         press 2.2 *
*   OpenHarmony-3.1-Release     press 2.3 *
*   OpenHarmony-3.2-Release     press 2.4 *
*   OpenHarmony-4.0-Release     press 2.5 *
*   OpenHarmony-4.1-Release     press 2.6 *
*   OpenHarmony-5.0-Release     press 2.7 *
*   OpenHarmony-5.0-Beta1       press 2.x *
* OpenHarmony Tag                        *
*   OpenHarmony-v3.0-LTS        press 3.10*
*   OpenHarmony-v3.1-Release    press 3.20*
*   OpenHarmony-v3.2-Release    press 3.21*
*   OpenHarmony-v3.2.1-Release  press 3.22*
*   OpenHarmony-v3.2.2-Release  press 3.23*
*   OpenHarmony-v3.2.3-Release  press 3.24*
*   OpenHarmony-v3.2.4-Release  press 3.25*
*   OpenHarmony-v4.0-Release    press 3.30*
*   OpenHarmony-v4.0.1-Release  press 3.31*
*   OpenHarmony-v4.0.2-Release  press 3.32*
*   OpenHarmony-v4.1-Release    press 3.33*
*   OpenHarmony-v4.1.1-Release  press 3.34*
*   OpenHarmony-v5.0.0-Release  press 3.35*
*   OpenHarmony-v5.0-Beta1      press 3.x *
* OpenHarmony LLVM                       *
*   llvm master                 press 4.1 *
* Study LLVM                             *
*   llvm-master-study           press 5.1 *
*   llvm-20240612               press 5.2 *
*   llvm-20240612-study         press 5.3 *
*****************************************
```

图 3-8　自动化脚本下载 OpenHarmony 源代码的最终运行结果

图 3-8 所示各分支源代码的简介如下。

OpenHarmony Riscv64 表示下载 OpenHarmony-riscv64 的源代码。

- dayu800-ohos：表示 OpenHarmony 官方 OpenHarmony-3.2-Release 分支适配 DAYU800 的源代码，随着官方分支代码更新有可能无法编译。
- dayu800-sig：基于 OpenHarmony 官方 OpenHarmony-3.2-Release 分支适配的 DAYU800 源代码同步到 RISC-V SIG 组织，可以编译运行。

OpenHarmony Branch 表示下载官方的主要分支源代码。

- OpenHarmony master：表示 OpenHarmony 官方 master 分支源代码。
- OpenHarmony-3.0-LTS：表示 OpenHarmony 官方 OpenHarmony-3.0-LTS 分支源代码。
- OpenHarmony-3.1-Release：表示 OpenHarmony 官方 OpenHarmony-3.1-Release 分支源代码。
- OpenHarmony-3.2-Release：表示 OpenHarmony 官方 OpenHarmony-3.2-Release 分支源代码。

- OpenHarmony-4.0-Release：表示 OpenHarmony 官方 OpenHarmony-4.0-Release 分支源代码。
- OpenHarmony-4.1-Release：表示 OpenHarmony 官方 OpenHarmony-4.1-Release 分支源代码。
- OpenHarmony-5.0-Release：表示 OpenHarmony 官方 OpenHarmony-5.0-Release 分支源代码。
- OpenHarmony-5.0-Beta1：表示 OpenHarmony 官方 OpenHarmony-5.0-Beta1 分支源代码。该条目中的 x 表示临时使用。

OpenHarmony Tag 表示下载官方的主要 Tag 源代码。

- OpenHarmony-v3.0-LTS：表示 OpenHarmony 官方 OpenHarmony-v3.0-LTS 的 Tag 源代码。
- OpenHarmony-v3.1-Release：表示 OpenHarmony 官方 OpenHarmony-v3.1-Release 的 Tag 源代码。
- OpenHarmony-v3.2-Release：表示 OpenHarmony 官方 OpenHarmony-v3.2-Release 的 Tag 源代码。
- OpenHarmony-v3.2.1-Release：表示 OpenHarmony 官方 OpenHarmony-v3.2.1-Release 的 Tag 源代码。
- OpenHarmony-v3.2.2-Release：表示 OpenHarmony 官方 OpenHarmony-v3.2.2-Release 的 Tag 源代码。
- OpenHarmony-v3.2.3-Release：表示 OpenHarmony 官方 OpenHarmony-v3.2.3-Release 的 Tag 源代码。
- OpenHarmony-v3.2.4-Release：表示 OpenHarmony 官方 OpenHarmony-v3.2.4-Release 的 Tag 源代码。
- OpenHarmony-v4.0-Release：表示 OpenHarmony 官方 OpenHarmony-v4.0-Release 的 Tag 源代码。
- OpenHarmony-v4.0.1-Release：表示 OpenHarmony 官方 OpenHarmony-v4.0.1-Release 的 Tag 源代码。
- OpenHarmony-v4.0.2-Release：表示 OpenHarmony 官方 OpenHarmony-v4.0.2-Release 的 Tag 源代码。
- OpenHarmony-v4.1-Release：表示 OpenHarmony 官方 OpenHarmony-v4.1-Release 的 Tag 源代码。
- OpenHarmony-v4.1.1-Release：表示 OpenHarmony 官方 OpenHarmony-v4.1.1-Release 的 Tag 源代码。
- OpenHarmony-v5.0.0-Release：表示 OpenHarmony 官方 OpenHarmony-v5.0.0-Release 的 Tag 源代码。
- OpenHarmony-v5.0-Beta1：表示 OpenHarmony 官方 OpenHarmony-v5.0-Beta1 的公开测试源代码。

OpenHarmony LLVM 表示下载官方的 LLVM 源代码。

- llvm-master：表示 OpenHarmony 官方 LLVM 工具链 master 分支源代码。

Study LLVM 表示下载学习 LLVM 的源代码。

- llvm-master-study：表示基于 OpenHarmony 官方 LLVM 工具链 master 分支的 Fork 仓库源代码。
- llvm-20240612：表示 OpenHarmony 官方 2024 年 6 月 12 日 LLVM 工具链 master 分支源代码在 2024 年 6 月 12 日的快照版本。
- llvm-20240612-study：表示基于 2024 年 6 月 12 日的 master 分支源代码创建的学习研究分支。

图 3-9 所示为 OpenHarmony 源代码下载成功的界面。

图 3-9　OpenHarmony 源代码下载成功的界面

脚本会在选定配置的路径下创建对应的代码版本路径。如果对应的代码版本路径已经存在，则会生成一个文件名带_tmp 后缀的临时目录。如果该临时目录仍然存在，则会提示手动输入路径名称（仅仅是目录的名称，而不是完整的路径）。具体的路径在脚本运行下载代码结束后的日志中有说明，同样，脚本所要执行的下载命令也会记录在日志中。图 3-10 所示为 LLVM 下载成功的界面。

图 3-10　LLVM 下载成功的界面

如果重复下载，则会出现如下代码所示的情况。

```
you have already exist following path:
/itopen/OpenHarmony/llvm-master
/itopen/OpenHarmony/llvm-master_tmp
please input the path name you want to download code
if you want to delete the/home/itopen/OpenHarmony/llvm-master_tmp directly and then
download it again, please press Enter.
```

```
llvm_test # 直接输入要存放代码的路径名称
================================================================
you have been download LLVM master code
url       : https://gitee.com/OpenHarmony/manifest.git
branch    : master
xml_name  : llvm-toolchain.xml
code_path :/home/itopen/OpenHarmony/llvm_test
init    cmd: repo init -u https://gitee.com/OpenHarmony/manifest.git -b master -m llvm-
toolchain.xml --no-repo-verify
sync    cmd: repo sync -c
lfs     cmd: repo forall -c 'git lfs pull'
set_br  cmd: repo start master --all
================================================================
download code success ^_^
```

2. 手动下载

```
repo init -u https://gitee.com/itopen/manifest.git -b OpenHarmony-3.2-Release -m dev-
board_dayu800.xml --no-repo-verify
repo sync -c
repo forall -c 'git lfs pull'
repo start OpenHarmony-3.2-Release --all
```

3.2.4　基于 SC-DAYU800A 开发板的 OpenHarmony 代码编译

1. SC-DAYU800A 开发板代码工具链介绍

本书采用阿里平头哥提供的 GCC 交叉编译工具链（当前保存在 th1520 交叉编译工具链目录中）进行内核编译。该工具链已经在代码下载过程中同步下载到 OpenHarmony 源码目录 prebuilts/gcc/linux-x86/riscv 中。除内核以外的代码编译采用的是 OpenHarmony 版本自带的 LLVM 工具链。

2. 代码编译

核心编译命令如下。

```
# 首次编译请先执行下面的命令
./build/prebuilts_download.sh
# 全量代码编译
./build.sh --product-name dayu800 --gn-args full_mini_debug=false --ccache
# 单模块编译
# module_name 举例: "kernel:kernel", 表示编译 kernel 目录下的 kernel 模块, 后面所有的 ker-
nel 都是 module_name
./build.sh --product-name dayu800 --ccache --build-target module
# 内核模块编译
./build.sh --product-name dayu800 --ccache --build-target kernel
```

编译成功后打印如下信息。

```
[OHOS INFO] c overall build overlap rate: 1.05
[OHOS INFO]
[OHOS INFO]
[OHOS INFO] dayu800 build success
```

```
[OHOS INFO] cost time: 0:45:57
=====build  successful=====
2024-05-14 17:16:52
++++++++++++++++++++++++++++++++++++++
```

3.3 镜像烧录

3.3.1 环境准备

1. 安装串口驱动

安装 thead/flash_tools/driver/c910_serial_driver/CDM212364_Setup 目录下的 CDM212364_Setup.exe 工具，该工具不支持 Windows 11 及后续版本。

2. 禁用驱动程序强制签名

找到 Windows 10 的"设置"按钮并单击，打开"Windows 设置"窗口，如图 3-11 所示。

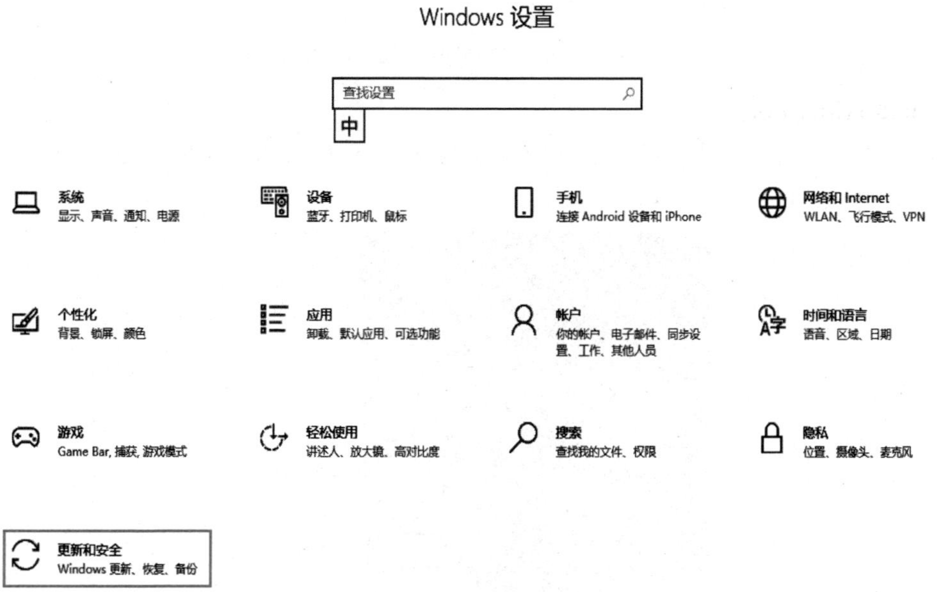

图 3-11 "Windows 设置"窗口

单击"更新和安全"按钮，然后单击"恢复"按钮，并在右边单击"高级启动"下面的"立即重新启动"按钮，如图 3-12 所示。

系统重启之后会出现几个选项，依次单击"疑难解答"→"高级选项"→"启动设置"→"重启"按钮，然后会弹出一个列表，直接输入"7"，选择"禁用驱动程序强制签名"，重启之后，后续驱动就可以成功安装了。

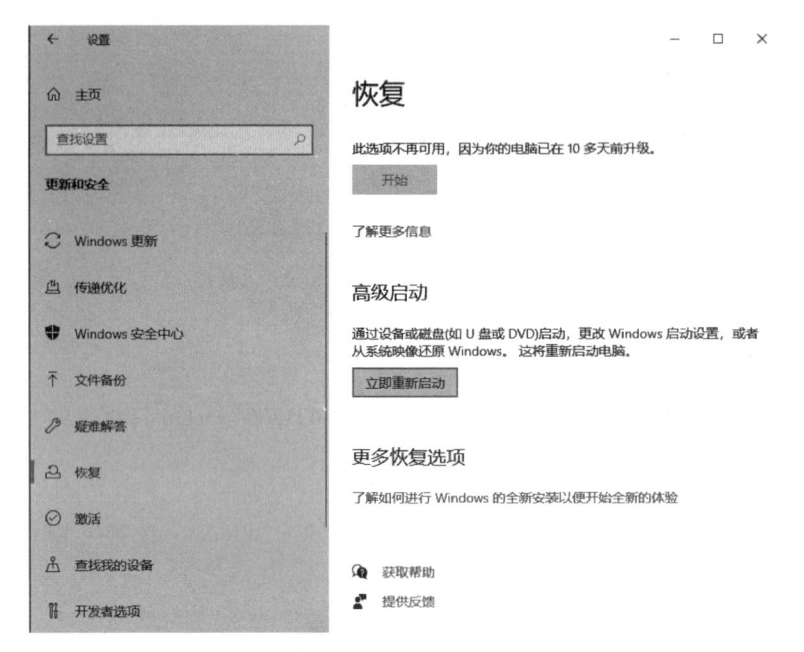

图 3-12 单击"立即重新启动"按钮

3. 安装 fastboot 驱动

如图 3-13 所示，先按住〈BOOT〉键不松，再按〈RESET〉键，然后先松开〈RESET〉键，再松开〈BOOT〉键。

图 3-13 开发板上的〈BOOT〉键和〈RESET〉键

在 Windows 10 中打开"设备管理器"，出现"USB download gadget"设备，右键单击该设备，选择"更新驱动程序"命令，选择"浏览计算机以查找驱动程序"选项，选择 thead/flash_tools/driver/fastboot_driver/usb_driver-fullmask 目录，单击"下一步"按钮，勾选"始终安装此驱动程

第 3 章　润开鸿鸿锐开发板（SC-DAYU800A）介绍

序软件"，驱动安装完成后单击"关闭"按钮。

4. 配置 fastboot

将 thead/flash_tools/fastboot 目录复制到 C 盘，然后设置环境变量，右键单击"此电脑"，选择"属性"命令，选择"高级系统设置"选项，如图 3-14 所示。在弹出的"系统属性"对话框中单击"环境变量"按钮，如图 3-15 所示。在"系统变量"一栏中选中"Path"变量，单击"编辑"按钮，如图 3-16 所示。接下来，在"编辑环境变量"对话框中单击"新建"按钮，将 fastboot 的路径填写进去，然后单击"上移"按钮让新建的路径位于最上方。最后单击"确定"按钮，关闭对话框，如图 3-17 所示。

图 3-14　选择"高级系统设置"选项

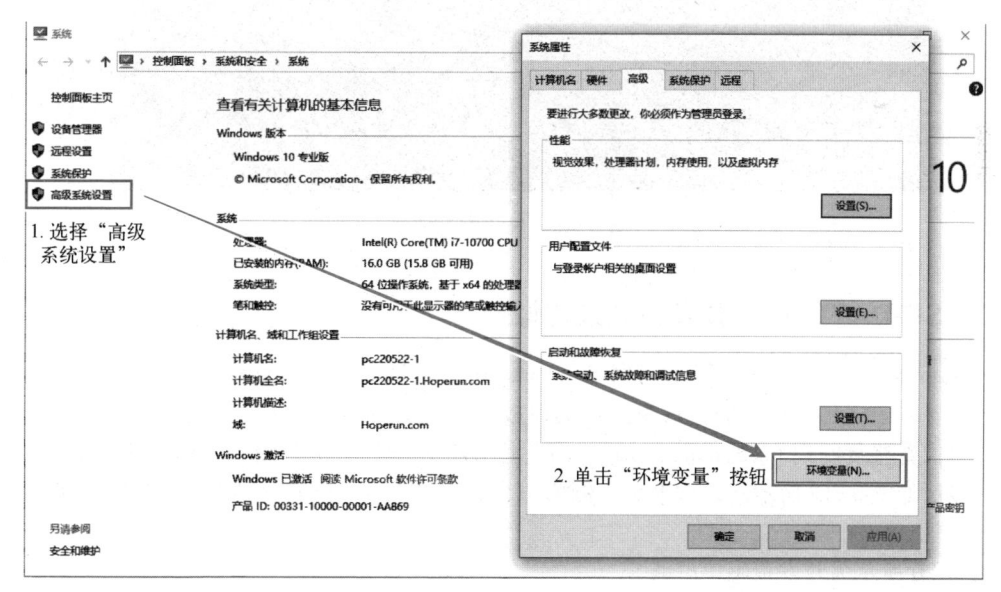

图 3-15　单击"环境变量"按钮

打开命令提示符窗口，在如图 3-18 所示的路径下输入以下命令确认是否配置成功。

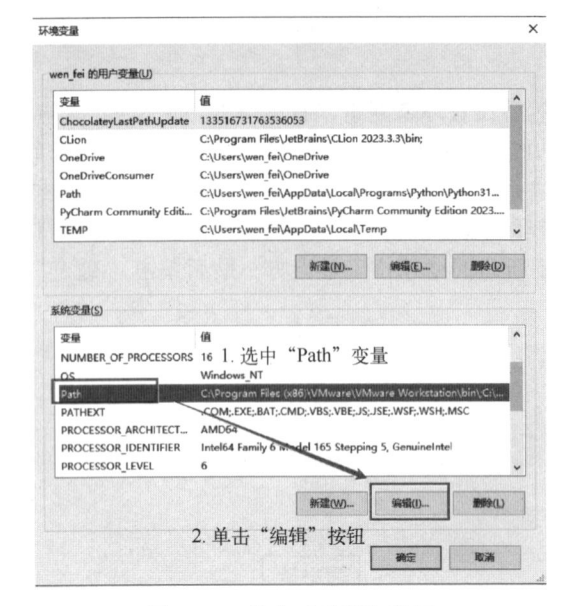

图 3-16　单击"编辑"按钮

图 3-17　单击"上移"按钮

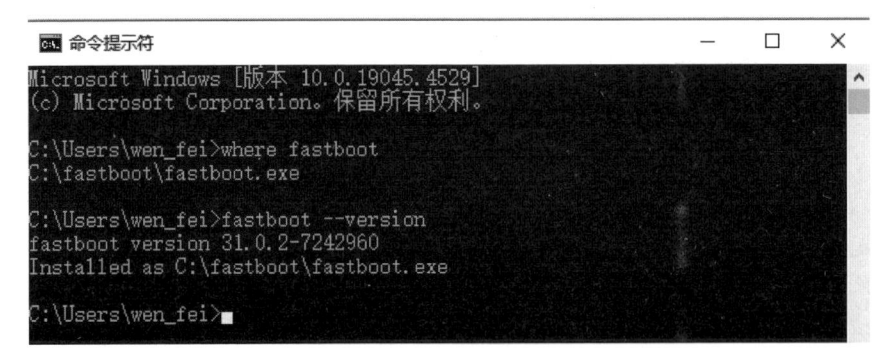

图 3-18　确认配置成功

3.3.2　SC-DAYU800A 开发板烧录镜像

将 flash_tools/flash_img 目录复制到 Windows 10 的磁盘下,建议直接放在磁盘的根目录下,不得放在含有中文名文件夹的目录下。将编译成功的 out/dayu800/packages/phone/images 目录下的所有镜像直接复制到 flash_image/images 内。然后将开发板的串口线和 USB 线都接到计算机,串口线接法如图 3-19 所示。注意上排右侧第一个为 DEBUG 口的 TX 引脚,第二个为 DEBUG 口的 RX 引脚。

图 3-20 所示为开发板串口电路。

然后按住开发板的〈BOOT〉键,再按住〈RESET〉键,然后先松开〈RESET〉键,再松开〈BOOT〉键。当串口中打印如图 3-21 所示的 "[APP][E] protocol_connect failed,exit." 的信息时,运行 flash_img 目录中的 flash_img.bat 脚本。

图 3-19　开发板串口线接法

开发板串口电路

图 3-20　开发板串口电路

```
brom_ver 7
[APP][E] protocol_connect failed, exit.
```

图 3-21　串口信息

当 flash_img.bat 脚本运行结束时，关闭 flash_img.bat 窗口，按〈RESET〉键即可启动刚刚烧录镜像的系统。

3.4　SC-DAYU800A+OpenHarmony 交叉编译工具链

目前，OpenHarmony 官方对 RISC-V 架构的适配仍存在工具链和核心模块的兼容性挑战，须基于其模块化特性进行定向优化。

3.4.1　RISC-V 架构的 LLVM 工具链构建

由于 LLVM 工具链中关于 RISC-V 架构的部分和 OpenHarmony 机制存在冲突，因此需要对 LLVM 工具链源码进行微调后再构建使用。冲突原因是 LLVM 工具链为了保证所有链接的文件都是同一类型的文件（该校验机制仅针对 RISC-V 架构），因而在链接阶段会对所有链接文件的 eflags 进行校验，而 OpenHarmony 中的部分仓会使用 gen_js_obj 将生成的中间文件和 C/C++ 语言生成的 .o 中间文件一起链接，从而导致校验失败，最终产生冲突。

1. 重新构建工具链

（1）工具链下载

使用 3.2.3 节介绍的自动化下载脚本，选择 4.1 分支源代码下载即可。

（2）工具链代码修改

将下面的源代码复制到文件 ~/llvm.patch 中并保存，然后进入 toolchain/llvm-project，执行如下命令将 patch 合入即可。

```
patch -p1 < ~/llvm.patch
```

llvm.patch 的主要源代码如下所示。

```
diff --git a/lld/ELF/Arch/RISCV.cpp b/lld/ELF/Arch/RISCV.cpp
index 56a516f9cdc1..a9dbe1082331 100644
--- a/lld/ELF/Arch/RISCV.cpp
+++ b/lld/ELF/Arch/RISCV.cpp
@@ -138,6 +138,7 @@ uint32_t RISCV::calcEFlags() const
 {
 if (eflags & EF_RISCV_RVC)
 target |= EF_RISCV_RVC;
+# if 0
 if ((eflags & EF_RISCV_FLOAT_ABI) != (target & EF_RISCV_FLOAT_ABI))
 error(toString(f) +
 ": cannot link object files with different floating-point ABI");
@@ -145,6 +146,7 @@ uint32_t RISCV::calcEFlags() const
 {
 if ((eflags & EF_RISCV_RVE) != (target & EF_RISCV_RVE))
 error(toString(f) +
 ": cannot link object files with different EF_RISCV_RVE");
+# endif
 }
 return target;
```

(3) 工具链编译

```
# 创建 Python 3 虚拟环境
pip3 install virtualenv
virtualenv env
source env/bin/activate
# 安装对应的依赖库
python3 -m pip install pyyaml
pip3 install -U Sphinx -i https://mirrors.aliyun.com/pypi/simple
pip3 install recommonmark -i https://mirrors.aliyun.com/pypi/simple
# 编译工具链
bash ./toolchain/llvm-project/llvm-build/env_prepare.sh
python3 ./toolchain/llvm-project/llvm-build/build.py --no-build windows
```

2. 获取已编译工具链

由于下载的工具链源代码是已经编译的，在下载源代码的时候会用构建好的工具链同步代替官方的工具链。

工具链下载命令如下。

```
git clone https://gitee.com/riscv-sig/llvm-toolchains.git -b OpenHarmony-v4.1-Release
```

3.4.2 RISC-V 架构的 rustc 工具链构建

Rust 是一种注重安全性、并发性和性能的系统编程语言。rustc 是 Rust 编程语言的编译器，它用于将 Rust 源代码编译成可执行文件或其他类型的输出（如库文件）。rustc 工具链官方版本不支持 RISC-V，因此这里构建了一个支持 RISC-V 架构的工具链，在下载 OpenHarmony 代码的时候会同步下载工具链。

单独的工具链下载命令如下所示。

```
git clone https://gitee.com/riscv-sig/rustc.git -b OpenHarmony-v4.1-Release
```

3.4.3 内核工具链

本书中，内核采用的是阿里平头哥提供的 GCC 工具链，在下载代码的时候会同步下载到代码中。单独的工具链下载命令如下所示。

```
git clone https://gitee.com/riscv-sig/riscv64-gcc.git -b OpenHarmony-v4.1-Release
```

3.5 本章小结

本章对润开鸿鸿锐开发板（SC-DAYU800A）做了详细介绍，主要从硬件介绍、软件特性、OpenHarmony 源代码下载和编译、镜像烧录等方面展开阐述，然后介绍了 SC-DAYU800A+OpenHarmony 交叉编译工具链。通过本章，读者可以了解到开发平台的基本知识，为后续的学习奠定基础。

习题

一、单项选择题

1. 润开鸿鸿锐开发板（SC-DAYU800A）是基于哪个高性能 RISC-V 开源架构芯片的开发板？（　　）

   A. 平头哥曳影 TH1520 芯片　　　　　　B. Intel Xeon 芯片

   C. ARM Cortex-A72 芯片　　　　　　　D. AMD Ryzen 芯片

2. 润开鸿鸿锐开发板（SC-DAYU800A）的 AI 算力达到多少？（　　）

   A. 1TOPs　　　　B. 2TOPs　　　　C. 4TOPs　　　　D. 8TOPs

3. 润开鸿鸿锐开发板（SC-DAYU800A）支持哪种操作系统？（　　）

   A. Windows　　　B. OpenHarmony　　C. macOS　　　　D. iOS

4. 安装 fastboot 驱动时，需要在设备管理器中找到哪个设备？（　　）

   A. USB download gadget　　　　　　B. USB Serial Port

   C. USB Composite Device　　　　　D. USB Storage Device

5. 在交叉编译工具链部分，LLVM 工具链需要进行微调的原因是（　　）。

   A. LLVM 工具链不支持 RISC-V 架构

   B. LLVM 工具链与 OpenHarmony 机制存在冲突

   C. LLVM 工具链的版本过低

   D. LLVM 工具链的依赖库不完整

二、填空题

1. 将 fastboot 目录复制到 C 盘后，需要将 fastboot 的目录路径添加到环境变量_____中。

2. 在烧录镜像时，需要将编译成功的鸿蒙代码的镜像文件复制到_____目录下。

3. LLVM 工具链需要进行微调的原因是其与_____机制存在冲突。

4. 在构建 LLVM 工具链时，需要安装的依赖库包括 pyyaml、Sphinx 和_____。

5. rustc 工具链官方版本不支持_____架构，因此需要构建支持该架构的工具链。

第 4 章
OpenHarmony 开发实践基础

OpenHarmony 是一款面向全场景的开源分布式操作系统，采用组件化设计，支持在 128 KB 到×GB RAM 资源的设备上运行系统组件，设备开发者可基于目标硬件能力自由选择系统组件进行集成。OpenHarmony 开发主要分为应用开发和设备开发，前者也叫 OpenHarmony 北向开发，后者也叫 OpenHarmony 南向开发。这两者在概念、方法、工具、过程等方面都有明显的区别。本章分别从设备端和应用端介绍基于 OpenHarmony 标准系统的开发环境搭建、开发第一个程序等内容，帮助读者熟悉 OpenHarmony 标准系统开发的基本流程和方法。

4.1 OpenHarmony 设备端基础环境搭建

OpenHarmony 为开发者提供了如表 4-1 所示的两种设备端开发方式。

表 4-1 两种设备端开发方式

方式	工具	特点	适用人群
基于 IDE	IDE（DevEco Device Tool）	完全采用 IDE 进行一站式开发，编译依赖工具的安装及编译、烧录、运行都通过 IDE 进行操作。 DevEco Device Tool 采用"Windows+Ubuntu"混合开发环境： ● 在 Windows 上主要进行代码开发、代码调试、烧录等操作。 ● 在 Ubuntu 环境下实现源码编译。 DevEco Device Tool 提供界面化的操作接口，可以提供更快捷的开发体验	● 不熟悉命令行操作的开发者 ● 习惯界面化操作的开发者
基于命令行	命令行工具包	通过命令行方式下载并安装编译依赖工具，在 Linux 系统中进行编译时，相关操作通过命令实现；在 Windows 系统中使用开发板厂商提供的工具进行代码烧录。命令行方式提供了简便、统一的工具链安装方式	习惯使用命令行操作的开发者

图 4-1 所示为 OpenHarmony 设备端开发的两种方式的工作流程。

本章主要介绍基于命令行的设备端开发方式。

当前阶段，大部分的开发板源码还不支持在 Windows 环境下进行编译，因此 OpenHarmony 设备采用了"Windows+Ubuntu"混合开发的模式。本书采用的是 64 位的 Windows 10 系统环境和 Ubuntu 20.04 版本，x86_64 架构。

当在 Windows 下进行烧录时，开发者需要访问 Ubuntu 环境下的源码和镜像文件。本书采用通过 Samba 服务器进行连接的操作方法。

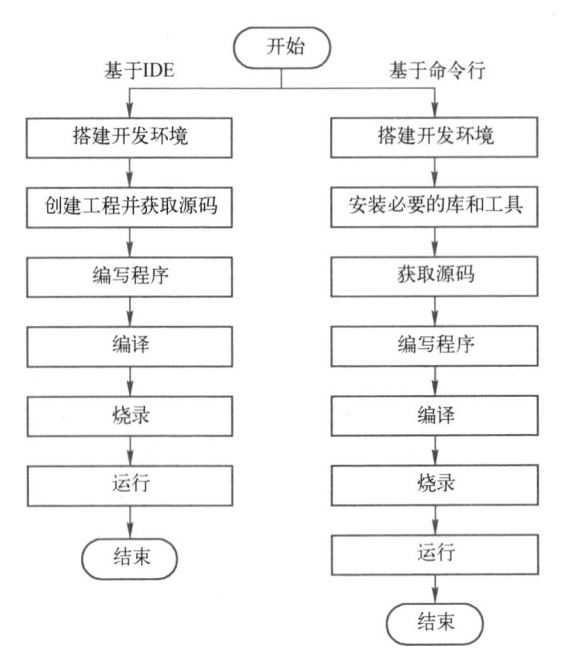

```
                            开始
              基于IDE    ┌────┴────┐    基于命令行
                        │         │
                    搭建开发环境    搭建开发环境
                        │         │
                   创建工程并获取源码  安装必要的库和工具
                        │         │
                      编写程序      获取源码
                        │         │
                       编译       编写程序
                        │         │
                       烧录        编译
                        │         │
                       运行        烧录
                        │         │
                       结束        运行
                                   │
                                  结束
```

微课 4-1 设备端程序开发流程及分析

图 4-1　OpenHarmony 设备端开发的两种方式工作流程

4.1.1　配置 Samba 服务器

在 Ubuntu 环境下进行以下操作。

1）安装 Samba 软件包。

```
sudo apt-get install samba samba-common
```

2）修改 Samba 配置文件，配置共享信息。打开配置文件：

```
sudo gedit /etc/samba/smb.conf
```

在配置文件末尾添加以下配置信息（根据实际需要配置相关内容）：

```
[home]                          # 在 Windows 中映射的根文件夹名称（此处以"home"为例）
comment = Shared Folder         # 共享信息说明
path = /home                    # 将 home 作为共享目录
valid users = xiaoming          # 可以访问该共享目录的用户（Ubuntu 的用户名）
directory mask = 0775           # 默认创建的目录权限
create mask = 0775              # 默认创建的文件权限
public = yes                    # 是否公开
writable = yes                  # 是否可写
available = yes                 # 是否可获取
browseable = yes                # 是否可浏览
```

3）添加 Samba 服务器用户和访问密码。

```
sudo smbpasswd -a xiaoming      # 此用户名为 Ubuntu 用户名。输入命令后，根据提示设置密码
```

4）重启 Samba 服务。

```
sudo service smbd restart
```

4.1.2　设置 Windows 映射

如图 4-2 所示，在 Windows 环境下右键单击"此电脑"，选择"映射网络驱动器"命令，然后输入共享文件夹信息。在"文件夹"文本框中填入 Ubuntu 设备的 IP 地址和 Ubuntu 共享文件夹的路径。这里以 192.168.21.128\home 为例，如图 4-3 所示。

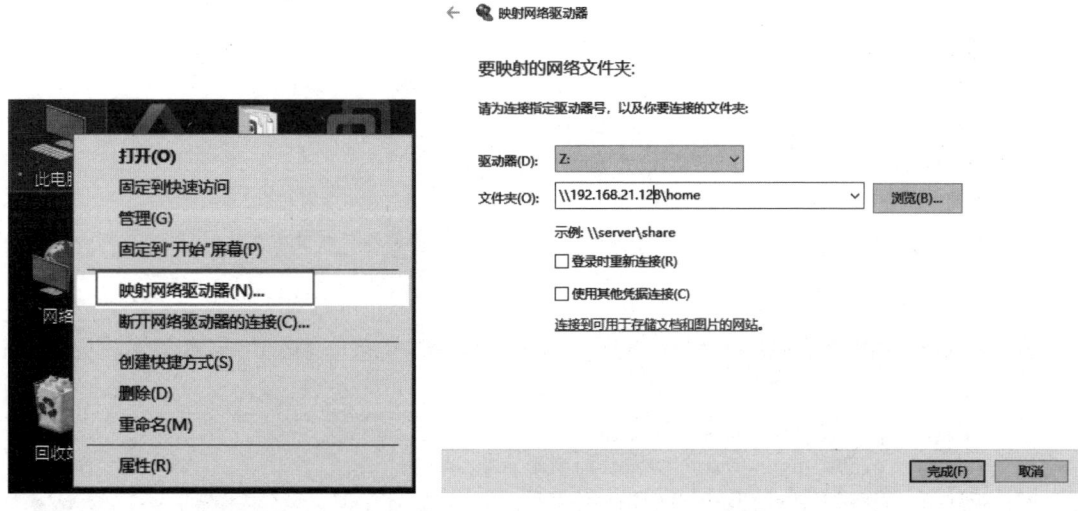

图 4-2　选择"映射网络驱动器"命令　　　　图 4-3　选择共享文件夹

输入 Samba 服务器的访问用户名和密码（在配置 Samba 服务器时已完成配置）。用户名和密码输入完成后即可在 Windows 系统下看到 Linux 的共享目录，并可对其进行访问。

4.1.3　安装库和工具集

使用命令行进行设备开发时，可以通过以下步骤安装编译 OpenHarmony 需要的库和工具。相应操作在 Ubuntu 环境中进行。使用如下 apt-get 命令安装后续操作所需的库和工具。

```
sudo apt-get update && sudo apt-get install binutils binutils-dev git git-lfs gnupg
flex bison gperf build-essential zip curl zlib1g-dev gcc-multilib g++-multilib gcc-
arm-linux-gnueabi libc6-dev-i386 libc6-dev-amd64 lib32ncurses5-dev x11proto-core-
dev libx11-dev lib32z1-dev ccache libgl1-mesa-dev libxml2-utils xsltproc unzip m4 bc
gnutls-bin python3.8 python3-pip ruby genext2fs device-tree-compiler make libffi-dev
e2fsprogs pkg-config perl openssl libssl-dev libelf-dev libdwarf-dev u-boot-tools mtd-
utils cpio doxygen liblz4-tool openjdk-8-jre gcc g++ texinfo dosfstools mtools default-
jre default-jdk libncurses5 apt-utils wget scons python3.8-distutils tar rsync git-
core libxml2-dev lib32z-dev grsync xxd libglib2.0-dev libpixman-1-dev kmod jfsutils
reiserfsprogs xfsprogs squashfs-tools pcmciautils quota ppp libtinfo-dev libtinfo5
libncurses5-dev libncursesw5 libstdc++6 gcc-arm-none-eabi vim ssh locales libxinerama-
dev libxcursor-dev libxrandr-dev libxi-dev
```

注意：Python 要求安装 Python 3.8 及以上版本，此处以 Python 3.8 为例。Java 要求 Java 8 及以上版本，此处以 Java 8 为例。

将 Python 3.8 设置为默认 Python 版本。

```
sudo update-alternatives --install /usr/bin/python python/usr/bin/python3.8 1
sudo update-alternatives --install /usr/bin/python3 python3/usr/bin/python3.8 1
```

4.1.4 获取源码

本小节介绍在 Ubuntu 环境下通过以下步骤获取 OpenHarmony 源码。读者也可以参考本书 3.2 节介绍的自动化脚本配置获取源码。

1. 准备工作

1）注册码云 gitee 账号。
2）注册码云 SSH 公钥，请参考码云帮助中心。
3）安装 Git 客户端和 Git-LFS（如已安装，请忽略）。
4）更新软件源。

```
sudo apt-get update
```

通过以下命令安装。

```
sudo apt-get install git git-lfs
```

配置用户信息。

```
git config --global user.name "yourname"
git config --global user.email "your-email-address"
git config --global credential.helper store
```

执行如下命令安装码云 Repo 工具。

下述命令中的安装路径以"~/bin"为例，读者可自行创建所需目录。

```
mkdir ~/bin
curl https://gitee.com/oschina/repo/raw/fork_flow/repo-py3 -o ~/bin/repo
chmod a+x ~/bin/repo
pip3 install -i https://repo.huaweicloud.com/repository/pypi/simple requests
```

将 Repo 添加到环境变量中。

```
vim ~/.bashrc                    # 编辑环境变量
export PATH=~/bin:$PATH          # 在环境变量的最后添加一行 Repo 路径信息
source ~/.bashrc                 # 更新环境变量
```

2. 获取方式

由于发布分支代码相对比较稳定，开发者可基于发布分支代码进行商用功能开发。Master 主干为开发分支，开发者可通过 Master 主干获取最新特性。

1）方式一（推荐）：通过 Repo + SSH 下载（须注册公钥）。

```
repo init -u git@gitee.com:OpenHarmony/manifest.git -b master --no-repo-verify
repo sync -c
repo forall -c 'git lfs pull'
```

2）方式二：通过 Repo + HTTPS 下载。

```
repo init -u https://gitee.com/OpenHarmony/manifest.git -b master--no-repo-verify
repo sync -c
repo forall -c 'git lfs pull'
```

3. 执行 prebuilts

在 OpenHarmony 源码根目录下执行 prebuilts 脚本，安装编译器及二进制工具。

```
bash build/prebuilts_download.sh
```

4.1.5 安装编译工具

本小节介绍如何在 Ubuntu 环境下安装 OpenHarmony 编译工具，具体的 OpenHarmony 编译构建模块功能知识请阅读本书第 7 章相关内容。

在 OpenHarmony 源码根目录下运行如下命令，安装 hb 并更新至最新版本。

```
python3 -m pip install --user build/hb
```

设置环境变量。

```
vim ~/.bashrc
```

将以下命令复制到 .bashrc 文件的最后一行，保存并退出。

```
export PATH=~/.local/bin:$PATH
```

执行如下命令更新环境变量。

```
source ~/.bashrc
```

在 OpenHarmony 源码目录下执行"hb -h"命令，如图 4-4 所示，界面输出以下信息就表示安装成功。

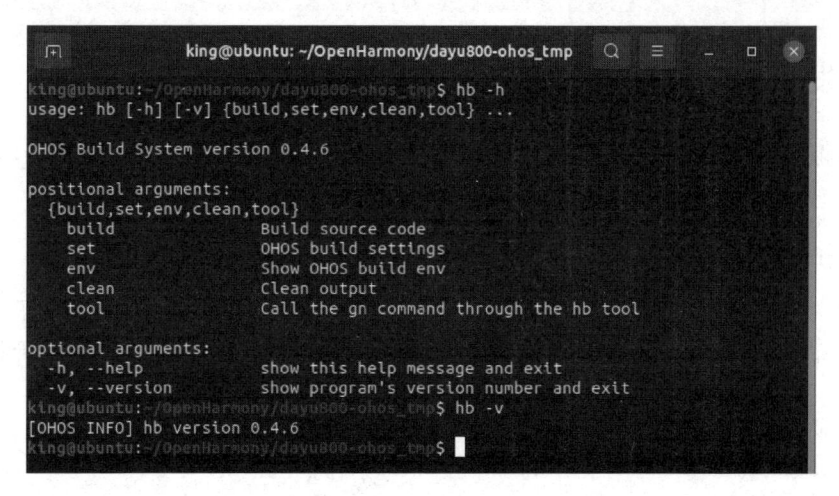

图 4-4　成功安装 hb

可以使用"hb set"命令设置 hb 编译环境，结果如图 4-5 所示。

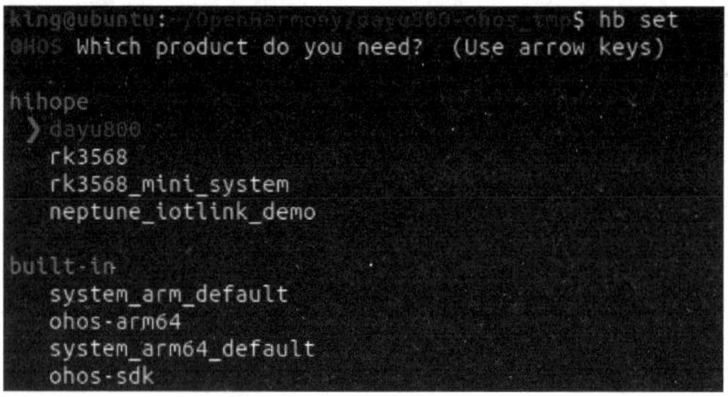

图 4-5　设置 hb 编译环境

执行完毕后可以使用 "hb env" 命令查看 hb 编译环境，结果如图 4-6 所示。

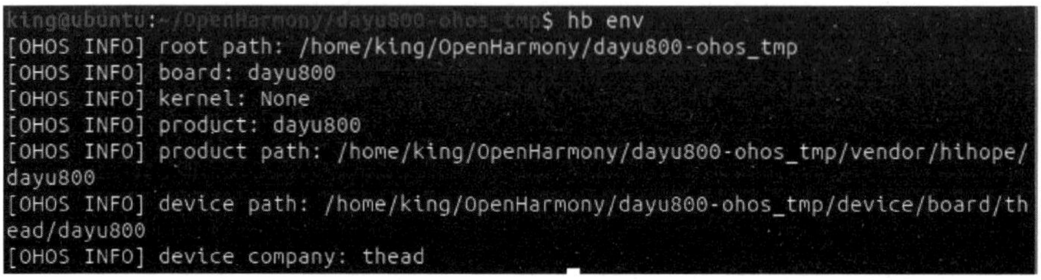

图 4-6　查看 hb 编译环境

可采用以下命令卸载 hb。

```
python3 -m pip uninstall ohos-build
```

4.2　开发第一个设备端程序 "Hello World"

本小节将展示如何在 SC-DAYU800A 上开发运行第一个应用程序，其中包括新建应用程序、编译、烧录、运行等步骤，最终输出 "Hello World!"。

4.2.1　程序编写

进入 OpenHarmony 项目代码，在代码根目录下创建 sample 子系统文件夹；在子系统目录下创建 hello 部件文件夹，hello 文件夹中创建 hello 源码目录、构建文件 BUILD.gn 及部件配置文件 bundle.json。完整目录如下所示。

```
sample/hello
|── BUILD.gn
|── include
|    └── helloworld.h
|── src
|    └── helloworld.c
└── bundle.json
```

第4章 OpenHarmony开发实践基础

```
build
└── subsystem_config.json
vendor/hihope
└── dayu800
    └── config.json
```

在源码目录中通过以下步骤创建"Hello World"应用程序。

1. 创建目录，编写代码

新建 sample/hello/src/helloworld.c 目录及文件，代码如下所示。用户也可以自定义打印内容。其中，helloworld.h 包含字符串打印函数 HelloPrint 的声明。当前应用程序支持标准 C 及 C++ 的代码开发。

```c
#include <stdio.h>
#include "helloworld.h"
int main(int argc, char * * argv)
{
    HelloPrint();
    return 0;
}
void HelloPrint()
{
    printf("\n\n");
    printf("\n\t\tHello World!\n");
    printf("\n\n");
}
```

再添加头文件 sample/hello/include/helloworld.h，代码如下所示。

```c
#ifndef HELLOWORLD_H
#define HELLOWORLD_H
#ifdef __cplusplus
#if __cplusplus
extern "C" {
#endif
#endif
void HelloPrint();
#ifdef __cplusplus
#if __cplusplus
}
#endif
#endif
#endif // HELLOWORLD_H
```

2. 新建编译组织文件

新建 sample/hello/BUILD.gn，具体创建方法请阅读第7章中关于模块配置规则的内容。
创建 BUILD.gn，其内容如下所示。

```
import("//build/ohos.gni")              # 导入编译模板
ohos_executable("helloworld") {         # 可执行模块
  sources = [                           # 模块源码
```

```
    "src/helloworld.c"
  ]
  include_dirs = [                          # 模块依赖头文件目录
    "include"
  ]
  cflags = []
  cflags_c = []
  cflags_cc = []
  ldflags = []
  configs = []
  deps =[]                                  # 部件内部依赖
  part_name = "hello"                       # 所属部件名称，必选
  install_enable = true                     # 是否默认安装(默认不安装)，可选
}
```

3. 新建部件配置规则文件

新建 sample/hello/bundle.json 文件，添加 sample 部件描述，创建方法可参考第 7 章中关于部件配置规则的内容。

bundle.json 的内容如下所示。

```
{
    "name": "@ohos/hello",
    "description": "Hello world example. ",
    "version": "3.1",
    "license": "Apache License 2.0",
    "publishAs": "code-segment",
    "segment": {
        "destPath": "sample/hello"
    },
    "dirs": {},
    "scripts": {},
    "component": {
        "name": "hello",
        "subsystem": "sample",
        "syscap": [],
        "features": [],
        "adapted_system_type": [ "mini", "small", "standard" ],
        "rom": "10KB",
        "ram": "10KB",
        "deps": {
            "components": [],
            "third_party": []
        },
        "build": {
            "sub_component": [
                "//sample/hello:helloworld"
            ],
            "inner_kits": [],
            "test": []
```

```
      }
    }
}
```

bundle.json 文件分两个部分，第一部分描述该部件所属子系统的信息，第二部分（component）则定义部件的构建配置。配置时须注意：必须包含 sub_component 字段，用于声明部件包含的模块；若部件提供对外接口，需要在 inner_kits 中说明；假如有测试用例，需要在 test 中说明；inner_kits 与 test 为可选字段，若无相关需求，可以不添加。

4. 修改子系统配置文件

在 build/subsystem_config.json 中添加新建的子系统配置。修改方法可参考第 7 章中关于模块配置规则的内容。

新增子系统的配置如下所示。

```
"sample": {
   "path": "sample",
   "name": "sample"
},
```

5. 修改产品配置文件

在 vendor/hihope/dayu800/config.json 中添加对应的 hello 部件，直接添加到原有部件后即可。

```
{
  "subsystem": "sample",
  "components": [
    {
      "component": "hello",
      "features": []
    }
  ]
},
```

4.2.2 编译

OpenHarmony 支持 hb 工具和 build.sh 脚本两种编译方式。本小节依次介绍这两种方式。有关编译构建的详细知识请阅读本书第 7 章中的相关内容，这里只做简要叙述。

1. hb 方式

4.1.5 节已经介绍了如何设置 hb 编译环境，这里使用 hb build 命令对源代码进行编译，编译选项如下所示：

➤ 单独编译一个部件（如 hello），可使用"hb build -T 目标名称"命令进行编译。
➤ 增量编译整个产品，可使用"hb build"命令进行编译。
➤ 完整编译整个产品，可使用"hb build -f"命令进行编译。

可以通过"hb build -h"命令获取更多与 hb build 命令相关的帮助信息，如图 4-7 所示。

值得注意的是，当 hb build 后无参数时，会按照设置好的代码路径、产品进行编译，且编译选项与之前保持一致。使用-f 选项时，将删除当前产品的所有编译产品配置，效果等同于执行 hb clean 和 hb build 命令。hb build 命令的两种常用方法如下。

```
king@ubuntu:~/OpenHarmony/dayu800-ohos_tmp$ hb build -h
usage: hb build [-h] [-b BUILD_TYPE] [-c COMPILER] [-t [TEST [TEST ...]]]
                [-cpu TARGET_CPU] [-cc COMPILE_CONFIG] [--dmverity] [--tee]
                [-p PRODUCT] [-f] [-n] [-T [TARGET [TARGET ...]]] [-v] [-shs]
                [--patch] [--compact-mode] [--gn-args GN_ARGS]
                [--keep-ninja-going] [--build-only-gn]
                [--log-level LOG_LEVEL] [--fast-rebuild]
                [--disable-package-image] [--disable-post-build]
                [--disable-part-of-post-build [DISABLE_PART_OF_POST_BUILD [DISA
BLE_PART_OF_POST_BUILD ...]]]
                [--device-type DEVICE_TYPE] [--build-variant BUILD_VARIANT]
                [--share-ccache SHARE_CCACHE]
                [component [component ...]]

positional arguments:
  component             name of the component, mini/small only

optional arguments:
  -h, --help            show this help message and exit
  -b BUILD_TYPE, --build_type BUILD_TYPE
                        release or debug version, mini/small only
  -c COMPILER, --compiler COMPILER
                        specify compiler, mini/small only
  -t [TEST [TEST ...]], --test [TEST [TEST ...]]
                        compile test suit
  -cpu TARGET_CPU, --target-cpu TARGET_CPU
                        select cpu
  -cc COMPILE_CONFIG, --compile-config COMPILE_CONFIG
                        Compile the configuration
```

图 4-7　获取与 hb build 命令相关的帮助信息

> hb build {component_name}：基于预设的产品配置（包括单板和内核设置），单独编译部件（e.g.：hb build kv_store）。

> hb build -p ipcamera@hisilicon：免 set 编译产品。该命令可以跳过 set 步骤，直接编译产品。

在 device/board/device_company 下单独执行 hb build 命令会进入内核选择界面，选择完成后会根据当前路径的单板、选择的内核编译出仅包含内核和驱动的镜像。

这里以 "hb build -T hello" 命令为例，其执行结果如图 4-8 所示。

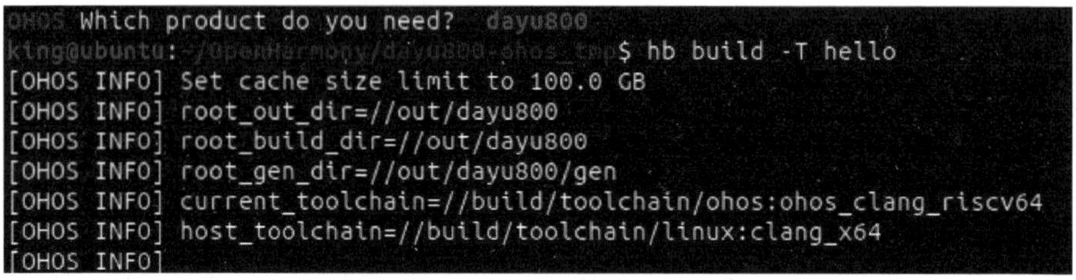

```
OHOS Which product do you need? dayu800
king@ubuntu:~/OpenHarmony/dayu800-ohos_tmp$ hb build -T hello
[OHOS INFO] Set cache size limit to 100.0 GB
[OHOS INFO] root_out_dir=//out/dayu800
[OHOS INFO] root_build_dir=//out/dayu800
[OHOS INFO] root_gen_dir=//out/dayu800/gen
[OHOS INFO] current_toolchain=//build/toolchain/ohos:ohos_clang_riscv64
[OHOS INFO] host_toolchain=//build/toolchain/linux:clang_x64
[OHOS INFO]
```

图 4-8　"hb build -T hello" 命令执行结果

图 4-9 所示为成功编译的结果。

hb clean 命令可以清除 out 目录中当前产品的编译产物，仅保留 args.gn、build.log。可输入路径参数清除指定路径下的编译产物，如：hb clean out/board/product。不带路径参数时，默认清除当前 hb set 产品对应的 out 目录内容。可以通过 "hb clean -h" 命令获得更多关于 hb clean 命令的帮助信息。

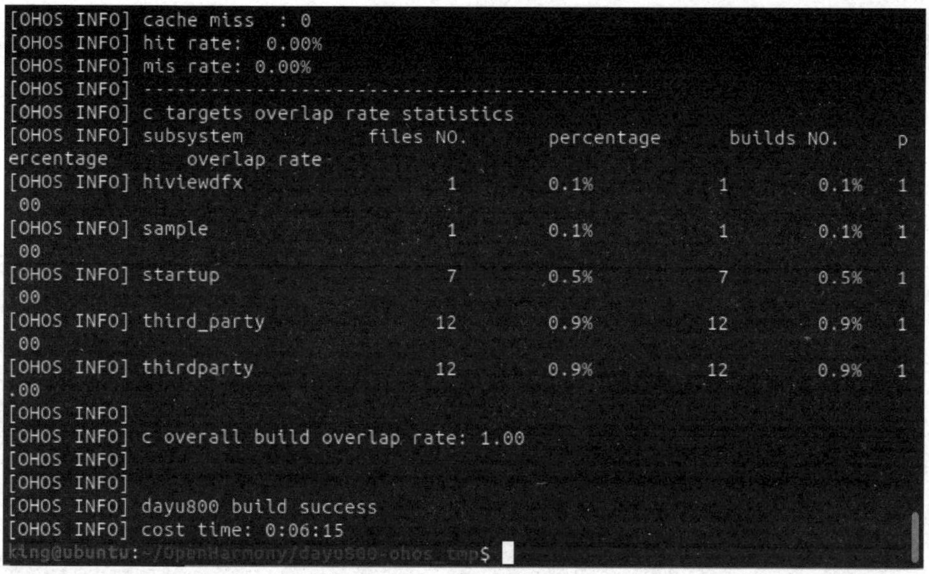

```
[OHOS INFO] cache miss    : 0
[OHOS INFO] hit rate:  0.00%
[OHOS INFO] mis rate: 0.00%
[OHOS INFO] -----------------
[OHOS INFO] c targets overlap rate statistics
[OHOS INFO] subsystem           files NO.       percentage       builds NO.        p
ercentage       overlap rate
[OHOS INFO] hiviewdfx              1             0.1%               1        0.1%    1
.00
[OHOS INFO] sample                 1             0.1%               1        0.1%    1
.00
[OHOS INFO] startup                7             0.5%               7        0.5%    1
.00
[OHOS INFO] third_party           12             0.9%              12        0.9%    1
.00
[OHOS INFO] thirdparty            12             0.9%              12        0.9%    1
.00
[OHOS INFO]
[OHOS INFO] c overall build overlap rate: 1.00
[OHOS INFO]
[OHOS INFO]
[OHOS INFO] dayu800 build success
[OHOS INFO] cost time: 0:06:15
king@ubuntu:~/OpenHarmony/dayu800-ohos_tmp$
```

图 4-9　成功编译

2. build.sh 脚本编译方式

使用 build.sh 脚本编译源码，需要进入源码根目录，执行如下命令进行版本编译。

```
./build.sh --product-name name --ccache
```

这种全量编译生成的代码规模很大，对于只需要使用 hello 部件的情况不太适合，可以通过 -h 参数查看编译命令支持的所有选项。

```
-h, --help                                    # 显示帮助信息并退出
--source-root-dir=SOURCE_ROOT_DIR             # 指定路径
--product-name=PRODUCT_NAME                   # 指定产品名称
--device-name=DEVICE_NAME                     # 指定设备名称
--target-cpu=TARGET_CPU                       # 指定 CPU
--target-os=TARGET_OS                         # 指定操作系统
-T BUILD_TARGET, --build-target=BUILD_TARGET  # 指定编译目标，可以指定多个
--gn-args=GN_ARGS                             # GN 参数，可以指定多个
--ninja-args=NINJA_ARGS                       # Ninja 参数，可以指定多个
-v, --verbose                                 # 生成时显示所有命令行
--keep-ninja-going         # 让 Ninja 在编译失败时继续运行（默认最多容忍 1000000 个任务失败）
--jobs=JOBS
--export-para=EXPORT_PARA
--build-only-gn                               # 只做 GN 解析，不运行 Ninja
--ccache                                      # 可选，如果使用 ccache，需要本地安装 ccache
--fast-rebuild                                # 快速重建，默认值为 False
--log-level=LOG_LEVEL
                    # 指定编译期日志级别（三个级别可选：debug/info/error，默认为 info）
--device-type=DEVICE_TYPE                     # 指定设备类型，默认值为 'default'
--build-variant=BUILD_VARIANT                 # 指定设备操作模式，默认值为 'user'
```

本例把 hello 作为部件进行编译，命令如图 4-10 所示。

基于 RISC-V 架构的 OpenHarmony 应用开发与实践

```
king@ubuntu:~/OpenHarmony/dayu800-ohos_tmp$ ./build.sh --product-name dayu800  --build-target hello   --ccache
```

图 4-10　把 hello 作为部件进行编译

本例编译所生成的文件都归档在 out/dayu800/目录下，编译结果如图 4-11 所示。生成对象目录如图 4-12 所示。

图 4-11　编译结果

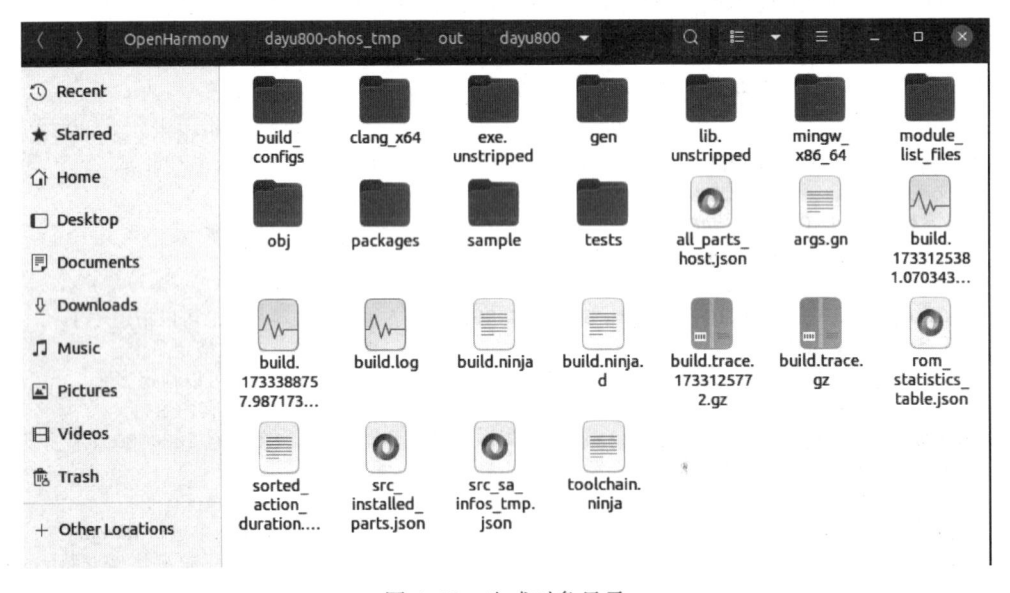

图 4-12　生成对象目录

生成的具体文件和目录结构会依赖于 hello 模块的构建规则和 OpenHarmony 的构建系统配置。通常，生成的所有文件都位于 out/dayu800 目录及其子目录中。开发者可以在构建完成后检查这个目录，以确定实际生成的文件。如果需要更详细的信息，可以查看构建日志。

第4章 OpenHarmony 开发实践基础

3. 可执行程序的独立编译

除了根据上文介绍的方法进行 OpenHarmony 程序编译之外，针对一些比较简单的可执行程序的编译，为了节省时间和提高效率，可以采用独立编译的方法。

这里以一个输出"Hello World"的 demo.c 程序为例，代码如下：

```c
# include <stdio.h>
int main(int argc, char * argv[])
{
    printf("Hello World\n");
    return 0;
}
```

创建目录 ohos_build，该目录用于设置独立编译的配置。

```
mkdir ohos_build
cd ohos_build
mkdir musl
```

OpenHarmony 的 LLVM 编译工具链位于 prebuilts/clang/ohos/linux-x86_64/llvm 路径下，将其复制到 ohos_build 目录内。

```
cp -rf prebuilts/clang/ohos/linux-x86_64/llvm ~/ohos_build
```

将基于 SC-DAYU800A 产品编译好的 musl 库复制到 ohos_build 下，编译成功的 musl 库文件位于 out/dayu800/obj/third_party/musl 路径下。

```
cp -rf out/dayu800/obj/third_party/musl/usr ~/ohos_build/musl/
```

创建编译脚本 build.sh，内容如下。

```bash
#!/bin/bash
set -e
SRC_FILE=$1
if [[ ${SRC_FILE} == " " ]]; then
    SRC_FILE=./demo/demo.c
elif [[ -d ${SRC_FILE} ]]; then
    tmp_path=${SRC_FILE}
    SRC_FILE=" "
    for file in ${tmp_path}/*.c; do
        temp_file=`basename $file`
        SRC_FILE="${SRC_FILE} ${tmp_path}/${temp_file}"
    done
elif [[ -f ${SRC_FILE} && "${SRC_FILE##*.}"x = "c"x ]]; then
    SRC_FILE=${SRC_FILE}
else
    echo "Unknow source file: $1"
    exit 1
fi
DST_FILE=$2
if [[ ${DST_FILE} == " " ]]; then
    DST_FILE=./demo_test
fi
```

```
CLANG=./llvm/bin/clang
CFLAGS="-D__MUSL__ -Xclang -mllvm -Xclang -instcombine-lower-dbg-declare=0 -mfloat-abi=hard"
MUSL_PATH="./musl"
TARGET_ARCH="aarch64-linux-ohos"
 ${CLANG} ${CFLAGS} -I${MUSL_PATH}/usr/include/${TARGET_ARCH} --target=${TARGET_ARCH} -march=armv8-a --sysroot=${MUSL_PATH} ${SRC_FILE} -o ${DST_FILE}
echo "编译成功的可执行文件位于：${DST_FILE}"
```

build.sh 编译脚本支持默认编译、单独文件编译、指定目录下多文件编译这三种功能以及指定输出编译结果。

（1）默认编译

默认编译是将测试用例保存在 ohos_build/demo 目录下，测试用例命名为 demo.c。若运行脚本时不添加参数，则默认编译源代码文件 demo/demo.c，并生成输出文件 demo_test。

编译命令如下：

```
./build.sh
```

（2）单独文件编译

使用 build.sh 编译脚本时，第一个参数用于指定待编译的源文件路径（最好是绝对路径），该源文件必须是 .c 文件且文件必须存在；第二个参数是输出文件名，可以省略，默认值为 demo_test。

参考编译命令如下。

```
./build.sh demo/demo.c demo_test
```

（3）指定目录下多文件编译

参考编译命令如下。

```
./build.sh multi_files multi_files_test
```

值得注意的是，使用 build.sh 编译脚本时，如果省略了源码文件或路径，则输出结果文件名必须省略。

4. Docker 编译环境

Docker 镜像是包含了运行环境和应用程序的轻量级、可执行的软件包，OpenHarmony 的 Docker 镜像托管在 Huawei Cloud SWR 上。通过该镜像开发者可以在很大程度上简化编译前的环境配置。OpenHarmony 为开发者提供了两种 Docker 环境，以帮助开发者快速完成复杂的开发环境准备工作。两种 Docker 环境及其适用场景如下。

➢ 独立的 Docker 环境：适用于直接基于 Ubuntu、Windows 操作系统平台进行版本编译的场景。

➢ 基于 HPM 的 Docker 环境：适用于使用 HPM 工具进行发行版编译的场景。

本小节主要介绍独立 Docker 环境的安装和使用。

在 Ubuntu 上使用 Docker 环境前，需要准备源码和一些基本工具，使用下面的命令来安装 Docker。

```
sudo apt install docker.io
```

获取 OpenHarmony 源码，并获得使用权限。

在搭建标准系统的 Docker 环境前，需要先获取对应的 Docker 镜像。具体的命令如下。

```
docker pull swr.cn-south-1.myhuaweicloud.com/openharmony-docker/docker_oh_standard:3.2
```

图 4-13 所示为该命令的执行结果。

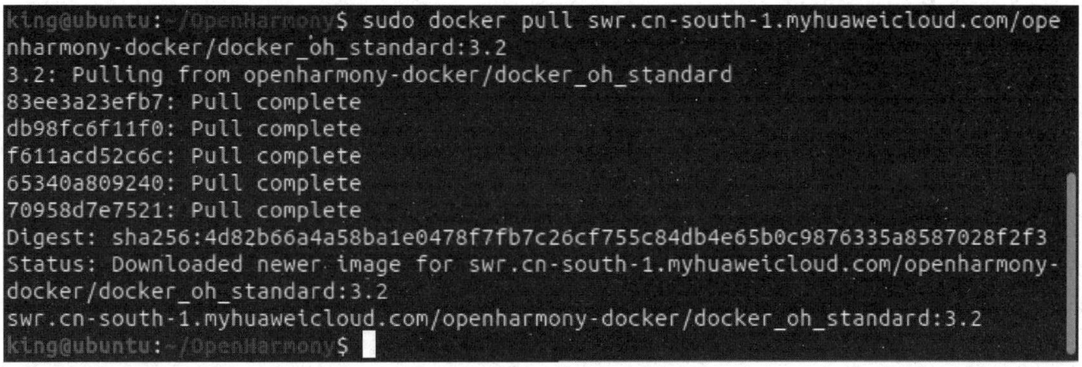

图 4-13 执行结果

进入 Docker 构建环境，创建一个新的 Docker 容器，并进入该容器中。进入 OpenHarmony 源码根目录并执行如下命令，从而进入 Docker 构建环境。

```
docker run -it -v $(pwd):/home/OpenHarmony swr.cn-south-1.myhuaweicloud.com/openharmony-docker/docker_oh_standard:3.2
```

当执行 docker run 命令进入 Docker 容器后（此时位于/home/OpenHarmony 路径下），运行结果如图 4-14 所示。

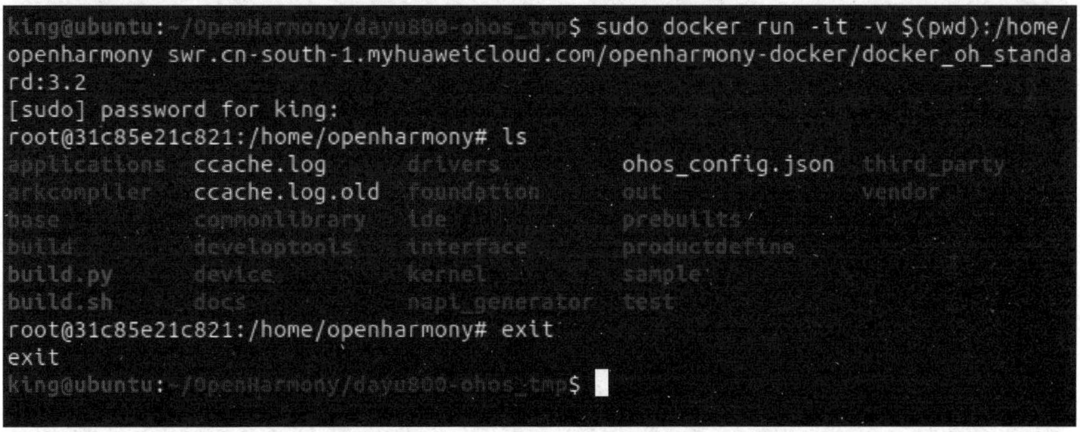

图 4-14 docker run 命令运行结果

可以通过如下编译脚本启动标准系统类设备的编译。

```
./build.sh --product-name {product_name} --ccache
```

{product_name} 为当前版本支持的平台。例如，编译的产品是 SC-DAYU800A，则输入以下命令来启动编译。

```
./build.sh --product-name dayu800 --ccache
```

如要退出 Docker，执行 exit 命令即可。这个命令会停止当前的 Docker 容器，并返回到 Ubuntu 环境。

4.2.3 烧录和执行

烧录是指将编译后的程序文件下载到芯片开发板上的操作，为后续的程序调试提供基础。DevEco Device Tool 提供一键烧录功能，它操作简单，能快捷、高效地完成程序烧录，提升烧录的效率。标准系统的镜像烧录在 Windows 环境下进行。开发者启动烧录操作后，DevEco Device Tool 通过 Remote 远程模式，将 Ubuntu 环境下编译生成的待烧录程序文件复制至 Windows 目录下，然后通过 Windows 的烧录工具将程序文件烧录至开发板中。

在前文 3.3.2 节介绍了 SC-DAYU800A 开发板烧录镜像的过程，这里不再赘述。本节介绍 hdc 工具。hdc（OpenHarmony Device Connector）是 OpenHarmony 为开发人员提供的用于调试的命令行工具。通过该工具，可以在 Windows/Linux/macOS 等系统上与开发机或者模拟器进行交互。hdc 工具可以通过 OpenHarmony SDK 获取，hdc 在 SDK 的 toolchains 目录下。将 hdc.exe 放到磁盘某个位置即可使用。

在 Windows 命令行中输入"hdc -h/help"或"hdc-v/version"，显示 hdc 命令相关的帮助或版本信息，如图 4-15 和图 4-16 所示。

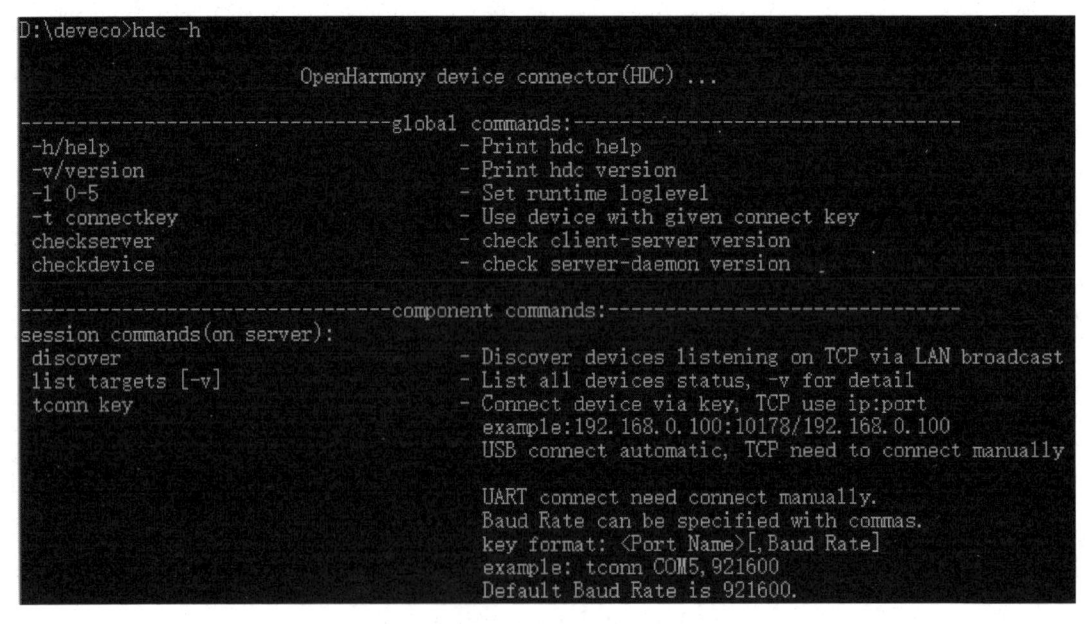

图 4-15 hdc 命令相关的帮助信息（1）

下面解释其中一些重要命令及参数。

➢ hdc list targets[-v]：显示所有已经连接的目标设备，添加-v 选项，则会打印设备详细信息。图 4-17 所示为 SC-DAYU800A 的设备情况。

```
                                      USB connect automatic, TCP need to connect manually

                                      UART connect need connect manually.
                                      Baud Rate can be specified with commas.
                                      key format: <Port Name>[,Baud Rate]
                                      example: tconn COM5,921600
                                      Default Baud Rate is 921600.

 start [-r]                         - Start server. If with '-r', will be restart server
 kill [-r]                          - Kill server. If with '-r', will be restart server
 -s [ip:]port                       - Set hdc server listen config

service commands(on daemon):
 target mount                       - Set /system /vendor partition read-write
 target boot [-bootloader|-recovery] - Reboot the device or boot into bootloader\recovery.
 target boot [MODE]                 - Reboot the into MODE.
 smode [-r]                         - Restart daemon with root permissions, '-r' to cancel root
                                      permissions
 tmode usb                          - Reboot the device, listening on USB
 tmode port [port]                  - Reboot the device, listening on TCP port
```

图 4-16　hdc 命令相关的帮助信息（2）

```
D:\deveco>hdc list targets -v
ec29004154325341422009898a4faa00             USB     Connected       localhost       hdc
```

图 4-17　SC-DAYU800A 的设备情况

➢ hdc file send local remote：发送文件至远端设备。其中 local 表示本地待发送文件路径，remote 表示远程待接收文件路径。将 4.2.2 节编译生成的 hello 程序放到如图 4-17 所示的当前路径下，然后使用 hdc file send hello /mnt/hello，结果如图 4-18 所示。

```
D:\deveco>hdc file send hello /mnt/hello
FileTransfer finish, Size : 4464, File count = 1, time : 3ms    rate:1488.00kB/s
```

图 4-18　文件传输

➢ hdc file recv［-a］remote local：从远端设备接收文件至本地。-a 表示文件保留时间戳模式，local 表示本地待接收文件路径，remote 表示远程待发送文件路径。

➢ hdc install［-r/-d/-g］package：安装 OpenHarmony App 包。其中，package 是 OpenHarmony 应用安装包文件名，-r 表示替换已存在应用，-d 表示允许降级安装，-g 表示应用动态授权。

➢ hdc uninstall［-k］package：卸载 OpenHarmony 应用。其中，package 是 OpenHarmony 应用安装包，-k 表示保留/data/cache。

➢ hdc hilog：log 信息抓取，如图 4-19 所示。

```
D:\deveco>hdc hilog
01-01 08:00:28.445     0     0 I A00000/HiLog: ========Zeroth log of type: app
01-01 08:00:28.446     0     0 I I00000/HiLog: ========Zeroth log of type: init
01-01 08:00:35.978  1055  1055 I A00500/SettingsData: DataAbilityStage onCreate
01-01 08:00:36.090  1055  1055 I A00500/Settings: [native_module.cpp(Init:32)]napi_moudule Init start...
01-01 08:00:36.091  1055  1055 I A00500/Settings: [napi_settings_init.cpp(InitNapiClass:774)]InitNapiClass is called
01-01 08:00:36.093  1055  1055 I A00500/Settings: [napi_settings_init.cpp(InitNetworkMap:540)]InitNetworkMap is called
01-01 08:00:36.093  1055  1055 I A00500/Settings: [napi_settings_init.cpp(InitNetworkMap:557)]InitNetworkMap is end
01-01 08:00:36.093  1055  1055 I A00500/Settings: [napi_settings_init.cpp(InitPhoneMap:562)]InitPhoneMap is called
01-01 08:00:36.093  1055  1055 I A00500/Settings: [napi_settings_init.cpp(InitPhoneMap:569)]InitPhoneMap is end
01-01 08:00:36.094  1055  1055 I A00500/Settings: [napi_settings_init.cpp(InitNapiClass:787)]InitNapiClass is end
01-01 08:00:36.094  1055  1055 I A00500/Settings: [native_module.cpp(Init:50)]napi_moudule Init end...
01-01 08:00:36.123  1061  1061 I A0001a/SystemUI_Default: NavigationBar_AbilityStage --> onCreate
01-01 08:00:36.176  1055  1055 I A00500/SettingsData: onInitialize start
```

图 4-19　log 信息抓取

➢ hdc shell [command]：远程执行命令或进入交互命令环境。command 表示需要执行的单次命令，如图 4-20 所示。可以发现成功地输出了“Hello World!”的信息。

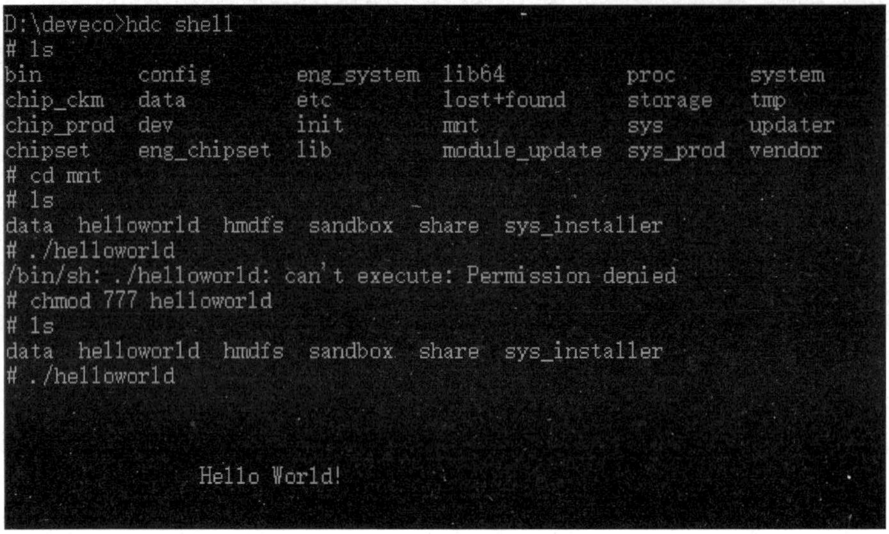

```
D:\deveco>hdc shell
# ls
bin         config       eng_system  lib64          proc      system
chip_ckm    data         etc         lost+found     storage   tmp
chip_prod   dev          init        mnt            sys       updater
chipset     eng_chipset  lib         module_update  sys_prod  vendor
# cd mnt
# ls
data  helloworld  hmdfs  sandbox  share  sys_installer
# ./helloworld
/bin/sh: ./helloworld: can't execute: Permission denied
# chmod 777 helloworld
# ls
data  helloworld  hmdfs  sandbox  share  sys_installer
# ./helloworld


                Hello World!
```

图 4-20　hdc shell 命令的运行结果

4.3　OpenHarmony 应用端开发基础环境搭建

4.3.1　工具准备

1. 安装 DevEco Studio

相对于南向端（设备端）开发的基础环境搭建，北向端（应用端）开发的基础环境搭建比较简单。首先，需要安装最新版 DevEco Studio，可以按照以下步骤进行。

1）访问官方网站。打开浏览器，访问华为开发者官网的 DevEco Studio 页面。

2）下载最新版本。在 DevEco Studio 页面上，找到“下载”按钮并单击，选择适合自己操作系统的最新版本进行下载。

3）安装程序。

➢ Windows：下载完成后，运行安装程序并按照提示完成安装。

➢ macOS：下载完成后，打开 .dmg 文件，并将 DevEco Studio 拖入“应用程序”文件夹。

➢ Linux：下载 .tar.gz 文件，解压并运行安装脚本。

4）安装依赖（Linux）。如果使用 Linux 系统，则根据 DevEco Studio 的要求，使用包管理器安装所需的依赖。

5）启动 DevEco Studio。安装完成后，启动 DevEco Studio。

6）登录账号。如果读者有华为开发者账号，可以使用开发者账号登录，以便访问华为提供的更多服务和资源。

7）检查更新。建议定期使用 DevEco Studio "帮助"菜单中的"检查更新"命令检查更新，以确保使用的是最新版本。

8）配置环境。根据开发需要，配置 DevEco Studio 的环境设置，包括 SDK 路径、插件、主题等。

9）安装插件。在 DevEco Studio 中，可能需要安装额外的插件来扩展功能。可以通过"扩展"视图来浏览和安装插件。

10）查看文档。如果需要帮助，可以查看 DevEco Studio 的官方文档，获取更多关于如何使用 DevEco Studio 的信息。

2. 配置开发环境

在完成 DevEco Studio 的安装后，需要进行开发环境配置。这里以首次启动 DevEco Studio 为例介绍配置向导。

1）运行已安装的 DevEco Studio，首次使用时勾选"Do not import settings"，单击"OK"按钮。

2）安装 Node.js 与 OHPM。可以指定本地已安装的 Node.js 或 OHPM（Node.js 版本要求 14.19.1 及以上版本，且低于 17.0.0 版本；对应的 npm 版本要求为 6.14.16 及以上）路径位置，如图 4-21 所示。如果本地没有合适的版本，可以单击"Install"按钮，选择下载源和存储路径后，进行在线下载，单击"Next"按钮进入下一步。

图 4-21 安装 Node.js 与 OHPM

3）在 SDK Setup 界面中，设置 HarmonyOS SDK 存储路径，单击"Next"按钮进入下一步。图 4-22 所示为设置存储路径。

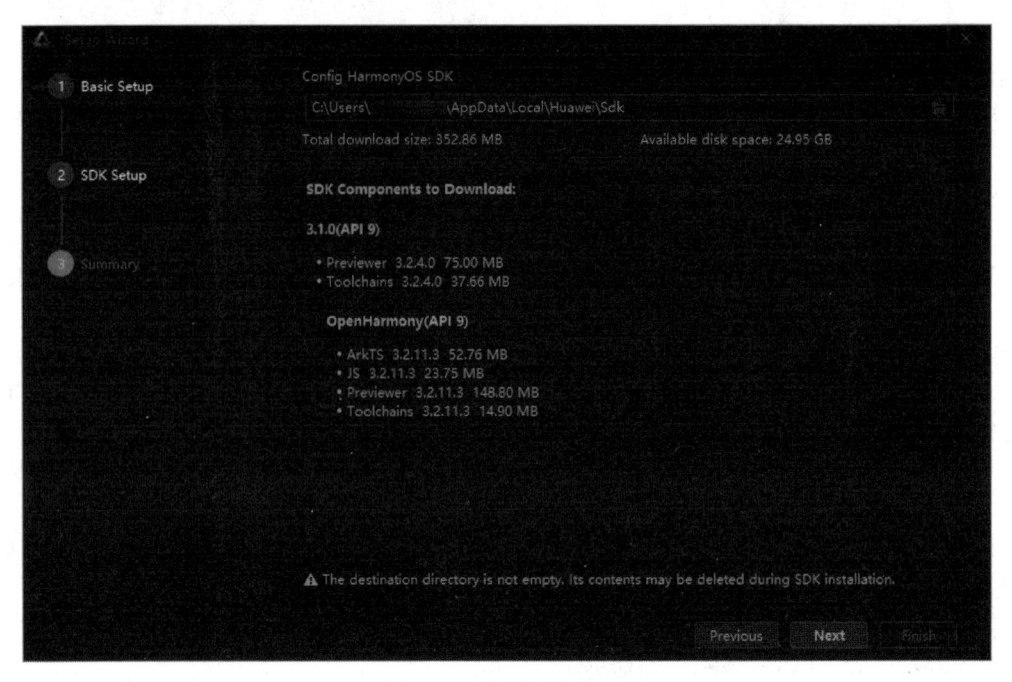

图 4-22 设置存储路径

4）在弹出的 SDK 下载信息界面中，单击"Next"按钮，并在弹出的"HarmonyOS SDK License Agreement"窗口中，阅读许可协议，选择"Accept"单选按钮后，单击"Next"按钮，如图 4-23 所示。

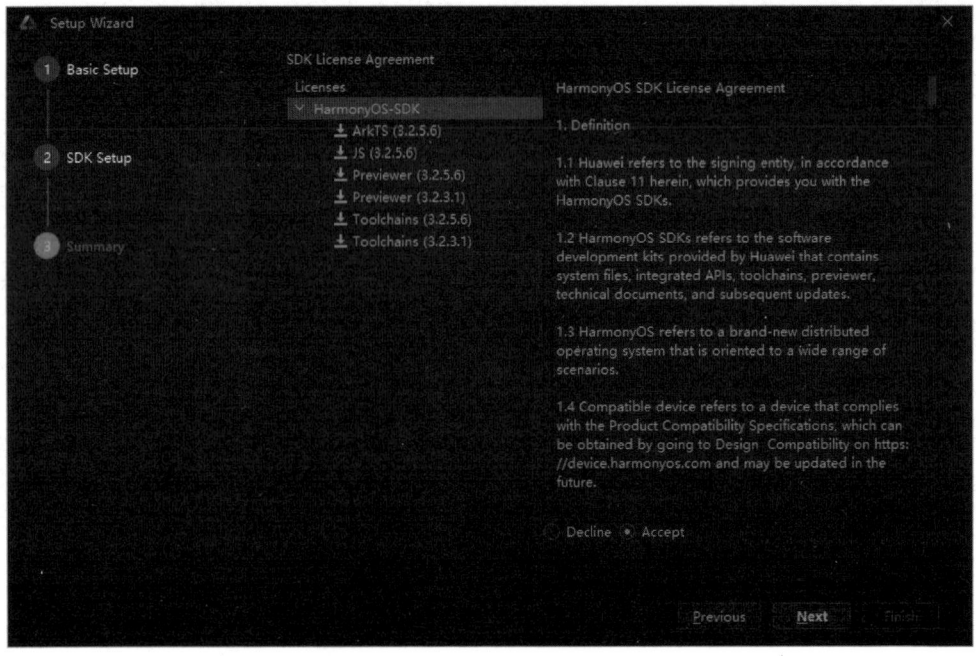

图 4-23 阅读许可协议

5）确认设置项的信息，单击"Next"按钮开始安装。图 4-24 所示为安装信息。

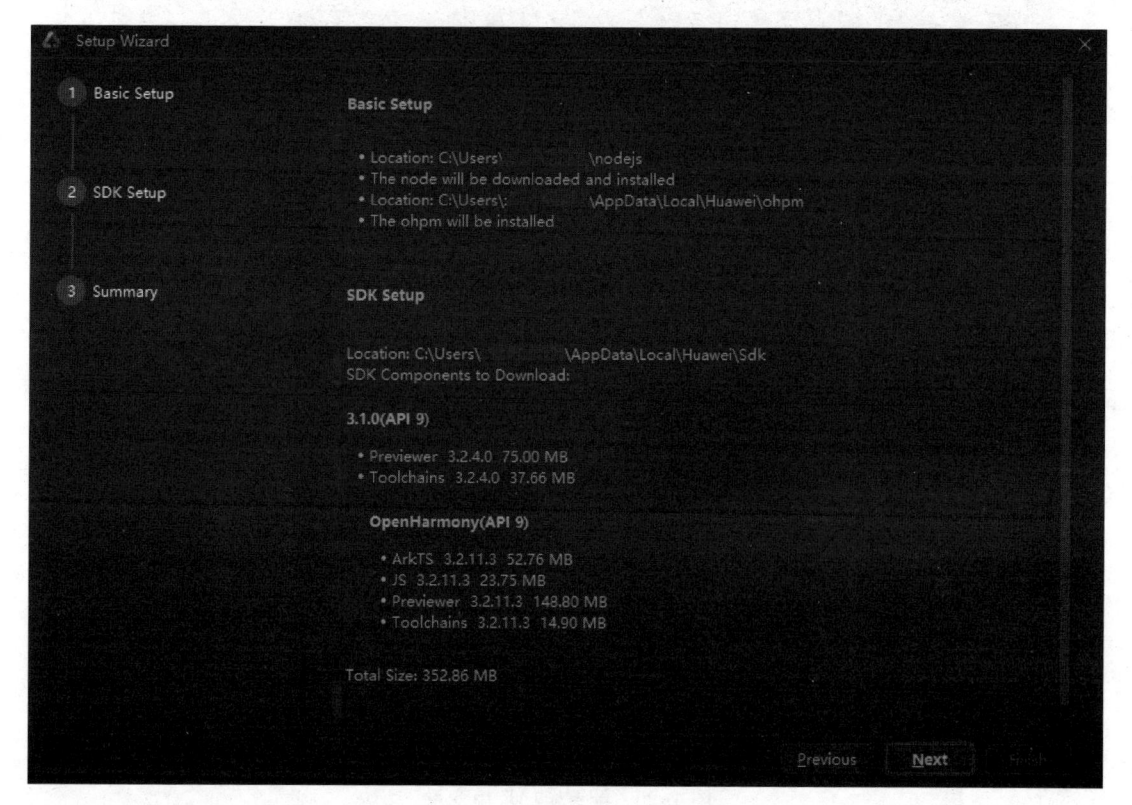

图 4-24　安装信息

6）等待 Node.js、OHPM 和 SDK 下载完成后，单击"Finish"按钮，进入 DevEco Studio 欢迎界面。

4.3.2　配置 hdc 工具环境变量 HDC_SERVER_PORT

开发者可以采用 DevEco Studio 或者 hdc 工具进行调试。hdc 是为开发者提供的 HarmonyOS 应用/服务的调试工具。为方便使用 hdc 工具，可以为 hdc 端口号设置环境变量。Windows 环境变量的设置方法如下。

右键单击"此电脑"，选择"属性"命令后，在打开的窗口中选择高级系统设置，在"系统属性"对话框的"高级"选项卡中，单击"环境变量"按钮，在"环境变量"对话框中，添加 hdc 端口变量名 HDC_SERVER_PORT，变量值可设置为未被占用的任意端口，如 7035，如图 4-25 所示。

环境变量 HDC_SERVER_PORT 配置完成后，可以继续配置全局环境变量。Windows 全局环境变量配置方法如下：

在"环境变量"对话框的"系统变量"列表框中，将 SDK 的 toolchains 完整路径添加到 Path 变量值中，具体路径信息以 SDK 实际配置路径为准。

图 4-25 配置环境变量

这里以本地 SDK 的 toolchains 完整路径"C:\User\username\sdk\openharmony\10\toolchains"为例，如图 4-26 所示。

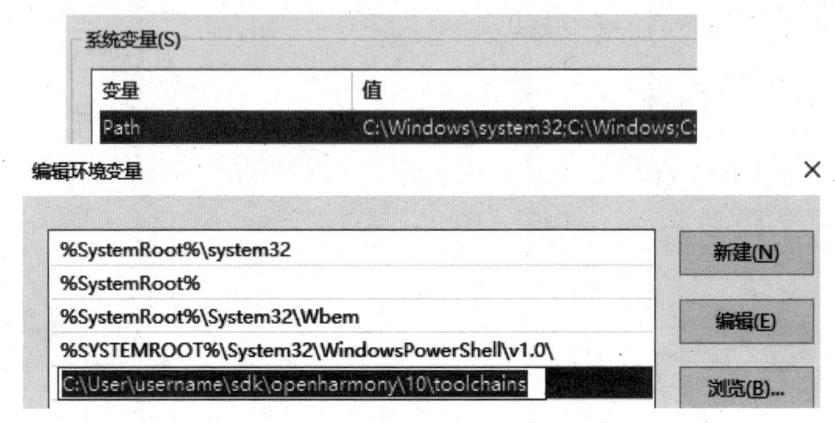

图 4-26 配置全局环境变量

4.4 开发第一个应用端程序"Hello Ohos World"

本节以构建第一个 Stage 模型下的 ArkTS 应用程序为例介绍应用端的开发流程。

4.4.1 创建 ArkTS 工程

1）若是首次打开 DevEco Studio，单击"Create Project"创建工程。如果已经打开了一个工程，在菜单栏中选择"File"→"New"→"Create Project"命令，创建一个新工程。

2）选择 Application 应用开发（本文以应用开发为例，Atomic Service 为原子化服务开发），选择模板"[OpenHarmony]Empty Ability"，单击"Next"按钮进行下一步配置，如图 4-27 所示。

3）进入配置工程界面，"Compile SDK"选择"11"，其他参数保持默认设置即可。其中，"Node"用来配置当前工程运行的 Node.js 版本，可选择使用已有的 Node.js 版本或下载新的 Node.js 版本，如图 4-28 所示。

4）单击"Finish"按钮，工具会自动生成代码和相关资源。等待工程创建完成后，会在 DevEco Studio 界面左侧生成工程视图，如图 4-29 所示。

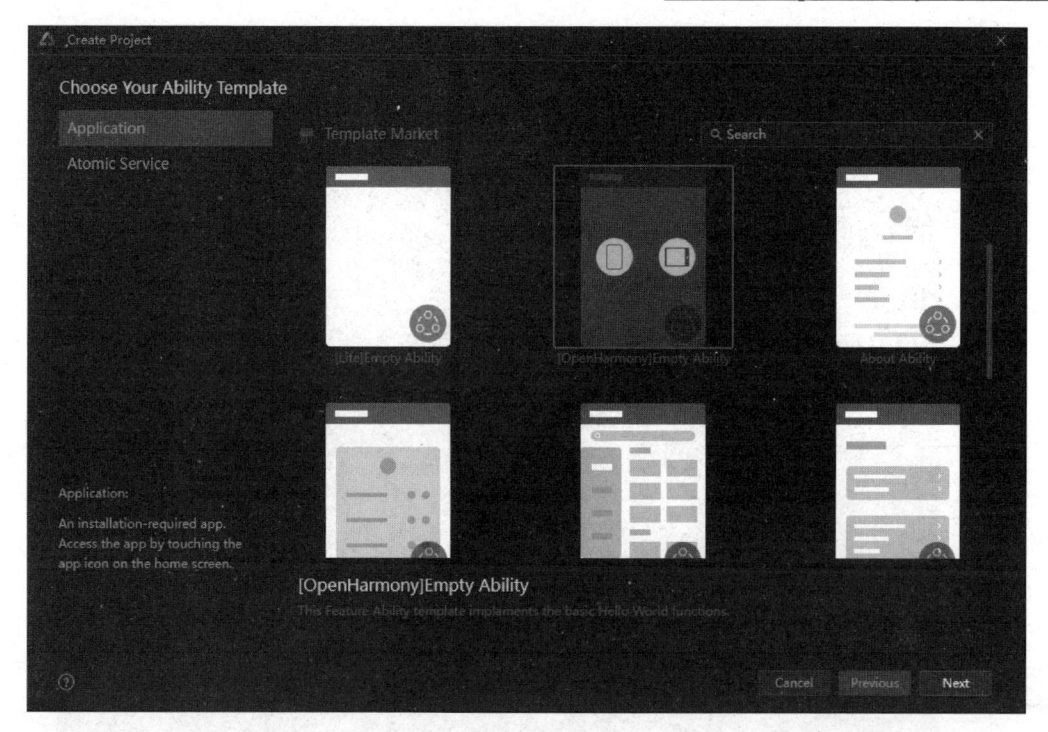

第 4 章　OpenHarmony 开发实践基础

图 4-27　新建模板

图 4-28　工程配置

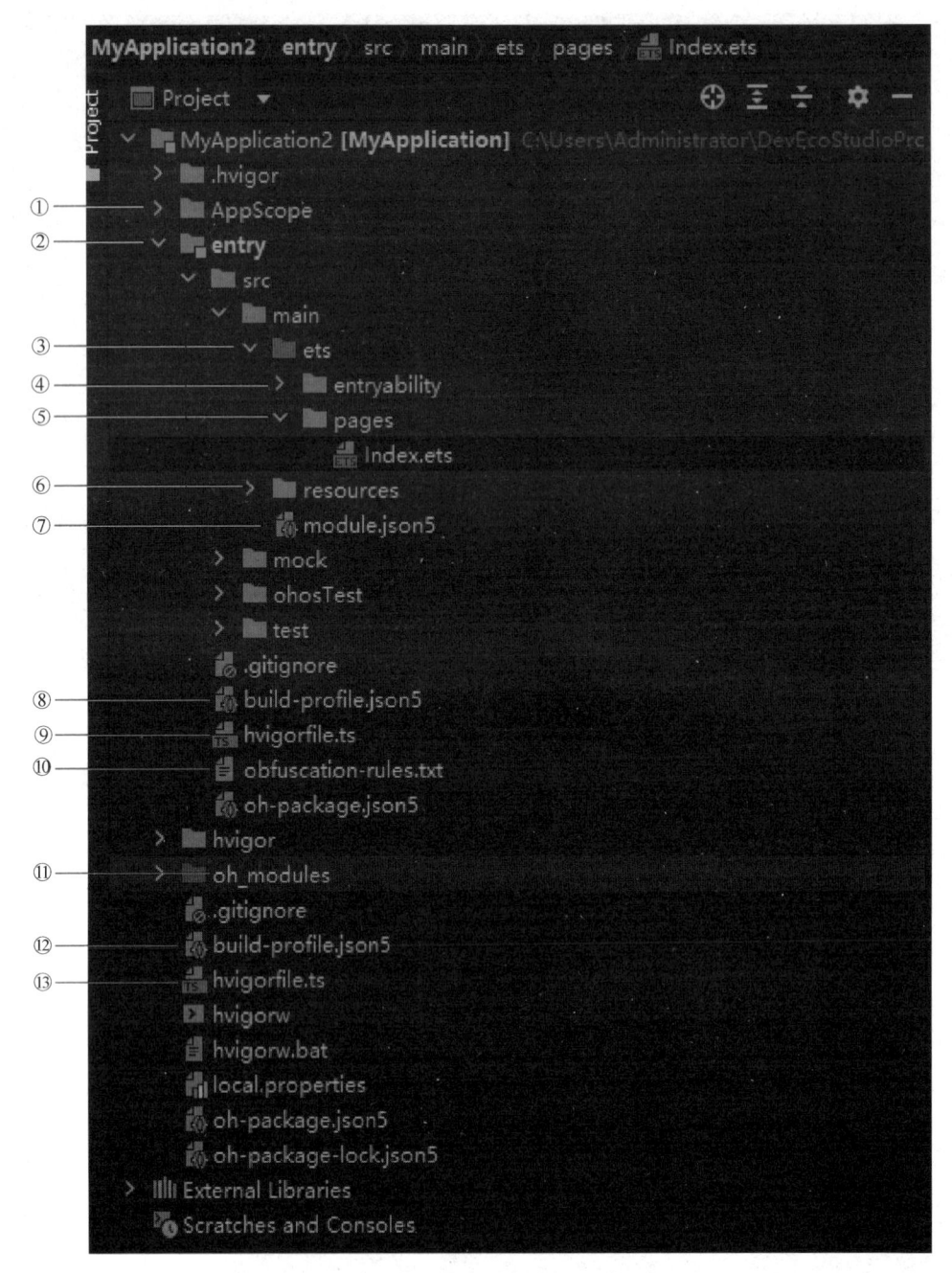

```
MyApplication2  entry  src  main  ets  pages  Index.ets
 Project
  v  MyApplication2 [MyApplication]  C:\Users\Administrator\DevEcoStudioPro
     >  .hvigor
①   >  AppScope
②   v  entry
        v  src
           v  main
              v  ets
④                >  entryability
⑤                v  pages
                     Index.ets
⑥             >  resources
⑦             module.json5
           >  mock
           >  ohosTest
           >  test
           .gitignore
⑧         build-profile.json5
⑨         hvigorfile.ts
⑩         obfuscation-rules.txt
           oh-package.json5
     >  hvigor
⑪   >  oh_modules
        .gitignore
⑫      build-profile.json5
⑬      hvigorfile.ts
        hvigorw
        hvigorw.bat
        local.properties
        oh-package.json5
        oh-package-lock.json5
  >  External Libraries
     Scratches and Consoles
```

图 4-29 工程视图

下面介绍生成的工程中包含的部分文件。

① AppScope > app.json5：应用的全局配置信息。

② entry：OpenHarmony 工程模块，编译构建生成一个 HAP 包。

③ ets：用于存放 ArkTS 源码。
④ entryability：应用/服务的入口。
⑤ pages：应用/服务包含的页面。
⑥ resources：用于存放应用/服务所用到的资源文件，如图形、多媒体、字符串、布局文件等。
⑦ module.json5：模块配置文件。主要包含 HAP 包的配置信息、应用/服务在具体设备上的配置信息，以及应用/服务的全局配置信息。
⑧ build-profile.json5：当前的模块信息、编译信息配置项，包括 buildOption、targets 配置等。
⑨ hvigorfile.ts：模块级编译构建任务脚本，开发者可以自定义相关任务和代码实现。
⑩ obfuscation-rules.txt：混淆规则文件。混淆开启后，在使用 Release 模式进行编译时，会对代码进行编译、混淆及压缩处理，以保护代码资产。
⑪ oh_modules：用于存放第三方库依赖信息。
⑫ build-profile.json5：应用级配置信息，包括签名 signingConfigs、产品配置 products 等。
⑬ hvigorfile.ts：应用级编译构建任务脚本。

4.4.2 构建第一个页面

1）使用文本（Text）组件。工程同步完成后，在工程视图中，依次单击"entry"→"src"→"main"→"ets"→"pages"，打开 Index.ets 文件，可以看到页面由 Text 组件组成。Index.ets 文件内容的示例如下。

示例 4-1：Index.ets 第一个页面

```
// Index.ets
@Entry
@Component
struct Index {
  @State message: string = 'Hello Ohos World';

  build() {
    Row() {
      Column() {
        Text(this.message)
          .fontSize(50)
          .fontWeight(FontWeight.Bold)
      }
      .width('100%')
    }
    .height('100%')
  }
}
```

2）添加按钮（Button）组件。在默认页面的基础上，添加一个 Button 组件，作为按钮以响应用户的单击事件，从而实现跳转到另一个页面。Index.ets 文件内容的示例如下。

示例 4-2：添加一个 Button 组件后的 Index.ets

```
// Index.ets
@Entry
@Component
struct Index {
  @State message: string = 'Hello Ohos World';
  build() {
    Row() {
      Column() {
        Text(this.message)
          .fontSize(50)
          .fontWeight(FontWeight.Bold)
        // 添加按钮，以响应用户的单击事件
        Button() {
          Text('Next')
            .fontSize(30)
            .fontWeight(FontWeight.Bold)
        }
        .type(ButtonType.Capsule)
        .margin({
          top: 20
        })
        .backgroundColor('#0D9FFB')
        .width('40%')
        .height('5%')
      }
      .width('100%')
    }
    .height('100%')
  }
}
```

在编辑窗口右上角的侧边工具栏中，单击"Previewer"按钮，打开预览器。第一个页面的效果如图 4-30 所示。

4.4.3 构建第二个页面

1) 新建第二个页面文件。在工程视图中，依次单击"entry"→"src"→"main"→"ets"，右键单击"pages"文件夹，选择"New"→"ArkTS File"命令，如图 4-31 所示，将页面文件命名为"Second"，按〈Enter〉键。可以看到文件目录结构如图 4-32 所示。

2) 配置第二个页面的路由。在工程视图中，依次单击"entry"→"src"→"main"→"resources"→"base"→"profile"，在 main_pages.json 文件中的"src"下配置第二个页面的路由为"pages/Second"，如图 4-33 所示。

图 4-30 第一个页面的效果

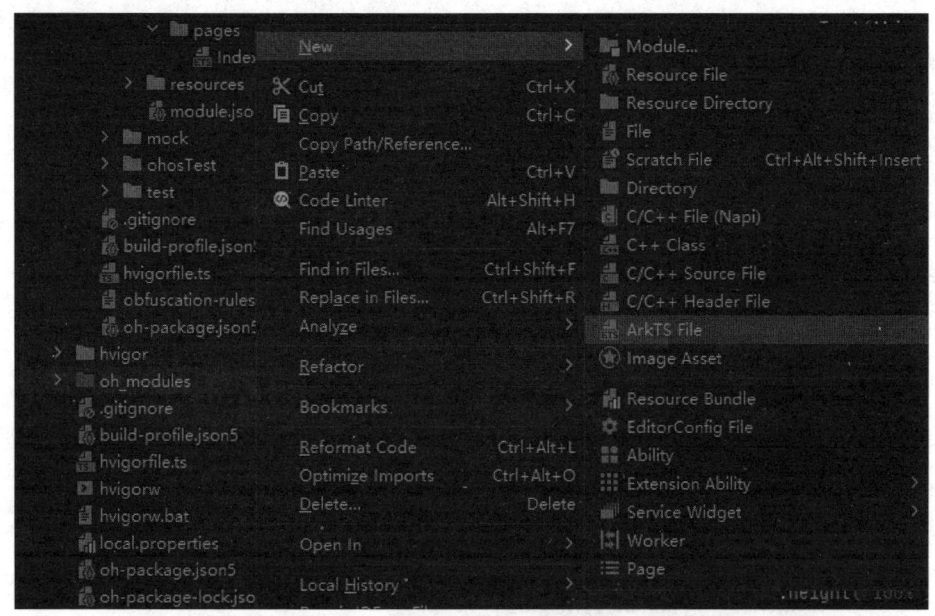

图 4-31 选择"ArkTS File"命令

图 4-32 文件目录结构

图 4-33 第二个页面的路由配置

3）添加文本及按钮。参照第一个页面，在第二个页面中添加 Text 组件、Button 组件等，并设置其样式。Second.ets 文件的示例如下。

示例 4-3：Second.ets 文件

```
// Second.ets
@Entry
@Component
struct Second {
  @State message: string = 'Hi there';

  build() {
    Row() {
      Column() {
        Text(this.message)
          .fontSize(50)
          .fontWeight(FontWeight.Bold)
        Button() {
          Text('Back')
            .fontSize(25)
            .fontWeight(FontWeight.Bold)
        }
        .type(ButtonType.Capsule)
        .margin({
          top: 20
        })
        .backgroundColor('#0D9FFB')
        .width('40%')
        .height('5%')
      }
      .width('100%')
    }
    .height('100%')
  }
}
```

4.4.4　实现页面间的跳转

页面间的导航可以通过页面路由 router 来实现。页面路由 router 可以根据页面 URL 找到目标页面，从而实现跳转。使用页面路由前需要导入 router 模块。如果想要实现更好的转场动效等，推荐使用 Navigation。

（1）从第一个页面跳转到第二个页面

在第一个页面中，将跳转按钮绑定 onClick 事件，单击该按钮时跳转到第二页。Index.ets 文件的示例如下。

示例 4-4：实现从第一个页面跳转到第二个页面的 Index.ets 文件

```
// Index.ets
// 导入页面路由模块
import router from '@ohos.router';
import { BusinessError } from '@ohos.base';
```

```
@Entry
@Component
struct Index {
  @State message: string = 'Hello World';

  build() {
    Row() {
      Column() {
        Text(this.message)
          .fontSize(50)
          .fontWeight(FontWeight.Bold)
        // 添加按钮,以响应用户的单击事件
        Button() {
          Text('Next')
            .fontSize(30)
            .fontWeight(FontWeight.Bold)
        }
        .type(ButtonType.Capsule)
        .margin({
          top: 20
        })
        .backgroundColor('#0D9FFB')
        .width('40%')
        .height('5%')
        // 在跳转按钮上绑定 onClick 事件,单击该按钮时跳转到第二页
        .onClick(() => {
          console.info(`Succeeded in clicking the 'Next'button.`)
          // 跳转到第二页
          router.pushUrl({ url: 'pages/Second'}).then(() => {
            console.info('Succeeded in jumping to the second page.')
          }).catch((err: BusinessError) => {
            console.error(`Failed to jump to the second page. Code is ${err.code}, message is ${err.message}`)
          })
        })
      }
      .width('100%')
    }
    .height('100%')
  }
}
```

(2) 从第二个页面返回第一个页面

在第二个页面中,在返回按钮上绑定 onClick 事件,单击该按钮时返回到第一页。Second.ets 文件的示例如下。

示例 4-5:实现从第二个页面返回第一个页面的 Second.ets 文件

```
// Second.ets
// 导入页面路由模块
```

```
import router from '@ohos.router';
import { BusinessError } from '@ohos.base';

@Entry
@Component
struct Second {
  @State message: string = 'Hi there';

  build() {
    Row() {
      Column() {
        Text(this.message)
          .fontSize(50)
          .fontWeight(FontWeight.Bold)
        // 添加按钮, 以响应用户的单击事件
        Button() {
          Text('Back')
            .fontSize(25)
            .fontWeight(FontWeight.Bold)
        }
        .type(ButtonType.Capsule)
        .margin({
          top: 20
        })
        .backgroundColor('#0D9FFB')
        .width('40%')
        .height('5%')
        // 在返回按钮上绑定 onClick 事件, 单击该按钮时返回到第一页
        .onClick(() => {
          console.info(`Succeeded in clicking the 'Back' button.`)
          try {
            // 返回第一页
            router.back()
            console.info('Succeeded in returning to the first page.')
          } catch (err) {
            let code = (err as BusinessError).code;
            let message = (err as BusinessError).message;
            console.error(`Failed to return to the first page. Code is ${code}, message is ${message}`)
          }
        })
      }
      .width('100%')
    }
    .height('100%')
  }
}
```

打开 Index.ets 文件,单击预览器中的按钮进行刷新。预览效果如图 4-34 所示。

图 4-34　预览效果

4.4.5　使用开发板运行应用

将搭载 OpenHarmony 标准系统的开发板 SC-DAYU800A 与计算机连接。

选择"File"→"Project Structure"→"Project"命令,在"Signing Configs"选项卡中勾选"Automatically generate signature"复选框,等待自动签名完成即可,单击"OK"按钮,如图 4-35 所示。

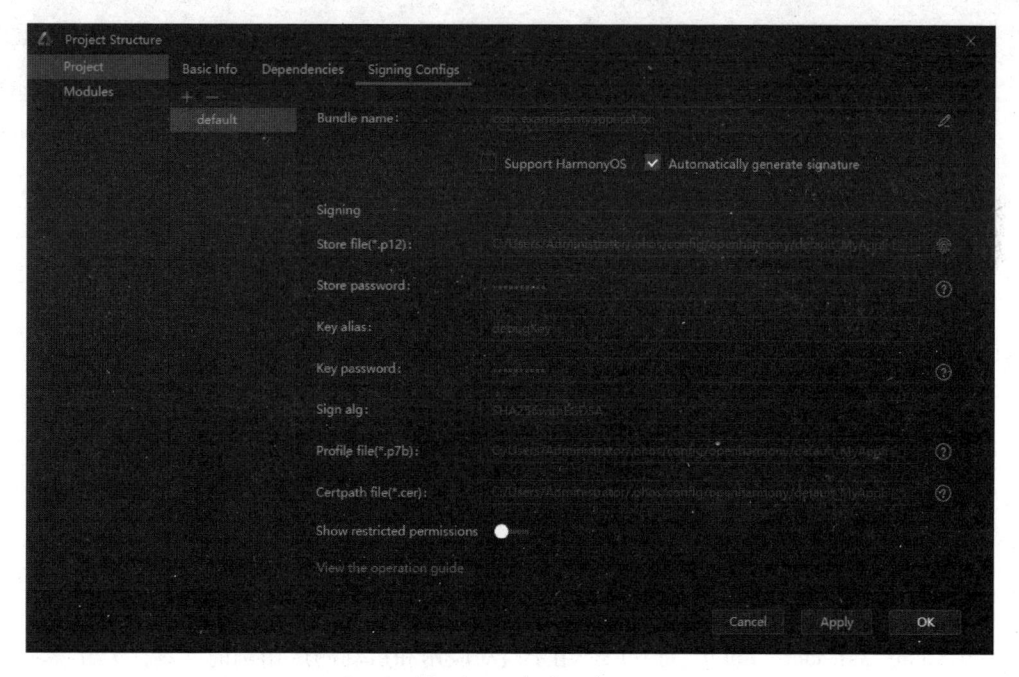

图 4-35　自动签名

在编辑窗口右上角的工具栏中单击运行按钮,即可将编译后的程序在开发板 SC-DAYU800A 上运行,图 4-36 所示为在 DevEco Studio 中的输出信息。

图 4-36　DevEco Studio 中的输出信息

编译构建成功后，可以在工程目录中找到对应的编译产物（如 APP/HAP）。

至此，我们已经使用 ArkTS 语言（基于 Stage 模型）完成了第一个 OpenHarmony 应用的开发。

4.5　调试工具

从图 4-36 中可以看到，其中包含 4.2.3 节中介绍的 hdc shell 使用场景，以及 aa、bm 等工具的使用，这涉及 OpenHarmony 调试命令的知识。OpenHarmony 调试命令涵盖多种工具，本节介绍其中最常用的几种。

4.5.1　aa 工具

aa（Ability Assistant，Ability 助手）是用于启动应用和启动测试用例的工具，为开发者提供基本的应用调试和测试能力，例如启动应用组件、强制停止进程、打印应用组件相关信息等。在使用 aa 工具前，开发者需要先获取 hdc 工具，执行 hdc shell 命令。图 4-37 所示为 aa help 命令的执行结果。

```
D:\deveco>hdc shell
# ls
bin          config        eng_system    lib64          proc         system
chip_ckm     data          etc           lost+found     storage      tmp
chip_prod    dev           init          mnt            sys          updater
chipset      eng_chipset   lib           module_update  sys_prod     vendor
# aa help
usage: aa <command> <options>
These are common aa commands list:
  help                         list available commands
  start                        start ability with options
  stop-service                 stop service with options
  dump                         dump the ability info
  force-stop <bundle-name>     force stop the process with bundle name
  process                      debug ability with options
  attach                       attach application to enter debug mdoe
  detach                       detach application to exit debug mode
  test                         start the test framework with options
#
```

图 4-37　aa help 命令的执行结果

表 4-2 所示为 aa 工具命令。

表 4-2　aa 工具命令列表

命 令	描 述
aa help	帮助命令。用于查询 aa 支持的命令信息
aa start	启动命令。用于启动一个应用组件，目标组件可以是 FA 模型的 PageAbility 和 ServiceAbility 组件，也可以是 Stage 模型的 UIAbility 和 ServiceExtensionAbility 组件，且目标组件相应配置文件中的 exported 标签不能配置为 false
aa stop-service	停止命令。用于停止 ServiceAbility
aa dump(deprecated)	打印命令。用于打印应用组件的相关信息
aa force-stop	强制停止进程命令。通过 bundleName 强制停止一个进程
aa test	启动测试框架命令。根据所携带的参数启动测试框架
aa attach	进入调试模式命令。通过 bundleName 使指定应用进入调试模式
aa detach	退出调试模式命令。通过 bundleName 使指定应用退出调试模式
aa appdebug	等待调试命令。用于设置、取消设置应用等待调试状态，以及获取处于等待调试状态的应用包名和持久化信息。等待调试状态只对 debug 类型的应用生效。appdebug 的设置命令只对单个应用生效，当重复设置时，应用包名与持久化状态会替换成最新设置的内容
aa process	应用调试/调优命令。对应用进行调试或调优，IDE 用该命令集成调试和调优工具

接下来介绍 aa 工具的几个主要命令。

1. aa start 命令

在图 4-36 中可以看到，aa start 命令用于启动一个应用组件，而且携带了-a 和-b 参数，表 4-3 所示为 aa start 命令的参数。

表4-3 aa start 命令的参数

参　数	描　述
--help	帮助信息
-d	可选参数，deviceId
-a	可选参数，abilityName
-b	可选参数，bundleName
-U	可选参数，URI
-A	可选参数，action
-e	可选参数，entity
-t	可选参数，type
--pi	可选参数，整形类型键值对
--pb	可选参数，布尔类型键值对
--ps	可选参数，字符串类型键值对
--psn	可选参数，空字符串关键字
-D	可选参数，调试模式

当启动成功时，返回"start ability successfully."；当启动失败时，返回"error：failed to start ability."，同时会包含失败原因等信息。

aa start 命令的使用方法如下所示。

```
# 显式启动 Ability
aa start [-d <deviceId>] -a <abilityName> -b <bundleName> [-D] [--pi <key> <integer-value>] [--pb <key> <bool-value: true/false/t/f 大小写不敏感] [--ps <key> <value>] [--psn <key>]
# 隐式启动 Ability。如果命令中的参数都不填，会导致启动失败
aa start [-d <deviceId>] [-U <URI>] [-t <type>] [-A <action>] [-e <entity>] [-D] [--pi <key> <integer-value>] [--pb <key> <bool-value: true/false/t/f 大小写不敏感] [--ps <key> <value>] [--psn <key>]
```

2. aa stop-service 命令

aa stop-service 命令用于停止 ServiceAbility。表4-4 所示为 aa stop-service 命令的参数。

表4-4 aa stop-service 命令的参数

参　数	描　述
--help	帮助信息
-d	可选参数，deviceId
-a	必选参数，abilityName
-b	必选参数，bundleName

当成功停止 ServiceAbility 时，返回"stop service ability successfully."；当停止失败时，返回"error：failed to stop service ability."。

aa stop-service 命令的使用方法如下所示。

```
aa stop-service [-d <deviceId>] -a <abilityName> -b <bundleName>
```

3. aa dump 命令

aa dump 命令用于打印应用组件的相关信息。参数-a/--all 表示打印所有 mission 内的应用组件信息。

aa dump -a 命令的执行效果如图 4-38 所示。

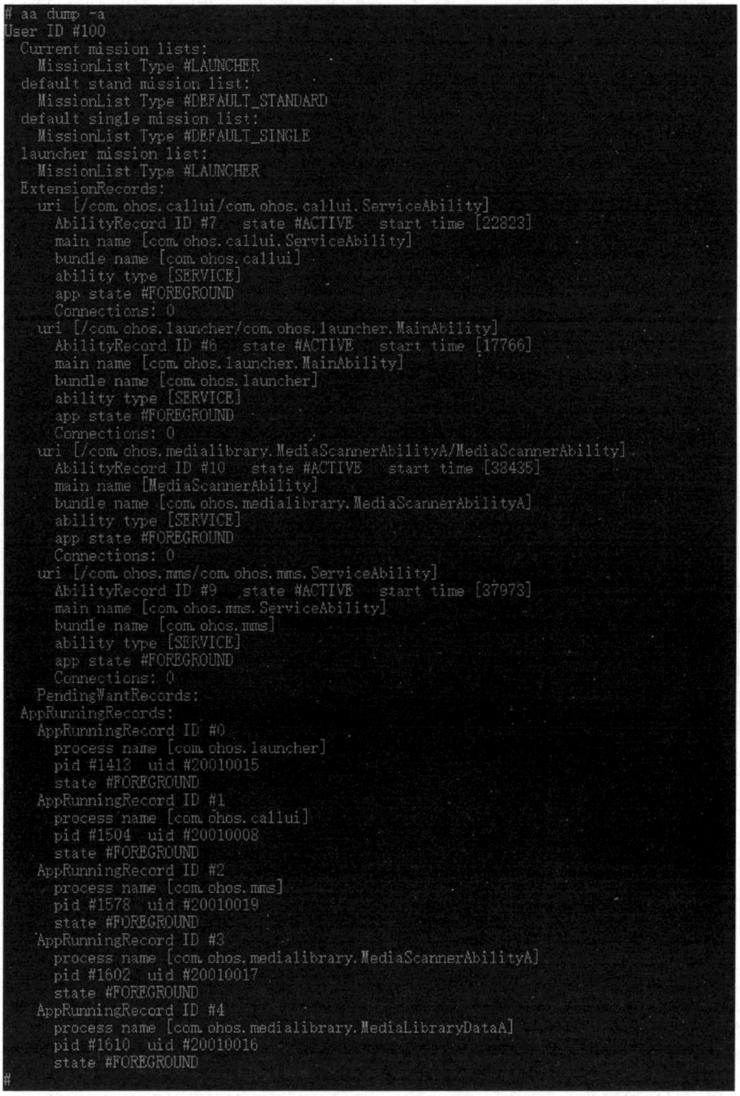

```
# aa dump -a
User ID #100
  Current mission lists:
    MissionList Type #LAUNCHER
  default stand mission list:
    MissionList Type #DEFAULT_STANDARD
  default single mission list:
    MissionList Type #DEFAULT_SINGLE
  launcher mission list:
    MissionList Type #LAUNCHER
  ExtensionRecords:
    uri [/com.ohos.callui/com.ohos.callui.ServiceAbility]
      AbilityRecord ID #7   state #ACTIVE   start time [22823]
      main name [com.ohos.callui.ServiceAbility]
      bundle name [com.ohos.callui]
      ability type [SERVICE]
      app state #FOREGROUND
      Connections: 0
    uri [/com.ohos.launcher/com.ohos.launcher.MainAbility]
      AbilityRecord ID #6   state #ACTIVE   start time [17766]
      main name [com.ohos.launcher.MainAbility]
      bundle name [com.ohos.launcher]
      ability type [SERVICE]
      app state #FOREGROUND
      Connections: 0
    uri [/com.ohos.medialibrary.MediaScannerAbilityA/MediaScannerAbility]
      AbilityRecord ID #10   state #ACTIVE   start time [38435]
      main name [MediaScannerAbility]
      bundle name [com.ohos.medialibrary.MediaScannerAbilityA]
      ability type [SERVICE]
      app state #FOREGROUND
      Connections: 0
    uri [/com.ohos.mms/com.ohos.mms.ServiceAbility]
      AbilityRecord ID #9   state #ACTIVE   start time [37973]
      main name [com.ohos.mms.ServiceAbility]
      bundle name [com.ohos.mms]
      ability type [SERVICE]
      app state #FOREGROUND
      Connections: 0
    PendingWantRecords:
  AppRunningRecords:
    AppRunningRecord ID #0
      process name [com.ohos.launcher]
      pid #1413  uid #20010015
      state #FOREGROUND
    AppRunningRecord ID #1
      process name [com.ohos.callui]
      pid #1504  uid #20010008
      state #FOREGROUND
    AppRunningRecord ID #2
      process name [com.ohos.mms]
      pid #1578  uid #20010019
      state #FOREGROUND
    AppRunningRecord ID #3
      process name [com.ohos.medialibrary.MediaScannerAbilityA]
      pid #1602  uid #20010017
      state #FOREGROUND
    AppRunningRecord ID #4
      process name [com.ohos.medialibrary.MediaLibraryDataA]
      pid #1610  uid #20010016
      state #FOREGROUND
#
```

图 4-38　aa dump -a 命令的执行效果

4. aa force-stop 命令

aa force-stop 命令通过 bundleName 强制停止一个进程。

当成功强制停止该进程时，返回“force stop process successfully.”；当强制停止失败时，返回

"error: failed to force stop process."。

aa force-stop 命令的使用方法如下所示。

```
aa force-stop <bundleName>
```

4.5.2 bm 工具

bm（Bundle Manager，包管理器）工具是实现应用安装、卸载、更新、查询等功能的工具。bm 为开发者提供基本的应用安装包的调试能力，例如安装应用，卸载应用，查询安装包信息等。表 4-5 所示为 bm 工具命令。

表 4-5 bm 工具命令列表

命令	描述
help	帮助命令，显示 bm 支持的命令信息
install	安装命令，用来安装应用
uninstall	卸载命令，用来卸载应用
dump	查询命令，用来查询应用的相关信息
clean	清理命令，用来清理应用的缓存和数据
enable	使能命令，用来使能应用，使能后的应用可以继续使用
disable	禁用命令，用来禁用应用，禁用后的应用无法使用
get	获取 udid 命令，用来获取设备的 udid
quickfix	快速修复相关命令，用来执行补丁相关操作，如补丁安装、补丁查询

接下来介绍 bm 工具的几个主要命令。

1. bm install 命令

```
bm install [-h] [-p path] [-u userId] [-r] [-w waitting-time]
```

表 4-6 所示为 bm install 命令的参数。

表 4-6 bm install 命令的参数

参数	是否必选	描述
-h	否，默认输出帮助信息	显示 bm install 命令的帮助信息
-p	是	指定安装 HAP 的路径，支持多个 HAP 同时安装
-u	否，默认为当前所有用户安装 HAP	给指定用户安装一个 HAP
-r	否，默认值为覆盖安装	覆盖安装一个 HAP
-w	否，默认等待 5s	安装 HAP 时指定 bm 工具的等待时间，最短的等待时长为 5s，最长的等待时长为 600s，默认为 5s

示例 4-6：bm install 命令

```
bm install -p/data/app/ohosapp.hap -u 100 -w 5s -r
// 执行结果
install bundle successfully.
```

2. bm uninstall 命令

bm uninstall [-h help] [-n bundleName] [-m moduleName] [-u userId] [-k]

表 4-7 所示为 bm uninstall 命令的参数。

表 4-7 bm uninstall 命令的参数

参 数	是否必选	描 述
-h	否，默认输出帮助信息	显示 bm uninstall 命令的帮助信息
-n	是	通过指定 Bundle 名称卸载应用
-m	否，默认卸载所有模块	指定卸载应用的一个模块
-u	否，默认卸载当前所有用户下的该应用	为指定用户卸载应用
-k	否，默认卸载应用时不保存应用数据	卸载应用时保存应用数据
-v	否，默认卸载同包名的所有共享包	指定共享包的版本号

```
bm uninstall -n com.ohos.app -m com.ohos.app.EntryAbility -u 100 -k
// 执行结果
uninstall bundle successfully.
bash
bm uninstall -n com.ohos.app -m com.ohos.app.EntryAbility -u 100 -k
//执行结果
uninstall bundle successfully.
```

3. bm dump 命令

bm dump [-h help] [-a] [-n bundleName] [-s shortcutInfo] [-u userId] [-d deviceId]

注意：-u 参数未指定情况下，默认为所有用户。

表 4-8 所示为 bm dump 命令的参数。

表 4-8 bm dump 命令的参数

参 数	是否必选	描 述
-h	否，默认输出帮助信息	显示 bm dump 命令的帮助信息
-a	是	查询系统已经安装的所有应用的 Bundle 名称
-n	是	查询指定 Bundle 名称的详细信息
-s	是	查询指定 Bundle 名称下的快捷方式信息
-d	否，默认查询当前设备	查询指定设备中的包信息
-u	否，默认查询当前设备上的所有用户	查询指定用户下指定 Bundle 名称的详细信息

示例 4-7：显示已安装的所有应用的 Bundle 名称

```
bm dump -a
# 查询该应用的详细信息
bm dump -n com.ohos.app -u 100
# 查询该应用的快捷方式信息
bm dump -s -n com.ohos.app -u 100
# 查询跨设备应用信息
bm dump -n com.ohos.app -d xxxxx
```

4. bm clean 命令

```
bm clean [-h] [-c] [-n bundleName] [-d] [-u userId]
```

表 4-9 所示为 bm clean 命令的参数情况。

表 4-9　bm clean 命令列表

参　　数	描　　述
-h	显示 bm clean 命令的帮助信息
-c -n	清除指定 Bundle 名称的缓存数据
-d -n	清除指定 Bundle 名称的数据目录
-u	清除指定用户下指定 Bundle 名称的缓存数据

注意：-u 未指定情况下，默认为当前活跃用户。

示例 4-8：清理该应用下的缓存数据

```
bm clean -c -n com.ohos.app -u 100
// 执行结果
clean bundle cache files successfully.
# 清理该应用下的用户数据
bm clean -d -n com.ohos.app -u 100
// 执行结果
clean bundle data files successfully.
```

5. bm enable 命令

```
bm enable [-h] [-n bundleName] [-a abilityName] [-u userId]
```

注意：-u 未指定情况下，默认为当前活跃用户。

表 4-10 所示为 bm enable 命令的参数。

表 4-10　bm enable 命令的参数

参　　数	描　　述
-h	显示 bm enable 命令的帮助信息
-n	使能指定 Bundle 名称的应用
-a	使能指定 Bundle 名称下的元能力模块
-u	使能指定用户和 Bundle 名称的应用

示例 4-9：使能应用

```
bm enable -n com.ohos.app -a com.ohos.app.EntryAbility -u 100
// 执行结果
enable bundle successfully.
# 使能该应用
bm enable -n com.ohos.app -a com.ohos.app.EntryAbility -u 100
// 执行结果
enable bundle successfully.
```

6. bm disable 命令

bm disable [-h] [-n bundleName] [-a abilityName] [-u userId]

注意：-u 未指定情况下，默认为当前活跃用户。

表 4-11 所示为 bm disable 命令的参数。

表 4-11 bm disable 命令的参数

参　　数	描　　述
-h	显示 disable 支持的命令信息
-n	禁用指定 Bundle 名称的应用
-a	禁用指定 Bundle 名称下的元能力模块
-u	禁用指定用户和 Bundle 名称下的应用

示例 4-10：禁用应用

```
bm disable -n com.ohos.app -a com.ohos.app.EntryAbility -u 100
// 执行结果
disable bundle successfully.
```

7. bm get 命令

bm get [-h] [-u]

表 4-12 所示为 bm get 命令的参数。

表 4-12 bm get 命令的参数

命　　令	描　　述
-h	显示 bm get 命令的帮助信息
-u	获取设备的 udid

示例 4-11：获取设备的 udid

```
bm get -u
// 执行结果
udid of current device is :
23CADE0C
```

8. bm dump-shared 和 bm dump-dependencies 命令

bm dump-shared [-h help] [-a] [-n bundleName] [-m moudleName]

表 4-13 所示为 bm dump-shared 和 bm dump-dependencies 命令的参数。

表 4-13 bm dump-shared 和 bm dump-dependencies 命令的参数

参　　数	描　　述
bm dump-shared -h	显示 bm dump-shared 命令的帮助信息
bm dump-shared -a	查询系统中已安装的所有共享库
bm dump-shared -n	查询指定共享库包名的详细信息

（续）

参　　数	描　　述
bm dump-dependencies -h	显示 bm dump-dependencies 命令的帮助信息
bm dump-dependencies -n bundleName -m moudleName	查询指定应用指定模块依赖的共享库信息

示例 4-12：显示所有已安装共享库包名

```
bm dump-shared -a
# 显示该共享库的详细信息
bm dump-shared -n com.ohos.lib
# 显示指定应用指定模块依赖的共享库信息
bm dump-dependencies -n com.ohos.app -m entry
```

9. quickfix 命令

```
bm quickfix [-h] [-a -f filePath] [-q -b bundleName]
```

注意：-h 显示 quickfix 支持的命令信息；-a -f 表示执行快速修复补丁安装命令；filePath 对应 hqf 文件，支持传递 1 个或多个 hqf 文件、传递 hqf 文件所在的目标；-q -b 根据包名查询补丁信息；bundleName 对应包名。

4.5.3　打包工具

打包工具用于在程序编译完成后，对编译出的文件等进行打包，以供安装和发布。开发者可以使用 DevEco Studio 进行打包，也可使用打包工具 JAR 包进行打包。JAR 包通常存放在 SDK 路径下的 toolchains 目录中。

打包工具支持生成 Ability 类型的模块包（HAP）、静态共享包（HAR）、动态共享包（HSP）、应用程序包（App 包）、快速修复模块包（HQF）、快速修复包（APPQF）。

1. HAP 打包指令

开发者可以使用打包工具对模块进行打包，通过传入打包选项、文件路径，生成所需的 HAP 包。

示例 4-13：Stage 模型示例

```
java -jar app_packing_tool.jar --mode hap --json-path <path> [--resources-path <path>]
[--ets-path <path>] [--index-path <path>] [--pack-info-path <path>] [--lib-path
<path>] --out-path <path> [--force true] [--compress-level 5] [-.pkg-context-path
<path>] [--hnp-path <path>]
```

表 4-14 所示为 HAP 打包指令的参数。

表 4-14　HAP 打包指令的参数

参数	是否必选项	选项	描述	备注
--mode	是	hap	打包类型	NA
--json-path	是	NA	指定配置文件路径，FA 模型文件名必须为 config.json，Stage 模型文件名必须为 module.json	NA
--profile-path	否	NA	指定 CAPABILITY.profile 文件路径	NA

（续）

参数	是否必选项	选项	描述	备注
--maple-so-path	否	NA	指定.so文件路径，文件名必须以.so为扩展名。如果有多个.so文件，需要用逗号分隔	NA
--maple-so-dir	否	NA	指定包含.so文件的目录路径	NA
--dex-path	否	NA	指定.dex文件路径，文件名必须以.dex为扩展名。如果是多个.dex文件，需要用逗号分隔。.dex文件路径也可以为目录	NA
--lib-path	否	NA	指定库文件路径	NA
--resources-path	否	NA	指定资源包路径	NA
--index-path	否	NA	指定.index文件路径，文件名必须为resources.index	NA
--pack-info-path	否	NA	指定pack.info文件路径，文件名必须为pack.info	NA
--rpcid-path	否	NA	指定rpcid.sc文件路径，文件名必须为rpcid.sc	NA
--js-path	否	NA	指定存放.js文件的路径	仅Stage模型生效
--ets-path	否	NA	指定存放.ets文件的路径	仅Stage模型生效
--out-path	是	NA	指定目标文件路径，文件名必须以.hap为扩展名	NA
--force	否	true或者false	默认值为false，如果为true，表示当目标文件存在时，强制删除	NA
--an-path	否	NA	存放.an文件的路径	仅Stage模型生效
--ap-path	否	NA	存放.ap文件的路径	仅Stage模型生效
--dir-list	否	NA	可指定目标文件夹列表，将其打入HAP包内	NA

2．HSP打包指令

HSP实现了多个HAP对文件的共享，开发者可以使用打包工具对应用进行打包，通过传入打包选项、文件路径，生成所需的HSP。

示例4-14：HSP打包指令

```
java -jar path\app_packing_tool.jar --mode hsp --json-path <option> --resources-path <option> --ets-path <option> --index-path <option> --pack-info-path <option> --out-path path\out\library.hsp --force true
```

表4-15所示为HSP打包指令的参数。

表4-15 HSP打包指令的参数

参数	是否必选项	选项	描述
--mode	是	hsp	打包类型
--json-path	是	NA	指定.json文件路径，文件名必须为module.json

(续)

参　数	是否必选项	选项	描　述
--profile-path	否	NA	指定 CAPABILITY.profile 文件路径
--dex-path	否	NA	指定 .dex 文件路径，文件名必须以 .dex 为扩展名。如果是多个 .dex 文件，需要用逗号分隔。.dex 文件路径也可以为目录
--lib-path	否	NA	指定库文件路径
--resources-path	否	NA	指定资源包路径
--index-path	否	NA	指定 .index 文件路径，文件名必须为 resources.index
--pack-info-path	否	NA	指定 pack.info 文件路径，文件名必须为 pack.info
--js-path	否	NA	指定存放 .js 文件的路径
--ets-path	否	NA	指定存放 .ets 文件的路径
--out-path	是	NA	指定目标文件路径，文件名必须以 .hsp 为扩展名
--force	否	true 或者 false	默认值为 false，如果为 true，表示当目标文件存在时，强制删除

3. App 打包指令

开发者可以使用打包工具对应用进行打包，通过传入打包选项、文件路径，生成所需的 App 包。App 包用于上架应用市场。

App 打包时须进行 HAP 合法性校验，即在对工程内的 HAP 打包生成 App 包时，需要保证被打包的每个 HAP 在 .json 文件中配置的 bundleName、versionCode、versionName、minCompatibleVersionCode、debug、minAPIVersion、targetAPIVersion、apiReleaseType 属性相同，moduleName 唯一。对于 FA 模型，还需要保证 .json 文件中配置的 package 唯一。

示例 4-15：App 打包指令

```
java -jar app_packing_tool.jar --mode app [--hap-path <path>] [--hsp-path <path>] --out-path <path> [--signature-path <path>] [--certificate-path <path>] --pack-info-path <path> [--force true]
```

表 4-16 所示为 App 打包指令的参数。

表 4-16　App 打包指令的参数

参　数	是否必选项	选项	描　述
--mode	是	app	多个 HAP 须满足 HAP 的合法性校验
--hap-path	是	NA	指定 HAP 文件路径，文件名必须以 .hap 为扩展名。如果是多个 HAP，需要用逗号分隔。HAP 文件路径也可以是目录
--hsp-path	否	NA	指定 HSP 文件路径，文件名必须以 .hsp 为扩展名。如果是多个 HSP，需要用逗号分隔。HSP 文件路径也可以是目录
--pack-info-path	是	NA	文件名必须为 pack.info
--out-path	是	NA	指定目标文件路径，文件名必须以 .app 为扩展名
--signature-path	否	NA	指定签名路径

(续)

参　　数	是否必选项	选项	描　　述
--certificate-path	否	NA	指定证书路径
--force	否	true或者false	默认值为false，如果为true，表示当目标文件存在时，强制删除

4. 多工程打包指令

多工程打包适用于多个团队开发同一个应用，但不方便共享代码的情况。开发者通过传入已经打好的HAP、HSP和App包，将多个包打成一个最终的App包，并上架应用市场。

多工程打包时也须进行HAP合法性校验，即需要保证被打包的每个HAP在.json文件中配置的bundleName、versionCode、versionName、minCompatibleVersionCode、debug属性相同，minAPIVersion、targetAPIVersion、apiReleaseType、compileSdkVersion、compileSdkType相同，moduleName唯一，同一设备的entry唯一。对于FA模型，还需要保证.json文件中配置的package唯一。

示例4-16：多工程打包指令

```
java -jar app_packing_tool.jar --mode multiApp --hap-list [option] --hsp-list [option] --app-list [option] --out-path <option>
```

表4-17所示为多工程打包指令的参数。

表4-17　多工程打包指令的参数

参　　数	是否必选项	选项	描　　述
--mode	是	multiApp	指定打包类型，在将多个HAP打入同一个App包时，须保证每个HAP都满足合法性校验规则
--hap-list	否	HAP的路径	指定HAP文件路径，文件名必须以.hap为扩展名。如果是多个HAP，需要用逗号分隔。HAP文件路径也可以是目录
--hsp-list	否	HSP的路径	指定HSP文件路径，文件名必须以.hsp为扩展名。如果是多个HSP，需要用逗号分隔。HAP文件路径也可以是目录
--app-list	否	App包的路径	指定App包文件路径，文件名必须以.app为扩展名。如果是多个App包，需要用逗号分隔。App包文件路径也可以是目录。--hap-list、--hsp-list、--app-list不可以都不传
--out-path	是	NA	指定目标文件路径，文件名必须以.hqf为扩展名
--force	否	true或者false	默认值为false，如果为true，表示当目标文件存在时，强制删除

4.5.4　拆包工具

拆包工具是OpenHarmony提供的一种调测工具，支持通过命令行方式将.hap、.har、.hsp、.app等文件解压成文件夹，并且提供Java接口对.hap、.app、.hsp等文件进行解析。

拆包所用的app_unpacking_tool.jar，可以在本地下载的OpenHarmony的SDK库中找到。

本小节只介绍hap包模式拆包指令。

开发者可以使用拆包工具 JAR 包对应用进行拆包,通过传入拆包选项、文件路径,将 HAP 解压出来。

示例 4-17:HAP 模式拆包指令

```
java -jar app_unpacking_tool.jar --mode hap --hap-path <path> --out-path <path> [--force true]
```

表 4-18 所示为 HAP 模式拆包指令的参数。

表 4-18　HAP 模式拆包指令的参数

参　　数	是否必选项	选项	描　　述
--mode	是	hap	指定拆包类型
--hap-path	是	NA	指定 HAP 路径
--rpcid	否	true 或者 false	指定是否单独将 .rpcid 文件从 HAP 中提取到指定目录,如果为 true,将仅提取 .rpcid 文件,不对 HAP 进行拆包
--out-path	是	NA	指定拆包目标文件路径
--force	否	true 或者 false	默认值为 false,如果为 true,表示当目标文件存在时,强制删除

4.5.5　LLDB 工具

LLDB(Low Level Debugger)是新一代高性能调试器。当前 OpenHarmony 中的 LLDB 工具是在 LLVM 15.0.4 基础上适配演进出来的,是 DevEco Studio 工具中默认的调试器,支持 C 和 C++ 应用调试。

LLDB 工具在 SDK 中的路径为 \ohos-sdk\[system]\native\llvm,其中 system 可选值为 windows、linux 或 darwin。以 Windows 平台为例,解压 SDK 后,lldb.exe 的存放路径为 \ohos-sdk\windows\native\llvm\bin。

LLDB 支持在 Linux x86_64 平台上进行 C/C++ 应用的本地调试,同时支持基于 DevEco Studio 的远程调试功能,在 Windows 或 macOS 桌面环境中连接 OpenHarmony 设备或模拟器,远程调试 Native C++ 应用。LLDB 还支持在 Windows、macOS 或 Linux x86_64 环境下直接连接 OpenHarmony 设备,远程调试 C 和 C++ 应用。

1. 本地调试

此处以在 Linux x86_64 环境下调试一个使用 clang 编译器生成的带有调试信息的可执行文件 a.out 为例。首先,需要获取与 LLDB 同一版本的 clang 编译器生成的带有调试信息的可执行文件 a.out。

然后,运行 LLDB 工具,并指定要调试的文件为 a.out。

```
./lldb a.out
```

在代码中的 main 函数处设置断点。

```
(lldb) b main
```

运行应用,使其停在断点处。

```
(lldb) run
```
继续运行应用。

```
(lldb)continue
```
列出所有断点。

```
(lldb) breakpoint list
```
显示当前帧的参数和局部变量。

```
(lldb) frame variable
```
按需执行调试命令进行后续调试操作。
退出调试。

```
(lldb) quit
```

对于使用 LLDB 工具调试已经启动的应用情况，这里以在 macOS 环境下调试一个使用 clang 编译器生成的带有调试信息的带用户输入的可执行文件 a.out 为例进行介绍。

在命令行窗口 1 中启动应用。（窗口会返回一条信息"Please input a number of type int"）

```
./a.out
```
在命令行窗口 2 中运行 LLDB 工具。

```
./lldb
```
通过进程名将 LLDB 附加到正在运行的 a.out 程序，开始调试。

```
(lldb) process attach --name a.out
```
在 hello.cpp 的第 12 行设置断点。

```
(lldb) breakpoint set --file hello.cpp --line 12
```
在命令行窗口 1 中输入一个 int 类型的数。

```
88
```
在命令行窗口 2 中继续运行应用，使应用停在断点处。

```
(lldb) continue
```
按需执行调试命令进行后续调试操作。
使 LLDB 与当前附加的进程安全分离，使进程脱离调试控制并独立运行。

```
(lldb) detach
```
退出调试。

```
(lldb) quit
```

2. 远程调试

远程调试时需要 lldb-server 和 LLDB 配合使用。Windows、Linux x86_64 和 macOS 环境下的远程调试步骤一致。

此处以在 Windows 平台连接 RISC-V 架构 OpenHarmony 设备（如：SC-DAYU800A 开发板）进行远程调试为例。监听端口可以自定义这里设为 6060。首先，确保设备上的 lldb-server 和 a.out 有可执行权限。

打开命令行窗口1,将 lldb-server 和可执行文件 a.out 推送到设备。(a.out 是使用 clang 编译器编译 hello.cpp 时生成的。)

```
hdc file send lldb-server /data/local/tmp #/data/local/tmp 为设备上指定的目录
hdc file send a.out /data/local/tmp
```

运行 lldb-server。

```
hdc shell ./data/local/tmp/lldb-server p --server --listen "*:6060"
shell
```

打开命令行窗口2,运行二进制文件 lldb。

```
./lldb
```

在 LLDB 命令行窗口中进行远端选择与连接。

```
(lldb) platform select remote-ohos
(lldb) platform connect connect://localhost:6060
```

指定要调试的设备上的二进制文件 a.out。

```
(lldb) target create /data/local/tmp/a.out
```

在代码中 main 函数处设置断点。

```
(lldb) b main
```

启动应用。

```
(lldb) run
```

查看当前目标进程的源码。

```
(lldb) source list
```

按需执行调试命令进行后续调试操作。
退出调试。

```
(lldb) quit
```

4.6 Stage 模型下的应用配置文件

每个应用项目的代码目录下必须包含应用配置文件,这些配置文件会向编译工具、操作系统和应用市场提供应用的基本信息。在基于 Stage 模型开发的应用项目代码下,都存在一个 app.json5 配置文件以及一个或多个 module.json5 配置文件。

4.6.1 app.json5 配置文件

本小节通过 helloworld 示例,简要介绍 app.json5 配置文件。
示例 4-18:helloworld 中的 app.json5 配置文件示例。

```
{
  "app": {
    "bundleName": "com.example.myapplication",
// bundleName 标识应用的 Bundle 名称,用于标识应用的唯一性。命名规则如下:
- 由字母、数字、下画线和符号"."组成,且必须以字母开头。
```

- 字符串最小长度为7字节，最大长度为128字节。
- 推荐采用反域名形式命名（如"com.example.demo"，建议第一级为顶级域名com，第二级为厂商/个人名，第三级为应用名，可以根据需要扩展更多级）。
对于随系统源码编译的应用，建议命名为"com.ohos.demo"形式，其中的ohos标识系统应用。
bundleName 数据类型为字符串。该标签不可缺省。
    "vendor": "example",
// vendor 标识对应用开发厂商的描述，取值为长度不超过255字节的字符串。vendor 数据类型为字符串。该标签可缺省，缺省值为空。
    "versionCode": 1000000,
// versionCode 标识内部版本号，用于应用升级判断。
versionCode 数据类型为数值，取值范围为 $0 \sim 2^{31}-1$ 之间的整数。该标签不可缺省
    "versionName": "1.0.0",
// versionName 标识向用户展示的应用版本号。
取值为长度不超过127字节的字符串，仅由数字和点构成，推荐采用"A.B.C.D"四段式的形式。四段式中各段的含义如下所示。
第一段：主版本号/Major，取值范围为0~99，表示重大功能变更或架构调整，例如新增核心模块或重构系统。
第二段：次版本号/Minor，取值范围为0~99，表示新增功能或重要改进，例如扩展现有模块功能或修复关键问题。
第三段：特性版本号/Feature，取值范围为0~99，表示新特性引入或功能优化。
第四段：修订版本号/Patch，取值范围为0~999，表示问题修复或安全补丁，如修复漏洞。
versionName 数据类型为字符串。该标签不可缺省。
    "icon": "$media:app_icon",
// icon 标识应用的图标，取值为图标资源文件的索引。icon 数据类型为字符串。该标签不可缺省。
    "label": "$string:app_name"
// label 标识应用的名称，取值为字符串资源的索引，字符串长度不超过63字节。label 数据类型为字符串。该标签不可缺省。
  }
}
```

## 4.6.2 module.json5 配置文件

本小节通过 helloworld 示例，简要介绍 module.json5 配置文件。

**示例4-19**：helloworld 中的 module.json5 配置文件示例

```
{
  "module": {
    "name": "application",
// name 标识当前 Module 的名称，确保该名称在整个应用中唯一
    "type": "feature",
// type 标识当前 Module 的类型。支持的取值如下：
// - entry：应用的主模块
// - feature：应用的动态特性模块
// - har：静态共享包模块
// - shared：动态共享包模块
    "description": "$string:module_desc",
    "mainElement": "ApplicationAbility",
// mainElement 标识当前 Module 的入口 UIAbility 名称或者 ExtensionAbility 名称
    "deviceTypes": [
// deviceTypes 标识当前 Module 可以运行在哪类设备上
```
```

```
            "default",
            "tablet"
        ],
        "deliveryWithInstall": true,
// deliveryWithInstall 标识当前 Module 是否在用户主动安装的时候安装，即该 Module
// 对应的 HAP 是否跟随应用一起安装
// - true：主动安装时安装
// - false：主动安装时不安装
        "installationFree": false,
// installationFree 标识当前 Module 是否支持免安装特性
// - true：表示支持免安装特性，且符合免安装约束
// - false：表示不支持免安装特性
        "pages": "$profile:main_pages",
// pages 标识当前 Module 的 profile 资源，用于列举每个页面信息
        "abilities": [
// abilities 标识当前 Module 中 UIAbility 的配置信息，只对当前 UIAbility 生效
        {
            "name": "ApplicationAbility",
            "srcEntry": "./ets/applicationability/ApplicationAbility.ets",
// srcEntry 标识当前 Module 所对应的代码路径
            "description": "$string:ApplicationAbility_desc",
            "icon": "$media:icon",
            "label": "$string:ApplicationAbility_label",
            "startWindowIcon": "$media:startIcon",
            "startWindowBackground": "$color:start_window_background",
            "exported": true
        }
        ]
    }
}
```

4.7 资源分类与访问

应用开发过程中，开发者需要频繁使用颜色、字体、间距、图片等资源，在不同的设备或配置中，这些资源的值可能不同。

应用资源：借助资源文件机制，开发者可在应用中自定义资源，并自行管理这些资源在不同的设备或配置中的表现。

系统资源：开发者直接调用系统预置的资源（即分层参数机制，同一资源 ID 在设备类型、深浅色等不同配置下有不同的取值）。

4.7.1 资源分类

应用开发中使用的各类资源文件，需要放入特定子目录中存储管理。base 目录、限定词目录、rawfile 目录、resfile 目录称为资源目录，element 目录、media 目录、profile 目录称为资源组目录。在 Stage 模型多工程情况下，共有的资源文件放到 AppScope 的 resources 目录下。

1. 资源目录

1）base 目录。base 目录是默认存在的目录，其二级子目录 element、media、profile 用于存放

字符串、颜色、布尔值等基础元素，以及媒体、动画、布局等资源文件。

目录中的资源文件会被编译成二进制文件，并赋予资源文件 ID。通过指定资源类型（type）和资源名称（name）引用。

2）限定词目录。en_US 和 zh_CN 是默认存在的两个限定词目录，其余限定词目录需要开发者根据需要自行创建。其二级子目录 element、media、profile 用于存放字符串、颜色、布尔值等基础元素，以及媒体、动画、布局等资源文件。

同样，目录中的资源文件会被编译成二进制文件，并赋予资源文件 ID。通过指定资源类型（type）和资源名称（name）引用。

3）rawfile 目录。rawfile 目录支持创建多层子目录，子目录名称可以自定义，文件夹内可以自由放置各类资源文件。

目录中的资源文件会被直接打包进应用，不经过编译，也不会被赋予资源文件 ID。通过指定文件路径和文件名引用。

4）resfile 目录。resfile 目录支持创建多层子目录，子目录名称可以自定义，文件夹内可以自由放置各类资源文件。

目录中的资源文件会被直接打包进应用，不经过编译，也不会被赋予资源文件 ID。应用安装后，resfile 资源会被解压到应用沙箱路径，通过 Context 属性 resourceDir 获取到 resfile 资源目录后，可通过文件路径访问。

2. 资源组目录

资源组目录包括 element、media、profile 三种类型的资源文件，用于存放特定类型的资源。

1）element 表示元素资源，以下每一类数据都采用相应的 JSON 文件来表征（目录下仅允许直接存储文件，不支持创建子目录）。

- boolean：布尔型。
- color：颜色。
- float：浮点型，范围是 $-2^{128} \sim 2^{128}$。
- intarray：整型数组。
- integer：整型，范围是 $-2^{31} \sim 2^{31}-1$。
- pattern：样式（仅支持系统应用使用）。
- plural：复数形式。
- strarray：字符串数组。
- string：字符串，格式化字符串请参考 API 文档。
- theme：主题（仅支持系统应用使用）。

2）media 表示媒体资源，包括图片、音频、视频等非文本格式的文件（目录下只允许直接存储文件，不支持创建子目录）。

3）profile 表示自定义配置文件，其文件内容可通过包管理接口获取（目录下只允许直接存储 .json 文件，不支持创建子目录）。

4.7.2 资源访问

1. 单 HAP 应用资源

1）通过"$r"或"$rawfile"引用资源。对于 color、float、string、plural、media、profile 等

类型的资源,通过"$r('app. type. name')"形式引用。其中,app 为 resources 目录中定义的资源;type 为资源类型或资源的存放位置;name 为资源名,开发者定义资源时确定。

若 string. json 中资源包含多个占位符,通过"$r('app. string. label','aaa','bbb',444)"形式引用。

对于 rawfile 目录中的资源,通过"$rawfile('filename')"形式引用。其中,filename 为 rawfile 目录下文件的相对路径,文件名需要包含扩展名,路径不可以"/"开头。

2)通过应用上下文获取 ResourceManager 后,可调用对应的资源管理接口访问不同资源。

例如:getContext. resourceManager. getStringByNameSync('app. string. XXX')可获取字符串资源;getContext. resourceManager. getRawFd('rawfilepath')可获取 Rawfile 所在 HAP 的 descriptor 信息,访问 rawfile 文件时,{fd, offset, length}须一起使用。

2. 跨 HAP/HSP 应用资源

(1) Bundle 不同,跨 Bundle 访问(仅支持系统应用使用)

通过 createModuleContext(bundleName, moduleName)接口创建对应 HAP/HSP 的上下文,获取 resourceManager 对象后,调用对应的资源管理接口访问不同资源。

示例 4-20:Bundle 不同,跨 Bundle 访问

```
getContext. createModuleContext (bundleName, moduleName). resourceManager. getString-
ByNameSync('app. string. XXX')
```

(2) Bundle 相同,跨 Module 访问

1)通过 createModuleContext(moduleName)接口创建同应用中不同 Module 的上下文,获取 resourceManager 对象后,调用对应的接口访问不同资源。

示例 4-21:Bundle 相同,跨 Module 访问

```
getContext. createModuleContext ( moduleName ). resourceManager. getStringByNameSync
('app. string. XXX')
```

2)通过"$r"或"$rawfile"引用资源。具体操作如下:

这里是列表文本[hsp]. type. name 获取资源。其中,hsp 为 hsp 模块名,type 为资源类型,name 为资源名称,示例如下。

示例 4-22:通过"$r"或"$rawfile"引用资源

```
Text( $r('[hsp]. string. test_string'))
    .fontSize( $r('[hsp]. float. font_size'))
    .fontColor( $r('[hsp]. color. font_color'))
Image( $rawfile('[hsp]. icon. png'))
```

使用变量获取资源的示例如下。

示例 4-23:使用变量获取资源

```
@Entry
 @Component
 struct Index {
   text: string = '[hsp]. string. test_string';
   fontSize: string = '[hsp]. float. font_size';
   fontColor: string = '[hsp]. color. font_color';
   image: string = '[hsp]. media. string';
```

```
  rawfile: string = '[hsp].icon.png';
  build() {
    Row() {
      Text( $r(this.text))
        .fontSize( $r(this.fontSize))
        .fontColor( $r(this.fontColor))
      Image( $r(this.image))
      Image( $rawfile(this.rawfile))
    }
  }
}
```

4.8 本章小结

本章对 OpenHarmony 的开发基础知识做了详细介绍，主要从工作流程、开发分类、实现方法、资源分类与访问等方面展开阐述，其中重点讲述了南北向开发的第一个程序。通过本章的学习，读者可以了解 OpenHarmony 程序开发的基础知识，为后续的学习打下基础。

习题

一、单项选择题

1. OpenHarmony 是一款面向哪种场景的开源分布式操作系统？（　　）
   A. 单一场景　　　　B. 全场景　　　　C. 仅移动设备　　　　D. 仅桌面设备
2. OpenHarmony 开发主要分为哪两种？（　　）
   A. 应用开发和硬件开发　　　　　　　B. 应用开发和设备开发
   C. 软件开发和硬件开发　　　　　　　D. 网络开发和应用开发
3. OpenHarmony 设备开发的两种方式中不包括以下哪一种？（　　）
   A. 基于 IDE　　　B. 基于命令行　　　C. 基于 Web　　　D. 基于图形界面
4. 在 Ubuntu 环境下，安装 Samba 软件包的命令是（　　）。
   A. sudo apt-get install samba　　　　　B. sudo apt-get install smb
   C. sudo apt-get install samba-common　D. sudo apt-get install smb-common
5. OpenHarmony 的设备虚拟化平台可以实现（　　）。
   A. 设备的资源融合和设备管理　　　　B. 仅设备管理
   C. 仅资源融合　　　　　　　　　　　D. 系统重启

二、填空题

1. OpenHarmony 的内核子系统支持_____内核和_____内核。
2. OpenHarmony 的内核抽象层（KAL）的作用是_____。
3. OpenHarmony 的分布式软总线主要提供_____功能。
4. OpenHarmony 的分布式数据管理实现了_____。
5. OpenHarmony 的分布式任务调度支持_____操作。

第 5 章 ArkTS

ArkTS 是 OpenHarmony 和 HarmonyOS 的官方应用开发语言，它在延续 TypeScript（简称 TS）基本语法风格的基础上，引入静态类型检查，显著强化了开发阶段的静态检查与分析能力，进而提升了代码的健壮性和程序执行的稳定性。同时，它与 ArkUI 框架深度适配，拓展了声明式 UI、状态管理等相关功能，使开发者能够以更简洁、更自然的方式开发高性能应用。欲深入了解 ArkTS，有必要先明晰 ArkTS 与 TypeScript 以及 JavaScript 之间的关系。

JavaScript（简称 JS）作为一种高级解释型脚本语言，在 Web 应用开发领域广泛应用。其主要功能在于为网页增添动态交互功能，为用户营造流畅且美观的浏览体验。TypeScript 扩展了 JavaScript 的语法，通过在 JavaScript 的基础上添加静态类型定义构建而成，是 JavaScript 的一个超集，而 ArkTS 则是 TypeScript 的超集。简言之，JavaScript 是基础语言体系，TypeScript 在其基础上融入静态类型定义等特性，ArkTS 则在 TypeScript 的基础上，开展了更为深入的拓展与优化。三者的关系图如图 5-1 所示。

ArkTS 在 TS 基础之上，着重扩展了声明式 UI 能力，让开发者以更简洁、更自然的方式开发高性能应用。扩展的声明式 UI 包括如下特性。

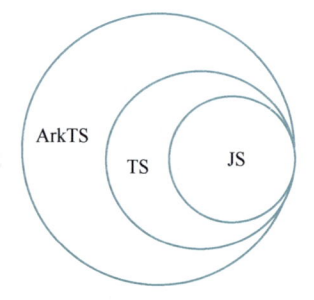

图 5-1 ArkTS、TypeScript 和 JavaScript 的关系图

- 基本 UI 描述：ArkTS 定义了各种装饰器、自定义组件、UI 描述机制，再配合 UI 开发框架中的 UI 内置组件、事件方法、属性方法等共同构成了 UI 开发的主体。
- 状态管理：ArkTS 提供了多维度的状态管理机制，在 UI 开发框架中，和 UI 相关联的数据，不仅可以在组件内使用，还可以在不同组件层级间传递，比如父子组件之间、爷孙组件之间，也可以在全局范围内传递，还可以跨设备传递。另外，从数据的传递形式来看，可分为只读的单向传递和可变更的双向传递。开发者可以灵活地利用这些能力来实现数据和 UI 的联动。
- 动态构建 UI 元素：ArkTS 提供了动态构建 UI 元素的能力，不仅可以自定义组件内部的 UI 结构，还可复用组件样式，扩展原生组件。
- 渲染控制：ArkTS 提供了渲染控制的能力。条件渲染可根据应用的不同状态，渲染对应状态下的部分内容。循环渲染可从数据源中迭代获取数据，并在每次迭代过程中创建相应的组件。

ArkTS 适用于 OpenHarmony 和 HarmonyOS 的多端部署场景，特别适合需要高性能、跨端应用的开发需求。利用其"一次开发，多端部署"的特性，开发者可以降低开发成本，提高开发效率。

5.1 ArkTS 语言基础

5.1.1 变量和常量

计算机中处理的数据通常有变量和常量两种形式。

1. 变量

变量对应内存中的某一存储单元，用来存放数据，变量名即为符号地址。变量遵循先定义后使用的原则，在程序执行期间可以被赋予不同的值。在 ArkTS 中，变量使用 let 关键字进行声明。定义变量的一般形式如下。

```
关键字 变量名:类型注释=值
let msg: string = "hello";
```

声明了一个名为 msg 的变量，它的类型被指定为 string。初始值为一个字符串。

```
let count: number = 10;
```

声明并初始化了一个 number 类型的变量 count，初始值为 10。

2. 常量

常量通常为具体的数值，如 6、7.08、'a'、"word" 等，在 ArkTS 中，也可以使用关键字 const 给变量赋予一个初始值，称为常变量或常量，此变量的值在声明后不能被重新赋值。

```
const PI: number = 3.14159;
```

声明了一个名为 PI 的常量，类型为 number，其值为 3.14159。一旦声明，任何试图修改它的操作都会导致编译错误。

3. 自动类型推断

ArkTS 是一种静态类型语言，所有数据的类型都必须在编译时确定，这意味着在编写代码时，需要明确每个变量和常量的数据类型。如果一个变量或常量在声明时赋予了初始值，而没有指定其类型，这就需要自动类型推断。

```
let msg1: string = "hello";
let msg2 = 'hello world';
```

这两个声明均正确，第一个表达式中，msg1 显式指定了类型为 string，第二个表达式中 msg2 虽然没有显式指定类型，但是 ArkTS 编译器可以根据初始值'hello world'推断出它的类型也是 string。这种自动类型推断机制使得代码更加简洁，同时也减少了开发者在编写代码中手动指定类型的工作量。但需要注意的是，自动类型推断并不是在所有情况下都能准确无误地推断出期望的类型，在一些复杂的场景或者对类型要求严格的情况下，还是需要显式指定类型以确保程序的正确性。

5.1.2 运算符

运算符是执行计算和构建表达式的关键元素，ArkTs 支持多种运算符，包括算术运算符、逻辑运算符、关系运算符、位运算符、赋值运算符等。

1. 算术运算符

ArkTS 中的算术运算符有+（加）、-（减）、*（乘）、/（除）、%（取余）、++（自加）和

--（自减）。

```
let a: number = 5;
let b: number = ++a;
let c: number = b++;
```

++a 会先将 a 的值增加 1（变为 6），再将新的值赋给 b，所以 b 的值为 6。b++ 先将 b 的值赋给 c（c 为 6），然后 b 的值增加 1（变为 7）。

2. 逻辑运算符

1）&&（逻辑与）：两个操作数同时为 true 时，结果为 true，否则都是 false。

2）||（逻辑或）：两个操作数同时为 false 时，结果为 false，否则都是 true。

3）!（逻辑非）：取反。

3. 关系运算符

1）>：若左操作数大于右操作数，返回 true，否则返回 false。

2）<：若左操作数小于右操作数，返回 true，否则返回 false。

3）>=：若左操作数大于或等于右操作数，返回 true，否则返回 false。

4）<=：若左操作数小于或等于右操作数，返回 true，否则返回 false。

5）==：若左右两个操作数相等，返回 true，否则返回 false。

6）!=：若左右两个操作数不相等，返回 true，否则返回 false。

7）===：若左右两个操作数严格相等，返回 true，否则返回 false。

8）!==：若左右两个操作数严格不相等，返回 true，否则返回 false。

4. 位运算符

位运算符主要用于整数的二进制操作。

1）a&b（按位与）：左右两个操作数按位进行与运算，如果对应位都为 1，则将这个位设置为 1，否则设置为 0。例如，将数字 5（二进制表示为 0101）和数字 3（二进制表示为 0011）进行按位与操作，结果是 1（二进制表示为 0001）。

2）a|b（按位或）：左右两个操作数按位进行或运算，如果对应位都为 0，则将这个位设置为 0，否则设置为 1。例如，5|3 的结果是 7（二进制表示为 0111）。

3）a^b（按位异或）：左右两个操作数按位进行异或运算，如果对应位不同，则将这个位设置为 1，否则设置为 0。例如，5^3 的结果是 6（二进制表示为 0110）。

4）~a（按位非）：按位取反。例如，~5 的结果是 -6（在有符号整数的二进制补码表示中，按位取反后再加 1 得到负数）。

5）a<<b（左移）：将 a 的二进制表示向左移 b 位。例如，5<<1（5 的二进制表示为 0101），左移 1 位后得到 10（二进制表示为 1010）。

6）a>>b（右移）：将 a 的二进制表示向右移 b 位，带符号扩展。例如，10>>1（10 的二进制表示为 1010），右移 1 位后得到 5（二进制表示为 0101）。

7）a>>>b（无符号右移）：将 a 的二进制表示向右移 b 位，左边补 0。

5. 赋值运算符

赋值运算符为"="，其作用是将一个数据赋给一个变量，例如"a=3"，也可以将一个变量或表达式赋给一个变量，例如"a=x+y"。将赋值运算符与其他类型的运算符组合在一起可以构成复合赋值运算符：+=、-=、*=、/=、%=、<<=、>>=、>>>=、&=、|=、^=，例如"x +

= y"等价于"x = x + y"。

6. 其他运算符

比较常用的运算符还有 typeof 运算符和条件运算符。

typeof 运算符用于获取一个变量或表达式的数据类型。例如"let a: number = 10; typeof a"返回"number"。它可以在运行时检查数据类型，对于调试和动态类型检查很有用。

条件运算符（？:）的语法为 condition？value1 : value2。条件运算符是一个三目运算符，如果 condition 为 true，则返回 value1，否则返回 value2。

```
let age: number = 18;
let msg: string = age >= 18?"You are an adult":"You are a minor";
```

7. 运算符的优先级

运算符优先级决定了在一个包含多个不同运算符的表达式中，各个运算符的运算顺序。表达式中优先级高的运算符先进行运算，优先级低的后进行运算，优先级相同的运算符则按照从左到右（对于大多数运算符）的顺序进行运算，赋值运算符是从右到左。运算符的优先级顺序从高到低依次为：

1) 圆括号(())。
2) 一元运算符（++、--、!、~、+（正号）、-（负号））。
3) 算术运算符（先 *、/、%，后+、-）。
4) 移位运算符（<<、>>、>>>）。
5) 关系运算符（<、<=、>、>=）。
6) 相等运算符（==、!=、===、!==）。
7) 逻辑运算符（&&、||）。
8) 赋值运算符（+=、-=、*=、/=、%=、<<=、>>=、>>>=、&=、|=、^=）。

5.1.3 数据类型

ArkTS 中常用的基础数据类型有布尔类型、数值类型、字符串类型等，下面针对几种常用的数据类型举例说明其使用。

1. 布尔类型

boolean 表示布尔类型，只有 true 和 false 两个值。在条件判断、逻辑运算等场景中经常使用。

```
let isTrue: boolean = false;
```

2. 数值类型

number 表示数值类型，任何整数和浮点数都可以被赋给此类型的变量。数字字面量包括整数字面量和十进制浮点数字面量。整数字面量包括十进制整数、十六进制整数（0x）、八进制整数（0o）、二进制整数（0b）。浮点字面量包括两种形式：一种由小数点（"."）与小数部分（由十进制数字字符串表示）表示，另一种由"e"或"E"开头的指数部分后跟有符号整数（即前缀为"+"或"-"）或无符号整数组成。

```
let n1: number = -0xFFBA ;      // 十六进制
let n2 = 0o737     ;            // 八进制
let n3 = -0b101    ;            // 二进制
let n4 = 3.14159;
```

```
let n5 = .5;
let n6 = 1e8;
```

3. 字符串类型

string 表示字符串类型，字符串字面量由单引号（'）、双引号（"）或反向单引号（`）括起来的零个或多个字符组成，使用反向单引号的模板字面量允许通过"`${表达式}`"的形式嵌入表达式，这些表达式在运行时会被求值并转换为字符串。

```
let a:number=7;
console.log(`答案是 ${a}`);          // 输出：答案是 7
let name: string= "Mike";
let msg: string = `Hello, ${name}!`;  // $引入模板字面量
console.log(msg);                    // 输出：Hello, Mike!
```

上述语句中的${a}会被变量 a 的值替换，${name}会被变量 name 的值替换，这种方式使得字符串拼接更加灵活和直观，尤其是在需要组合多个变量或者进行一些简单计算的情况下非常有用。

另外，"+"运算符可以将两个或多个字符串拼接在一起，形成一个新的字符串。

```
let str1: string = 'Good';
let str2: string = " morning";
let str3: string = str1 + str2;      // str3 的值为 Good morning
console.log(str3);
```

4. 字面量

字面量是一种直接在代码中表示值的方式，它是编程语言中用于表示固定值的语法结构。一般除去表达式给变量赋值的情况，等号右边都可以认为是字面量。例如：

➢ 数值字面量 1、2、3。
➢ 字符串字面量 "message"、'湖北省'。
➢ 布尔字面量 true、false。

5. Object 类型

Object 类型是所有引用类型的基类型，任何值，包括基本类型的值（它们会被自动装箱），都可以直接被赋给 Object 类型的变量。在 ArkTS 中，Object 类型基本上与 JavaScript 或 TypeScript 中的 Object 类型相似，几乎所有的复杂数据结构（如数组、函数、类等）都是 Object 类型的实例或子类型的实例。

6. 数组类型

array 即数组，是由可赋值给数组声明中指定元素类型的数据组成的对象。通常有两种方式定义数组，第一种是使用数组字面量，在元素类型后面加上[]，表示由此类型的元素构成一个数组，可用方括号括起来的零个或多个表达式的列表来赋值。

```
let numbers: number[] = [6, 7, 8];                    // 创建一个数字数组
let strings: string[] = ['Hello', 'World'];
```

第二种是使用数组泛型，Array<元素类型>。

```
let numbers: Array<number> = [6, 7, 8];
let strings: Array<string> = ['Hello', 'World'];      // 创建一个字符串数组
```

数组的长度由数组中元素的个数来确定。数组中第一个元素的索引为 0。ArkTS 提供了许多

内置方法，如 push( )、pop( )、splice( )等，这些方法使得数组的操作变得非常灵活和强大。

```
let numbers: number[] = [6, 7, 8];
numbers[1] = 10;                        // 修改数组元素
console.log(`${numbers}`);              // 输出：[6, 10, 8]
numbers.push(9);                        // 添加元素到数组末尾
console.log(`${numbers}`);              // 输出：[6, 10, 8,9]
let lastNumber= numbers.pop();          // 删除数组末尾的元素并返回它
console.log(`${lastNumber}`);           // 输出：9
console.log(`${numbers}`);              // 输出：[6, 10, 8]
numbers.splice(0,0,5);                  // 在数组的起始位置插入元素
console.log(`${numbers}`);              // 输出：[5,6,10,8]
numbers.splice(1,1);                    // 从数组的第1个元素开始删除1个元素
console.log(`${numbers}`);              // 输出：[5,10,8]
```

7. 枚举类型

enum 类型，即枚举类型，用于定义一组命名的常量，这些常量被称为枚举成员，它们可以是数字、字符串或者其他枚举类型的成员。枚举类型定义的一般形式为：

```
enum 枚举名{枚举元素列表};
enum Direction { Up, Down, Left, Right };    // Up 默认值为 0,其后的依次加 1
let moveDirection1: Direction = Direction.Up;
let moveDirection2: number = Direction.Down;
```

8. 联合类型

union 类型，即联合类型，联合类型包含了变量可能的所有类型。这种类型在处理不确定的数据类型时非常有用，比如当一个变量可能来自不同的源，每个源的数据类型可能不同时。其声明的一般形式如下：

```
type UnionType = Type1 | Type2 | Type3;
```

类型之间使用竖线（|）分隔。

```
class Cat {
  // …
}
class Dog {
  // …
}
class Frog {
  // …
}
type Animal = Cat | Dog | Frog | number    // Cat、Dog、Frog 是一些类型（类或接口）
let animal: Animal = new Cat();
animal = new Frog();
animal = 42;
```

上述代码中的 Animal 是一个联合类型，它可以是 Cat、Dog、Frog 或 number 类型。也可以采用以下形式声明一个联合类型的变量。

```
let value: number | string;
value =56;                              // 值为数字
value = "Good morning!";                // 值为字符串
```

9. Aliases 类型

Aliases 类型用于为现有的类型创建一个新的名称。特别是当类型名称很长或很复杂时，新的名称可使代码更加简洁明了，更加清晰和易于理解。其声明的一般形式如下：

```
type AliasName = ExistingType;
```

type 为关键字，AliasName 是为 ExistingType 创建的别名。

```
type StringArray = string[];
let myArray:StringArray = ['Hello', 'World', 'TypeScript'];
```

此例子中，声明了 StringArray 类型作为 string[] 的别名。然后，使用 StringArray 类型声明一个变量 myArray。

10. 空安全

null 表示空，通常表示一个有意缺失的值。运算符 "!" 可用于判断其操作数为非空，应用于可空类型的值时，它的编译时类型变为非空类型。

```
class A {
  value: number = 0;
}
function foo(a: A | null) {
  a.value;        // 编译时错误：无法访问可空值的属性
//编译通过，如果运行时 a 的值非空，可以访问到 a 的属性；如果运行时 a 的值为空，则发生运行时异常
  a!.value;
}
```

5.1.4 流程控制语句

程序设计中的流程控制通常有三种结构，分别是选择结构、循环结构、顺序结构。程序的设计和执行是自上到下进行的，因此重点介绍选择结构和循环结构。

1. 选择结构

在许多情况下，需要根据是否满足某个条件来决定是否执行指定的操作，或者从多个给定的操作中选择其一执行，这就是选择结构需要解决的问题。选择结构通常有 if 和 switch 两种语句，首先介绍 if 语句。

（1）单分支 if 语句

语法：

```
if(条件表达式){
    代码块
}
```

执行过程：如果条件表达式的值为 true，就会执行代码块，如果为 false，则不执行。

```
let age: number = 18;
 if (age >= 18) {
     console.log("你已经成年");
   }
```

（2）双分支 if-else 语句

语法：

```
if(条件表达式){
    代码块 1
}else{
    代码块 2
}
```

执行过程：若条件表达式的值为 true，执行代码块 1，否则执行代码块 2。

```
let age: number =20;
if (age >= 18) {
    console.log("你已经成年");
} else {
    console.log("你还未成年");
}
```

（3）选择结构的嵌套

语法：

```
if(条件表达式 1){
    代码块 1
}else if(条件表达式 2){
    代码块 2
}else if(条件表达式 3){
    代码块 3
}else {
    代码块 4
}
```

执行过程：先判断条件表达式 1 的值，如果条件表达式 1 的值为 true，执行代码块 1，否则判断条件表达式 2 的值；如果条件表达式 2 的值为 true，执行代码块 2，否则判断条件表达式 3 的值；如果条件表达式 3 的值为 true，执行代码块 3，否则执行代码块 4。

```
let score: number = 82;
if (score >= 90) {
    console.log("优秀");
} else if (score >= 80) {
    console.log("良好");
} else if (score >=70) {
    console.log("中等");
} else if (score >=60) {
    console.log("及格");
} else { console.log("不及格");
}
```

具体应用时，if 语句嵌套有多种形式，不仅可以在 if 分支中嵌套，也可以在 else 分支中嵌套，还可以在 if 和 else 分支中都有嵌套。如果是针对具体值的多分支问题，则可以用 switch 语句。

（4）switch 语句

语法：

```
switch (表达式) {
  case label1:        // 如果表达式的值与 label1 匹配，则执行代码块 1
```

```
        代码块 1
        break;        // 可省略
    case label2:
    case label3:      // 如果表达式的值与 label2 或 label3 匹配，则执行代码块 2
        代码块 2
        break;        // 可省略
    default:
        默认语句
}
```

如果 switch 语句中表达式的值等于某个 label 的值，则执行相应的代码块。如果没有任何一个 label 的值与表达式值相匹配，并且 switch 具有 default 子句，那么程序会执行 default 子句对应的代码块。break 语句（可选的）允许跳出 switch 语句并继续执行 switch 语句之后的语句。如果没有 break 语句，则执行 switch 语句中的下一个 label 对应的代码块。

示例 5-1：根据数字显示相应的星期

```
let day: number = 5;
switch (day) {
    case 1: console.log("星期一");break;
    case 2: console.log("星期二");break;
    case 3: console.log("星期三");break;
    case 4: console.log("星期四");break;
    case 5: console.log("星期五");break;
    case 6: console.log("星期六");break;
    case 7: console.log("星期七");break;
    default:console.log("数字错误");
}
```

2. 循环结构

循环语句包括 while、do-while、for 和 for-of。

（1）while 语句

语法：

```
while (condition) {
    statements
}
```

执行过程：当循环条件为 true 时执行循环体，循环条件为假时结束循环体。

```
let i: number =1;
let sum: number =0;
while (i<=10) {
    sum+=i;
    i++;
}
```

（2）do-while 语句

语法：

```
do {
    statements
} while(condition)
```

执行过程：先执行循环体一次，然后判断循环条件是否成立，若成立，则继续执行循环体，若不成立，则结束循环。

```
let i: number =1;
let sum: number =0;
do {
  i +=2 ;
  sum+=i;
} while (i < 10)
```

while 与 do-while 语句相似，可以互相替代，但也有区别，while 是条件成立才会执行循环体，而 do-while 是先循环后判断，即至少执行循环体一次。

（3）for 语句

语法：

```
for (初始化表达式; 条件表达式; 迭代表达式) {
  statements
}
```

执行过程：

初始化表达式在循环开始前执行一次，用于初始化循环控制变量。

条件表达式在每次循环迭代之前评估。如果条件为真，则执行循环体；如果条件为假，则终止循环。

迭代表达式在每次循环迭代之后执行，用于更新循环控制变量。

```
for (let i: number = 1; i <= 10; i++) {          // 输出 1 到 10 的数字
  console.log(`${i}`)
}
```

（4）for-of 语句

语法：

```
for (let 元素变量 of 可迭代对象) {
// 代码块，在这里可以使用变量访问可迭代对象中的每个元素
}
```

for-of 语句是一种用于遍历可迭代对象（Iterable Object）的循环结构。与 for 循环相比，for-of 语句更专注于元素本身，而不是索引。元素变量是一个在每次迭代中被赋予可迭代对象当前元素值的变量。可迭代对象包含 Arrays（数组）、Strings（字符串）等可迭代的数据结构。

```
const fruits = ["apple", "orange", "pear"];
  for (let fruit of fruits) {
    console.log(fruit);          // 遍历数组
}
```

运行输出结果为 apple、orange 和 pear。

```
for (let ch of 'hello') {
        console.log(ch);         // 逐个字符地遍历
    }
```

运行结果是依次输出字符 h、e、l、l、o。

3. break 和 continue 语句

break 语句：当 break 语句被执行时，程序的执行流程会跳出 break 语句的当前所在循环或者 switch 结构，然后继续执行循环或者 switch 之后的代码。

```
for (let i = 1; i <=5; i++) {
    if (i === 3) {
        break;                    // 当 i 等于 3 时，退出 for 循环
    }
    console.log(`${i}`);          // 输出 1 2
}
```

continue 语句：continue 语句用于跳过当前循环中的剩余代码，然后直接开始下一次循环。

```
for (let i = 1; i <= 5; i++) {
    if (i === 3) {
        continue;
    } console.log(i);             // 输出：1 2 4 5
}
```

当 i=3 时，continue 语句被执行。这使得循环跳过了 console.log(i) 这一行代码，直接进入下一次循环（i = 4），所以 3 没有被输出。

5.1.5 函数

将一段相对独立且具有特定功能的代码段封装在一起，形成一个独立实体，这就是函数。函数可理解为功能模块，每一个函数用来实现一个特定的功能。

1. 函数的定义和调用

语法：

```
function functionName(parameters): returnType {
    //函数体
}
```

- function：关键字，用于声明函数。
- functionName：函数名，建议采用驼峰命名法（可选）。
- parameters：参数列表，用于接收传递给函数的值。可以包含多个参数，每个参数由参数名和类型（可选）组成，多个参数之间用逗号分隔。函数的最后一个参数可以是 rest 参数。
- returnType：返回值类型，指定函数返回值的类型（可选，推荐使用，以增强类型安全性）。
- 函数体：包含要执行的代码块。

定义函数时，函数体并不会执行，只有当函数被调用时函数体才会被执行。

```
function add(a: number, b: number): number {
    return a+ b;
}
let c: number =0;
c=add(3,5)                        // 调用函数
```

函数声明后，可以通过函数名加上括号以及传递相应的参数来调用，调用时实参传递给

形参。

2. 可选参数、默认参数及 rest 参数

函数是一个独立实体,具有封闭的环境,须通过参数传递的方式把外部的值传递到函数内部。参数有多种,如普通参数、可选参数、默认参数、rest 参数等。

```
function greet(name: string): string {
  return `Hello, ${name}!`;
}
let str:string=greet("Jake");
```

上述代码中,name 是个普通参数,被注解为 string 类型,在函数声明时定义,称为形参。调用时传入的参数称为实参。执行时,实参的值传给形参。

函数声明时用"?"标记的参数是可选参数,可选参数允许调用者在调用函数时选择性提供该参数的值,可以传递具体值,也可以不传递。当不传递时,参数的值在函数内部为 undefined。

```
function greet(name?: string): void {
    if (name) {
        console.log(`Hello, ${name}!`)
    } else {
        console.log("Hello, guest!")
    }
}
// 调用函数时可以选择性提供 name 参数
greet("Mike")            // 输出: Hello, Mike!
greet()                  // 输出: Hello, guest!
```

在这个函数中,name 参数是可选的,如果调用时不传递 name 参数,函数内部的 if 语句判断 name 为 undefined,就会执行 console.log("Hello, guest!");如果传递了 name 参数,就会执行 console.log(`Hello, ${name}!`)。

需要注意的是,在有多个参数时,必要参数放在前面,随后才是可选参数。

```
function greet(age: number, name?: string): void {
    // …
}
```

默认参数是在函数声明时为参数指定的一个默认值,当在函数调用中省略该参数时,将自动使用默认值,这有助于避免在函数调用时传递过多的参数。默认参数是一个非常有用的特性,它允许函数调用时省略某些参数,并使用预定义的默认值。这不仅提高了函数的灵活性,还使代码更加简洁和易读。为了确保参数的可预测性和清晰性,当函数有多个参数时,默认参数放在最后。

```
function multiply(a: number, b: number = 1): number {
    return a* b;
}
let result1: number = multiply(5);
console.log(`${result1}`);          //输出: 5
let result2: number = multiply(5, 3);
console.log(`${result2}`);          // 输出: 15
```

上述代码中,multiply 函数的 b 参数有默认值 1。当只传递一个参数 5 调用该函数时,b 会使

用默认值 1，返回结果为 5；当传递两个参数 5 和 3 时，函数会按照传递的值进行计算，返回结果为 15。

rest 参数是在函数声明中，通过在一个参数名前加三个点（...）的方式定义。rest 参数必须放在函数参数列表的最后，因为这个参数会收集所有传递给函数的额外参数，并将它们存储在一个数组中。这样就可以在函数体内以数组的形式访问和操作这些参数了。rest 参数对于处理不确定数量的参数特别有用。

```
function sum(…numbers: number[]): number {
  let result = 0;
  for (let n of numbers)
    result += n;
  return result;
}
let s1:number = sum();                    // s1 值为 0
let s2:number = sum(1,2,3,4,5);           // s2 值为 15
```

上述代码中，…numbers 就是 rest 参数，它表示函数 sum 可以接收任意数量的 number 类型的参数。这些参数会被收集到一个名为 numbers 的数组中，然后通过 for 循环进行访问。

3. 函数类型

函数类型用于描述函数的参数类型和返回值类型。它可以作为变量的类型注解、函数参数的类型注解或者函数返回值的类型注解，这样可以确保变量所引用的函数、传递给其他函数的函数参数或者函数返回的函数符合预期的类型。可以通过指定函数的参数类型和返回类型来定义一个函数类型。

语法：

(参数类型列表) => 返回值类型

例如，(a: number, b: number) => number 表示一个函数类型，这个函数接受两个 number 类型的参数，并且返回一个 number 类型的值。

```
type AddFunction = (a: number, b: number) => number;    // 定义函数类型
const add: AddFunction = (a, b) => {    // 实现一个符合 AddFunction 类型的函数
  return a + b;
};
console.log(`${add(2, 3)}`);                            // 调用该函数，输出：5
```

此示例中，定义了一个名为 AddFunction 的函数类型，然后实现了一个名为 add 的函数，该函数符合 AddFunction 类型的定义。最后，调用了 add 函数并输出结果。此外，还可以通过使用函数类型将一个函数作为另一个函数的参数。

```
// 定义一个函数类型
type SubtractFunc = (a: number, b: number) => number;
// 定义一个符合该类型的函数
function subtract(a: number, b: number): number {
    return a - b;
}
// 将函数作为参数传递给另一个函数，该函数的参数类型为 SubtractFunc
function performOperation(func: SubtractFunc, x: number, y: number): number {
    return func(x, y);
}
```

```
// 调用 performOperation 函数
const result = performOperation(subtract, 10, 5);
console.log(`${result}`);         //输出: 5
```

此示例首先定义了一个名为 SubtractFunc 的函数类型，以及符合 SubtractFunc 类型的函数，然后声明了一个拥有 SubtractFunc 类型参数的函数 performOperation，最后以 subtract 为实参调用 performOperation 函数并输出结果。

4. 箭头函数（Lambda 函数）

箭头函数是一种更简洁的函数方式，它省略了关键字 function。它不仅语法简洁，而且具有一些与传统函数表达式不同的行为特性。

语法：

(参数列表): 返回类型 => { // 代码块 }

其中，括号内是函数的参数，可以有 0 到多个参数。返回类型可以省略，省略时，返回类型通过函数体推断。箭头后是函数体中的代码块，只有一行代码块的情况下可以省略花括号。

```
let add = (a: number, b: number) => a+ b;
console.log(`${add(2, 3)}`);         // 输出: 5
```

上述语句定义了一个箭头函数，然后将函数赋值给变量 add，通过变量调用函数。变量名可理解成函数名。所以代码语句可当成函数名 add，它接受两个 number 类型的参数 a 和 b，并返回它们的和。如果箭头函数的主体部分是一个表达式，这个表达式的值就是函数的返回值。箭头函数的调用和普通函数类似。箭头函数还可以作为函数参数，在后面的学习过程中会经常用到。

```
Button('Click me')
  .onClick(() => {
    console.log('Button was clicked in ArkTS!');
  });
```

在这个示例中，直接在 Button 组件的 onClick 属性中使用了箭头函数来定义单击事件处理器。

5. 闭包

闭包是由函数及声明该函数的环境（即定义该函数时的作用域，包括创建这个闭包时作用域内的任何局部变量）组合而成。它允许在函数外部访问函数内部的变量和函数，即使该函数已经执行完毕。

在 ArkTS 中，可以通过函数嵌套函数的方式来创建闭包。但需要注意的是，ArkTS 目前不支持在函数内部声明函数（即传统的函数表达式或函数声明），须使用箭头函数来模拟这种行为。

```
function createCounter(): () => number {
  let count:number = 0;        // 这是一个局部变量，通常会在函数执行完毕后被销毁
  let func = ():number => {    // 这是一个内部函数，它形成了一个闭包
    count += 1;
    return count;
  };
  return func;
}
let  counter = createCounter();
console.log(`${counter()}`);    // 输出: 1
console.log(`${counter()}`);    // 输出: 2
console.log(`${counter()}`);    // 输出: 3
```

createCounter 的返回值是一个函数类型，在结果中返回了一个箭头函数（即闭包），通过 counter 接收 createCounter 的执行结果。counter 保留了对 count 的访问，每次执行 counter 函数，都可以直接访问到 count 的值，count 的值会被保留并递增。

6. 函数重载

声明函数时一旦指定了特定的参数和返回类型，就只能使用相应的参数来调用函数，且返回值的类型和声明时的类型一致，但在实际应用中有时需要用同一个函数名实现多种功能，这就需要使用函数重载来实现。

```
function fun(x: number): void;          // 声明第一个函数
function fun(x: string): void;          // 声明第二个函数
function fun(x: number | string): void {
  if (typeof x === 'number') {
    console.log(`Received a number: ${x}`);
  } else if (typeof x === 'string') {
      console.log(`Received a string: ${x}`);
  }
};

fun(36);            // 使用声明的第一个函数，输出 "Received a number: 36"
fun("Hello");       // 使用声明的第二个函数，输出 "Received a string: Hello"
```

需要注意的是，与传统编程语言中的函数重载有所不同，在 ArkTS 中，函数重载主要通过一些机制，如联合类型、泛类型等，模拟类似函数重载的行为。

5.2 类和对象

学过面向对象编程语言的读者对类都不陌生。类是具有共同属性和行为的对象的集合，用来描述对象的行为和状态，是客观世界中某类群体的一些具体特征的抽象，是组织和规划代码的方式，是封装的基本单位。而对象则是类的实例化，指一个个具体的内容。如学生可以表示为一个类，但它只是一个概念，不存在具体的实体，学生中的每个具体的实体，如张三、李四等，可以理解为对象。

5.2.1 类的声明

类的声明是定义一个类的结构和行为的过程，它定义了对象的属性（即状态）和方法（即行为）。类声明的一般形式如下：

```
class 类名称{
// 声明成员变量
// 声明成员方法
}
```

1. 成员变量和成员方法

成员变量对应的是类的属性，以学生为例，在 Student 类中声明了 2 个成员变量 name、age 和一个成员方法 sayHello，代码如下：

```
class Student{
    name: string = '';
```

```
    age: number = 0;
    // 定义一个方法
    sayHello(): string {
        return `Hello, my name is ${this.name} and I am ${this.age} years old.`;
    }
}
```

成员变量的声明方式与一般变量相同，成员方法是类对象的行为。为了减少运行时的错误并提升性能，ArkTS 要求所有成员变量都在声明时或者构造函数中显式初始化，例中，Student 类的两个成员变量 name 和 age 须显示赋初值。

2. 访问修饰符

访问修饰符用于控制类成员的可见性和可访问性，ArkTS 中的成员访问修饰符包括：public、private 和 protected。

- public（公开的）：用 public 修饰的成员在类的内部和外部都是可见的。它是默认的访问修饰符，如果没有显式指定成员的访问修饰符，则成员默认为 public。使用 public 修饰的成员可以在任何地方被访问，包括类内部、子类以及类的实例。
- private（私有的）：用 private 修饰的成员只能在声明该成员的类内部被访问。使用 private 修饰的成员不能被类的子类或其他外部代码访问。private 修饰符有助于封装类的内部状态和行为，防止外部代码直接访问和修改类的私有成员。
- protected（受保护的）：用 protected 修饰的成员在类的内部和子类中都是可见的，但在类的外部是不可见的。使用 protected 修饰的成员可以在类内部、子类中被访问，但不能被类的外部代码访问。protected 修饰符提供了一种在类层次结构中共享成员的方法，同时仍然保持对外部代码的封装。

```
class Student{
  public name: string = '';
  private age: number = 0;
    // 定义一个方法
    sayHello(): string {
        return `Hello, my name is ${this.name} and I am ${this.age} years old.`;
    }
}
let stu= new Student();
stu.name= 'Mike';          // 编译通过，该字段是公开的
stu.age= 19;               // 编译时错误:age 是私有的
```

私有属性无法通过对象直接访问，只能通过 getter、setter 和自定义的方法实现访问。getter 和 setter 统称为对象属性访问器，用于获取和设置对象的属性值。上述代码可修改为：

```
class Student{
  name: string = '';
  private _age: number = 0;
  get age(): number {
    return this._age;
  }
  set age(x: number) {
    this._age = x;
```

```
    }
}
let stu = new Student();
stu.age = 19;                          // 编译通过
```

3. 构造函数

构造函数是一种特殊的方法，用于在创建类的实例时初始化该实例的状态，在创建对象时会自动调用。在 ArkTS 中，构造函数的名称始终是 constructor，并且它没有返回类型（包括 void）。如果未定义构造函数，则会自动创建具有空参数列表的默认构造函数。

```
class Point {
  x: number = 0;
  y: number = 0;
}
let p = new Point();
```

也可以在类体内定义一个 constructor 方法，并在其中编写初始化逻辑代码。

```
class Point {
    x: number = 0;
    y: number = 0;
    constructor(a: number , b: number ) {      // 声明构造函数
        this.x = a;                             // 初始化属性
        this.y = b;
    }
}
let p = new Point(3,5);
```

在上述代码中，Point 类有两个成员变量 x 和 y，以及一个构造函数 constructor。该构造函数接受两个参数：a 和 b，并将它们分别赋值给类的属性。然后，使用 new 关键字创建了 Point 类的一个实例 p，并传递了相应的参数对它进行初始化。

4. this

在面向对象程序设计中，this 关键词一直非常重要。在 ArkTS 中，this 常用于在类中访问对象属性，this 实际指向的是正在构造的对象和实例化后的实例对象。

```
class MyClass {
    property: string = '';
    constructor(str: string) {
        this.property = str;
    }
    myMethod() {
        console.log(this.property);
    }
}
let myObject = new MyClass('S');
myObject.myMethod();
```

在 myMethod 方法中，this 指向 myObject，所以 this.property 可以正确地访问 myObject 的 property 属性。还须注意，ArkTS 不支持 this 类型以及不支持在函数和类的静态方法中使用 this。

```
class A {
  n: number = 0;
```

```
    f1(arg1: this) {}        // 编译时错误,不支持 this 类型
    Static   f2(arg1: number) {
      this.n = arg1;         // 编译时错误,不支持在类的静态方法中使用 this
    }
}
function foo(arg1: number) {
    this.n = i;              // 编译时错误,不支持在函数中使用 this
}
```

5.2.2 对象

对象是类的实例化,在 ArkTS 中通过 new 来创建新的对象,而实际的创建过程是调用构造函数,因此,准确来讲,是使用 new 调用构造函数来创建对象的。代码如下:

```
class Student{
  name: string = '';
  age: number = 0;
  constructor(n: string, a: number) {
    this.name = n;
    this.age = a;
    }
  sayHello(): string {
      return `Hello, my name is ${this.name} and I am ${this.age} years old.`;
  }
}
let stu1= new Student("Mike", 15);
```

其中,Student 是类名,stu1 是创建的对象,new 是操作符,"Mike" 和 15 是传入构造函数的参数。new 在执行时会依次完成以下 4 个步骤:

1) 在内存中创建一个新的空对象。
2) 执行构造函数,给这个新对象添加属性和方法。
3) 让 this 指向这个新对象。
4) 返回新对象。

创建完对象之后就可以获取对象自身的属性和行为。引用对象的属性和行为须使用"."操作符,对象名在圆点的左边,属性或方法在圆点的右边,语法如下:

```
对象名.属性                  // 访问对象的属性
对象名.方法()                // 访问对象的方法
```

还是以 Student 类为例,输出 stu1 的相关信息。代码如下:

```
console.log(stu1.name);          // 输出 'Mike'
console.log(`${stu1.age}` );     // 输出 15
console.log(stu1.sayHello());    // 输出 'Hello, my name is Mike and I am 15 years old.'
```

5.2.3 继承、抽象类和接口

1. 继承

假如某工程中包含多个类,部分类十分相似,把这些相似类一一实现显然是十分低效的,这

时如果可以从一个现有的类(称为父类)扩展出新类(称为子类或派生类),则可以实现代码复用,提高效率,这就是继承。它允许在保持原有类特性的基础上进行扩展,增加方法(成员函数)和属性(成员变量)。继承呈现了面向对象程序设计的层次结构,体现了由简单到复杂的认知过程。

在定义子类时,只须让子类继承父类,并在子类中添加新成员,这样不仅可以节省开发时间,还提高了开发效率。继承通过关键字 extends 实现,假设首先定义一个父类 Animal,代码如下:

```
class Animal{
    protected legs:number=0;
    protected name:string= '';
    constructor(legs:number, name:string) {
        this.legs = legs;
        this.name = name;
    }
  sayHello(){
      console.log(`这是 ${this.name}, ${this.legs}只腿`);
    }
}
```

创建 Animal 类的子类 Cat,Cat 后接关键字 extends,之后是父类名称 Animal。在定义子类的新方法时还可以使用父类已有的方法,这时使用关键字 super。super 可用于访问父类的实例字段、实例方法和构造函数。代码如下:

```
class Cat extends Animal{
private color:string= '';
constructor(legs:number, name:string,color:string) {
      super(legs, name)        // 调用父类构造函数
      this.color= color;
    }
  f1(){
  // 其他逻辑
  super.sayHello();           // 调用父类的方法
      }
}
```

2. 抽象类

在 ArkTS 语言中,抽象类是一种不能被直接实例化的类,它用于为其他类提供一个通用的定义和一些必须实现的方法。抽象类使用"abstract"关键字来定义。

```
abstract class mammalAnimal{
    abstract  speak():void
    move():void{
    console.log("动物移动");
    }
  }

  class Cat extends mammalAnimal{
    speak():void{
      console.log("喵喵!");
```

```
    }
  }
  class Dog extends mammalAnimal{
    speak():void{
      console.log("汪汪!");
    }
  }
```

在上述代码中，mammalAnimal 是一个抽象类，它包含一个抽象方法 speak()和一个普通方法 move()，speak()不能直接实现，因为不同动物的叫声是不一样的，需要在子类中实现相应的方法。例如，猫的叫声是"喵喵"，而狗的叫声是"汪汪"。

抽象类通常作为基类使用，通过抽取多个类的相似特性，将这些相似的特性统一声明在一个抽象类中，这样会使类之间的关系更加明确，从而提高代码的可读性。

3. 接口

接口通常会作为类的一种约束或规范，确保类实现了特定的行为或功能。任何一个类的实例只要实现了特定接口，就可以通过该接口实现多态。通常情况下，接口中只会包含属性和方法的声明，而不包含具体的实现细节，具体的细节由其实现类完成。

假设定义一个飞机类 Plane，代码如下：

```
class Plane{
    protected wing:string='';
    protected head:string='';
    protected tail:string='';

    takeoff():void{console.log('起飞');}
    land():void{console.log('降落');}
    fly():void{console.log('飞行');}
}
```

定义一个子类战斗机 Fighter，继承类 Plane，除了拥有类 Plane 的所有属性和方法外，还需要具有战斗功能。不同的装备具有不同的战斗方式，例如，坦克虽然也拥有战斗功能，但是它和战斗机不一样，因此可以将"战斗"定义为一个接口，代码如下：

```
interface Fight{
    attack():void
    defense():void
}
```

接口采用关键字 interface 来声明，接口中可以包含属性和方法的声明。示例接口 Fight 中没有"attack"和"defense"的执行体，在接口的不同实现类中，依据自身特性对"attack"和"defense"进行具体实现。实现接口的类需要使用 implements 关键字，并提供接口中所有方法的实现。

```
//战斗机类 Fighter 和坦克类 Tank 的实现接口
class Fighter extends Plane implements Fight{
    attack():void{console.log('发射导弹');}
    defense():void{console.log('发射干扰弹');}
  }
class Tank implements Fight{
```

```
        attack():void{console.log('发射炮弹');}
        defense():void{console.log('快速转移');}
}
```

需要注意的是,在继承接口时,子类需要实现接口中所有的抽象方法,且关键字 implements 必须放在 extends 的后面。

这里需要注意接口和抽象类之间的几点区别:
1) 一个类只能继承一个抽象类,而一个类可以实现一个或多个接口。
2) 接口中不能含有静态代码块以及静态方法,而抽象类可以有静态代码块和静态方法。
3) 抽象类里面可以有方法的实现,但是接口完全都是抽象的,不存在方法的实现。
4) 抽象类可以有构造函数,而接口不能有构造函数。

5.3 泛型

泛型是指允许函数、接口、类等组件在定义时不指定具体的类型,而是在使用时再确定具体的类型,以确保代码的通用性和保证类型安全。用在函数、类、接口中,分别被称为泛型函数、泛型类、泛型接口,其在定义时必须在函数名、类名、接口名后面加<T>(通常用字母 T 表示泛型参数,但不仅限于此),后续用 T 来表示此类型。

1. 泛型函数

泛型函数的定义如下:

```
function 函数名<T>(参数1:T,…,参数n:类型):返回类型 { //函数体 }
```

例如,编写一个函数,返回数值数组的最后一个元素,代码如下:

```
function last(x: number[]): number {
  return x[x.length - 1];
}
last([1, 2, 3]);                    // 结果为3
```

如果需要为多种数组定义相同的函数,可以使用类型参数将该函数定义为泛型,则上述代码可改写如下:

```
function last<T>(x: T[]): T {
  return x[x.length - 1];
}
last([5, 6, 7]);                    // 结果为7
```

说明:function last<T>表示该函数中的类型值是不确定的,只有在传递的时候才知道。x: T[ ]参数是泛型,function last<T>(x: T[ ]): T{}的返回值是一个泛型。last([5,6,7])传递的类型值是数字。

2. 泛型类

泛型类的定义如下:

```
class 类名<T>{ //属性和方法 }
```

代码如下:

```
class DataStack<T> {
    private data: T[] = [];
    add(item: T): void {
        this.data.push(item);
    }
    get(): T[] {
        return this.data;
    }
}

// 使用泛型类
let numStore = new DataStack<number>();
numStore.add(1);
numStore.add(2);
console.log(`${numStore.get()}`);        // 输出：[1, 2]

let strStore = new DataStack<string>();
strStore.add("one")
strStore.add("two")
console.log(`${strStore.get()}`);        // 输出：["one", "two"]
```

上述代码定义了一个泛型类 DataStack<T>，它有一个私有属性 data，用于存储类型为 T 的数据，还定义了 add 和 get 方法，分别用于添加数据和获取数据。

3. 泛型接口

泛型接口的定义如下：

interface 接口名<T>{ //属性和方法 }

代码如下：

```
// GenericInterface 是一个泛型接口，它接受一个类型参数 T
interface GenericInterface<T> {
  value: T           // value 是一个属性，其类型为泛型参数 T
  getvalue: () => T // getvalue 是一个方法，它不接受任何参数，并返回一个类型为 T 的值
}
class GenericClass<T> implements GenericInterface<T> {
  value: T
  constructor(value: T) {
    this.value = value
  }
  getvalue(): T {
    return this.value
  }
}
const numberClass = new GenericClass<Number>(95);
console.log(`${numberClass.getvalue()}`);        // 95

const stringClass = new GenericClass<string>("hello!");
console.log(`${stringClass.getvalue()}`);         // 输出 hello!
```

上述代码中实例化 GenericClass 对象时，传入 Number 类型的数据 95；GenericClass 类实现了

GenericInterface<T>，此时 T 表示 Number 类型；而对于 GenericInterface<T>接口来说，类型变量 T 也变成了 Number。类型值向上传播，且与变量名无关。

4. 泛型约束

某些情况下，泛型可能会过于灵活。希望为泛型参数添加一些约束，以限制它们的取值范围，可以通过 extends 关键字实现。

比如编写一个函数，使它可以处理任意类型的对象，但要求该对象必须包含 length 属性，此时可以使用泛型约束实现。代码如下：

```
interface Lengthwise {
    length: number
}

class myClass<T extends Lengthwise> {
    value: T
    constructor(value: T) {
        this.value = value
        }
    public printerLength(){
        console.log(`${this.value.length}`);
        }
}
let stringClass = new myClass<string>("hello!");      // 正确，字符串有 length 属性
stringClass.printerLength()                            // 结果为 6
let numberClass = new myClass<number>(12345);         // 编译错误，数字没有 length 属性
```

上述代码中泛型 T 被限制为必须具有 length 属性的类型。如果传入不包含 length 属性的类型，编译器会报错。

5.4 异常处理

程序设计过程中可能出现各种各样的问题，应根据可能出现的各种意外情况采取相应的处理方法，这就用到了异常处理。异常处理是一个重要的措施，它允许在程序运行时捕获和处理出现的错误，以确保程序的稳定性和可靠性。ArkTS 中捕获和处理异常的语句包括 throw、try-catch 和 finally。

1. throw 语句

throw 语句用于抛出一个异常，可以是 ArkTS 内置的异常类型，如 Error，也可以是自定义的异常类型。

语法：

throw 表达式

使用 throw 语句可以抛出一个 ArkTS 内置的异常。

throw new Error('This is an error message');

上述代码抛出了一个 Error 对象，并附带了一个错误消息'This is an error message'。

示例 5-2：定义一个自定义异常

```
import { Error } from 'arkts';   // 假设 ArkTS 库提供了 Error 类，实际使用中可能不需要导入
class MyCustomError extends Error {
    constructor(message: string) {
        super(message);
        // 可以在这里添加其他属性或方法
        this.name = 'MyCustomError';   // 设置异常名称，便于识别
    }
}
```

使用 throw 语句来抛出这个自定义的异常类型：

```
throw new MyCustomError('This is a custom error message');
```

2. try-catch 语句

try-catch 语句用于捕获和处理异常或错误。

语法：

```
try {
    //可能发生异常的代码块
}catch (error) {
    //异常处理逻辑
}
```

其中，try 代码块包含可能发生异常的代码。当 try 代码块中的代码抛出异常时，控制流将跳转到 catch 代码块，并在此处处理异常。下面的代码使用了上述自定义的异常 MyCustomError，介绍了如何捕获和处理异常。

示例 5-3：捕获和处理异常

```
// 可能抛出异常的函数
function doSomethingRisky() {
    // 假设某些条件下需要抛出异常
    throw new MyCustomError('Something wrong ');
}
// 捕获和处理异常的代码
try {
    doSomethingRisky();
} catch (error) {
    if (error instanceof MyCustomError) {
        console.error('Caught MyCustomError:', error.message);
    } else {
        console.error('Caught unknown error:', error);
    }
}
```

doSomethingRisky 函数中先抛出了 MyCustomError 异常，然后，try-catch 语句捕获和处理这个异常，在 catch 代码块中，检查捕获到的异常是否是 MyCustomError 的实例，并据此输出不同的错误信息。

3. finally 语句

在 ArkTS 中，finally 语句是 try-catch 语句的一个可选部分，用于执行一些无论是否发生异常

都需要执行的代码,比如关闭文件、释放资源等。finally 语句通常与 try 和 catch 语句一起使用。
语法:

```
try {
    // 可能发生异常的代码块
} catch (error) {
    // 异常处理逻辑
} finally {
    // 无论是否发生异常都会执行的代码块
}
```

示例 5-4:try-catch-finally 语句

```
import { File } from 'arkts';    // 假设 ArkTS 库提供了 File 类,用于文件操作
function readFile(filePath:string) {
    let file: File | null = null;
    try {
        file = new File(filePath);
        //读取文件内容
    } catch (error) {
        console.error('Error reading file:', error.message);
        // 异常处理逻辑,比如记录日志、返回错误信息等
    } finally {
        // 无论是否发生异常,都尝试关闭文件
        if (file !== null) {
            file.close();
            console.log('File closed.');
        }
    }
}
readFile('example.txt');              // 调用函数读取文件
```

示例 5-4 中定义了一个 readFile 函数,它尝试打开一个文件并读取其内容。在 try 代码块中,创建了 File 对象并尝试读取文件。如果在读取文件过程中发生异常,控制流将跳转到 catch 代码块,并输出错误信息。无论是否发生异常,finally 代码块中的代码都会被执行,用于关闭文件并输出关闭成功的消息。

5.5 模块的导出和导入

随着应用程序的规模变得越来越大,将所有代码写在一个文件里进行管理是极其不便的,通常将代码拆分成几个文件,即所谓的模块(Module)。模块是用于封装代码的一种机制,每个模块都有自己的作用域,这意味着在模块中定义的变量、函数、类等在模块外部是不可见的。这种封装机制有助于使代码更加模块化和便于维护。模块可以相互加载,模块之间通过 import(导入)和 export(导出)建立联系。通过模块的导入和导出,可以在不同的项目或代码文件中重用相同的代码,有助于提高开发效率,减少重复劳动。

5.5.1 模块导出

如果想将当前文件中定义的变量、函数、类等提供给其他模块使用,可以通过 export 语句将

这些内容导出。这样其他模块就可以通过 import 语句来使用这些内容了。任何声明（变量、函数、类型别名、类及接口）都可以通过 export 关键字导出。

示例 5-5：使用 export 语句导出

```
//test1.ets
export class Point {
    x: number = 0;
    y: number = 0;
    constructor(a: number , b: number ) {      // 声明构造函数
        this.x=a;                               // 初始化属性
        this.y=b;
    }
}
export function Distance(p1: Point, p2: Point): number {
return Math.sqrt((p2.x - p1.x) * (p2.x - p1.x) + (p2.y - p1.y) * (p2.y - p1.y));
}
```

文件 test1.ets 中定义了类 Point 和函数 Distance，用关键字 export 导出。

5.5.2 模块导入

需要在当前文件中使用其他模块中定义的变量、函数、类等时，可以通过 import 语句将这些内容导入到当前文件中。import 语句通常放在文件的顶部，它告诉编译器从哪个模块中加载指定的导出项。导入声明由两部分组成：

1）导入路径，用于指定导入的模块。
2）导入绑定，用于定义导入的模块中的内容。

导入绑定可以有如下几种形式。

```
// test2.ets
import {Point} from './test1'
let q=new Point(2,6);
```

上述代码中，导入内容用{}括起来，如果有多项，则用逗号分隔，下列代码从文件 test1.ets 导入类 Point，"./" 指当前目录，如果不是当前目录，须给出完整的导入路径。

```
import * as Unit from './test1'
let p=new Unit.Point(4,2);
```

使用 * as 语法可以将一个模块的所有导出成员作为一个对象整体导入。* as Unit 表示绑定名称 "Unit"，通过 Unit.name 可访问从导入路径指定的模块导出的所有内容。

5.6 UI 范式

在 OpenHarmony 开发体系中，声明式 UI 范式作为构建用户界面的关键模式，展现出独特的技术内涵与显著优势。它以一种声明性的编程风格，改变了传统 UI 开发从过程式描述到结果导向描述的思维模式。

所谓 UI 范式是指用于构建用户界面（UI）的编程模式与方法体系，它规定了开发者描述、创建和管理 UI 的方式，涵盖了从 UI 元素的定义、布局到交互逻辑实现等一系列相关技术与规则

的集合。

ArkTS 中，开发者只须声明文本内容、字体样式、颜色等属性，框架就能解析这些声明并将文本以指定的样式呈现在界面上。这种方式能极大地简化 UI 开发流程，减少因复杂过程式代码编写可能引入的错误，提高开发效率。

声明式 UI 范式还具备数据驱动的特性。UI 元素可以与数据进行绑定，当数据发生变化时，框架能够自动检测到并更新相应的 UI，实现 UI 与数据的实时同步。这一特性使得数据的变化能够直观地反映在 UI 上，为用户提供流畅的交互体验。

UI 范式和第 6 章介绍的 ArkUI 框架存在着紧密的联系，同时也有着一定的区别，本节介绍 UI 范式的基础知识。

5.6.1 基本语法

前面介绍了 ArkTS 语言的基础知识，下面通过图 5-2 来说明 ArkTS 页面程序的基本组成。

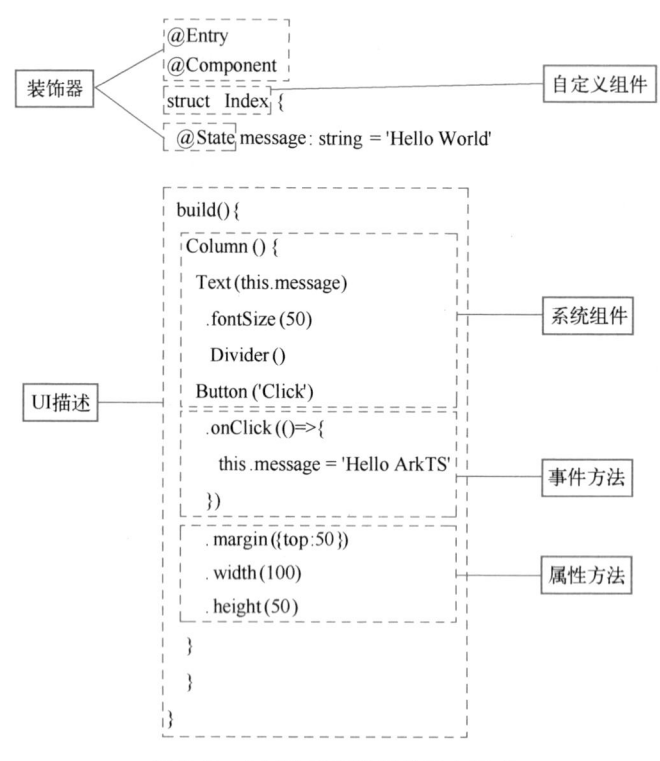

```
装饰器 ──→ @Entry
          @Component          ──→ 自定义组件
          struct Index {
            @State message: string = 'Hello World'

UI描述 ──→ build(){
            Column () {
              Text(this.message)
                .fontSize (50)      ──→ 系统组件
              Divider ()
              Button ('Click')
                .onClick (()=>{
                  this.message = 'Hello ArkTS'   ──→ 事件方法
                })
                .margin({top:50})
                .width (100)        ──→ 属性方法
                .height (50)
            }
          }
        }
```

图 5-2　ArkTS 页面程序的基本组成

在图 5-2 中有如下重要概念。

➢ 装饰器：用于装饰类、结构、方法以及变量，并赋予其特殊的含义。如上述示例中的 @Entry、@Component 和 @State 都是装饰器，@Component 表示自定义组件，@Entry 表示该自定义组件为入口组件，@State 表示组件中的状态变量，状态变量变化会触发 UI 刷新。

➢ UI 描述：以声明式的方式来描述 UI 的结构，例如 build( ) 方法中的代码块。

➢ 自定义组件：可复用的 UI 单元，可组合其他组件，如上述被 @Component 装饰的 struct Index。

- 系统组件：ArkUI 框架中默认内置的基础和容器组件，可直接被开发者调用，比如示例中的 Column、Text、Divider、Button。
- 属性方法：组件可以通过链式调用配置多项属性，如 fontSize( )、width( )、height( )、margin( ) 等。
- 事件方法：组件可以通过链式调用设置多个事件的响应逻辑，如跟随在 Button 后面的 onClick( )。

图 5-2 所示程序执行结果如图 5-3 所示，单击"Click"按钮时文本内容从"Hello World"变为"Hello ArkTS"。

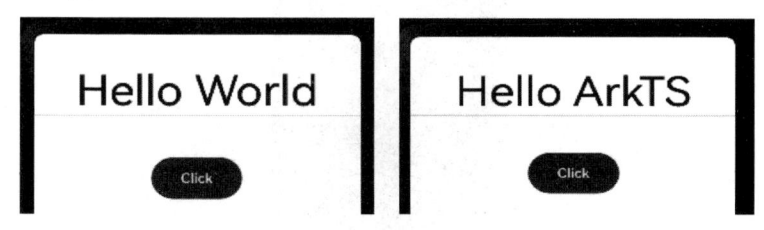

图 5-3　程序执行结果

5.6.2　声明式 UI

ArkTS 采用声明式语法组合和扩展组件来描述应用程序的 UI，同时提供属性、事件和子组件配置等基本方法，以实现应用的交互逻辑。

1. 创建组件

根据组件构造方法的不同，创建组件可分为有参数和无参数两种方式。创建组件时不需要 new 运算符。如果组件的接口定义没有包含必选的构造参数，则组件后面的"( )"中不需要配置任何内容。如果组件的接口定义包含构造参数，则在组件后面的"( )"中需要配置相应参数。变量或表达式也可以用于参数赋值，其中表达式返回的结果类型必须满足参数类型要求。

示例 5-6：创建组件

```
@Entry
@Component
struct test {
  textval:string = '图片组件'
  imgwidth:number = 500
  imghight = 800
  build() {
    Column() {
      Text(this.textval)
        .fontSize(30)
        .fontColor('red')
      Divider()
      Image('http://xxx')           // 参数为图片的网址
        .width(this.imgwidth)
        .height(this.imghight)
    }
  }
}
```

程序执行结果如图 5-4 所示。

图 5-4　示例 5-6 程序执行结果

2. 配置属性

组件的属性方法通过"."运算符以链式调用的方式配置样式和其他属性，建议每个属性方法单独写一行。

1）配置 Text 组件的字体大小。

```
Text('hello')
    .fontSize(30)
```

2）除了直接传递常量参数外，还可以传递变量或表达式。

```
Text('hello')
    .fontSize(this.size)
```

3）枚举类型可以作为参数传递，但必须满足参数类型的要求。

```
Text('hello')
    .fontColor(Color.Red)
```

3. 配置事件

事件方法通过"."运算符以链式调用的方式配置系统组件支持的事件，建议每个事件方法单独写一行。

1）使用箭头函数配置组件的事件方法。

```
Button('Click')
    .onClick(()=>{
        this.message='Hello ArkTS'
    })
```

2）使用组件的成员函数配置组件的事件方法，需要用 bind(this)，以确保函数中的 this 指向当前组件。

```
myClickHandler(): void {
     this.counter += 2;
}
...
Button('数值增大')
     .onClick(this.myClickHandler.bind(this))
```

示例 5-7：配置事件

```
@Entry
@Component
struct test {

  textval:string = 'Hello World'
  @State
  counter :number = 30
  myClickHandler(): void {
    this.counter += 10;
  }
  build() {
    Column() {
      Text(this.textval)
        .fontSize(this.counter)
        .fontColor('black')
      Divider()
      Button('字体变大')
        .onClick(this.myClickHandler.bind(this))
        .margin({top:30})
    }
  }
}
```

程序执行结果如图 5-5 所示。

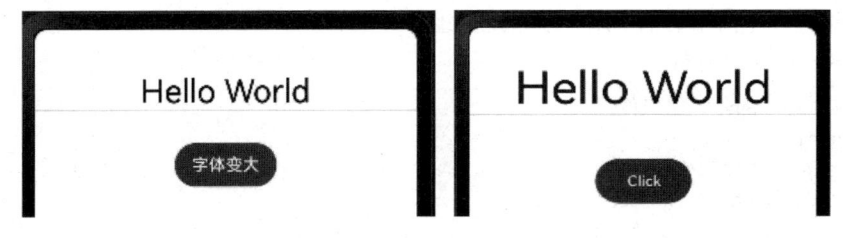

图 5-5　示例 5-7 程序执行结果

每单击"字体变大"按钮一次，"Hello Word"字体增大 10 像素。

4. 配置子组件

如果组件支持子组件配置，则须在尾随闭包{…}中为组件添加子组件的 UI 描述。Column、Row、Stack、Grid、List 等组件都是容器组件，容器组件均支持子组件配置，可以实现相对复杂的多级嵌套。示例 5-7 的基础上修改的代码如下：

```
Column() {
  Row() {
    Image('test1.jpg')
      .width(100)
      .height(100)
    Button('click +1')
      .onClick(() => {
        console.info('+1 clicked!');
      })
  }
}
```

上述代码中，Text( )和Divider( )是基础组件，Column( )、Row( )为容器组件。可以在容器组件中添加基础组件和自定义组件，Column( )中添加了组件Row( )，Row( )中又添加了Image( )和Button( )组件，实现了组件的多级嵌套。

5.6.3 自定义组件

在ArkUI中进行UI界面开发时，通常不是简单地将系统组件进行组合使用，而是需要考虑代码可复用性、业务逻辑与UI分离、后续版本演进等因素。因此，将UI和部分业务逻辑封装成自定义组件是十分必要的。由开发者定义的组件称为自定义组件。自定义组件具有以下特点。

微课 5-1
自定义组件

1）可组合。
2）允许开发者组合使用系统组件及其属性和方法。
3）可重用。
4）自定义组件可以被其他组件重用，并作为不同的实例在不同的父组件或容器中使用。
5）数据驱动UI更新。
6）通过状态变量的改变，来驱动UI的刷新。

1. 自定义组件的基本用法

下面先通过一个简单的例子来了解自定义组件的用法。

示例5-8：自定义组件

```
// 使用@Component 注册组件
@Component
export struct HelloComponent {
  // HelloComponent 自定义组件
  @State message: string = 'Hello';
  build() {
    Row() {
      Text(this.message)
        .onClick(() => {
          // 状态变量message的改变驱动UI刷新, UI从'Hello, World!'刷新为'Hello, ArkUI!'
          this.message = 'Hello, ArkUI!';
        })
    }
  }
}
```

```
}
@Entry
@Component
struct ParentComponent {
  build() {
    Column() {
      Text('自定义组件示例')
      HelloComponent()
      Divider()
      HelloComponent({ message:'Hello Word!'})
      Divider()
      HelloComponent({ message:'你好!'})
    }
  }
}
```

程序执行结果如图 5-6 所示。

图 5-6 示例 5-8 程序执行结果

示例 5-8 中先定义了一个自定义组件 HelloComponent，然后在其他自定义组件 ParentComponent 的 build()函数中多次创建已定义的 HelloComponent，实现自定义组件的重用。运行时单击文字 "Hello Word" 后，显示内容改为 "Hello, ArkUI!"。

具体说明如下。
- Export：如果在另外的文件中引用该自定义组件，需要使用 export 关键字导出，并在使用的页面中导入该自定义组件。
- Struct：自定义组件基于 struct 实现，采用 "struct +自定义组件名 + {…}" 的组合，不支持继承关系（即不能从其他组件或 struct 继承）。对于 struct 的实例化，可以省略 new。
- @Component：注册组件，仅能装饰 struct 关键字声明的数据结构。struct 被@Component 装饰后具备组件化的能力，需要用 build 方法实现描述的 UI，一个 struct 只能被一个@Component 装饰。
- build()：build()函数用于定义自定义组件的声明式 UI 描述，自定义组件必须定义 build()函数。
- @Entry：@Entry 装饰的自定义组件将作为 UI 页面的入口。在单个 UI 页面中，最多可以使用@Entry 装饰一个自定义组件。@Entry 可以接受一个可选的 LocalStorage 参数。（从 API 10 开始，@Entry 可以接受一个可选的 LocalStorage 参数或者一个可选的 EntryOptions 参数。）

表 5-1 所示为@Entry 参数。

表 5-1　@Entry 参数说明表

名　　称	参 数 类 型	是否必填	参 数 描 述
routeName	string	否	用于标识和定位特定页面，作为页面路由的命名标识符
storage	LocalStorage	否	页面级的 UI 状态存储

2. UI 描述

在 build( ) 函数中声明的语句被称为 UI 描述。UI 描述需要遵循以下规则：

1）@Entry 装饰的自定义组件，其 build( ) 函数下的根节点唯一且必要，且必须为容器组件，其中 ForEach 禁止作为根节点。@Component 装饰的自定义组件，其 build( ) 函数下的根节点唯一且必要，可以为非容器组件，其中 ForEach 禁止作为根节点。

示例 5-9：用 build( ) 函数构建 UI 描述

```
@Entry
@Component
struct MyComponent {
  build() {
    // 根节点唯一且必要，必须为容器组件
    Column() {
      ChildComponent()
    }
  }
}

@Component
struct ChildComponent {
  build() {
    // 根节点唯一且必要，可为非容器组件
    Text("Hello")
  }
}
```

2）不允许调用没有用@Builder 装饰的方法。
3）允许系统组件的参数是 TypeScript 方法的返回值。
4）不允许声明本地变量。
5）不允许在 UI 描述中直接使用 console.info，但允许在方法或者函数中使用。
6）不允许创建本地的作用域。
7）不允许使用 switch 语法，如果需要使用条件判断，请使用 if。
8）不允许使用表达式。
9）不允许直接改变状态变量。

3. 成员函数/变量

自定义组件除了必须实现 build( ) 函数外，还可以实现其他成员函数。自定义组件的成员函数和变量是私有的，且不建议声明成静态函数。对于成员变量的本地初始化，有些是可选的，有些是必选的。关于是否需要本地初始化和是否需要从父组件通过参数传递初始化子组件的成员变量，请参考 5.6.4 节状态管理的内容。

第 5 章 ArkTS

4. 自定义组件的参数

在创建自定义组件的过程中，须根据装饰器的规则来初始化自定义组件的参数。

示例 5-10：初始化自定义组件的参数

```
@Component
struct ChildComponent {
  private color: Color = Color.Blue;
  private message: string = '子组件';
  build() {
    Text(this.message)
      .fontColor(this.color)
  }
}

@Entry
@Component
struct ParentComponent {
  private someColor: Color = Color.Red;
  build() {
    Column() {
        ChildComponent({ message:'父组件',color: this.someColor })
    }
  }
}
```

示例 5-10 程序中的自定义组件 ChildComponent 定义了两个私有的参数 message 和 color，ParentComponent 组件创建 ChildComponent 实例，并将创建的 ChildComponent 成员变量 message 初始化为"父组件"，将成员变量 color 初始化为 this.someColor，即"Color.Red"。

5. 自定义组件的通用样式

自定义组件通过"."运算符以链式调用的形式设置通用样式。

示例 5-11：自定义组件的通用样式

```
@Component
struct ChildComponent {
  build() {
    Button('子组件按钮')
      .backgroundColor(Color.White)
      .fontColor(Color.Black)
  }
}

@Entry
@Component
struct MyComponent {
  build() {
    Column() {
      ChildComponent()
        .width(200)
        .height(100)
```

159

```
        .backgroundColor(Color.Red)
    }
  }
}
```

程序执行结果如图 5-7 所示。

图 5-7　示例 5-11 程序执行结果

ArkUI 给自定义组件设置样式时，相当于给 ChildComponent 添加了一个不可见的容器组件，而这些样式是设置在容器组件上的，而非直接设置在 ChildComponent 的 Button 组件上的。通过渲染结果可以很清楚地看到，背景颜色并没有直接作用于 Button 组件，而是作用于包含 Button 组件的容器组件上。

6. 页面和自定义组件生命周期

在讲解页面和自定义组件生命周期之前，首先需要理解自定义组件和页面的关系。

（1）自定义组件

@Component 装饰的 UI 单元即为自定义组件，其可以组合多个系统组件实现 UI 的复用，可以调用组件的生命周期。

微课 5-2
页面与自定义组件生命周期

（2）页面

即应用的 UI 页面。页面可以由一个或者多个自定义组件组成，@Entry 装饰的自定义组件为页面的入口组件，即页面的根节点，一个页面有且仅能有一个@Entry。只有被@Entry 装饰的组件才可以调用页面的生命周期。

页面生命周期（即用@Entry 装饰的组件生命周期）提供以下生命周期接口。
➢ onPageShow：页面每次显示时触发一次，包括路由过程、应用进入前台等场景。
➢ onPageHide：页面每次隐藏时触发一次，包括路由过程、应用进入后台等场景。
➢ onBackPress：当用户单击返回按钮时触发。

组件生命周期（即用@Component 装饰的自定义组件的生命周期）提供以下生命周期接口。
➢ aboutToAppear：组件即将出现时，系统回调该接口。具体时机为在创建自定义组件的新实例后，在执行其 build( ) 函数之前。
➢ aboutToDisappear：aboutToDisappear 函数在自定义组件销毁之前执行。不允许在 aboutToDisappear 函数中改变状态变量，特别是@Link 变量的修改可能会导致应用程序的行为不稳定。

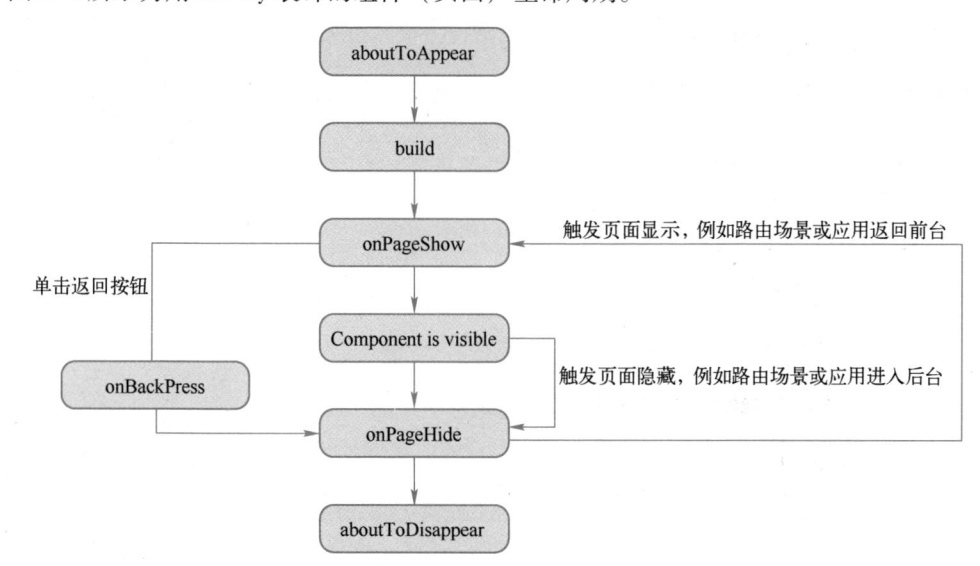

图 5-8 所示为用@Entry 装饰的组件（页面）生命周期。

图 5-8 组件（页面）生命周期

需要注意的是，aboutToAppear、aboutToDisappear 对所有的组件均有效，onPageShow、onPageHide、onBackPress 仅对用@Entry 装饰的自定义组件（页面）有效。

1）自定义组件的创建和渲染流程如下。

① 自定义组件的创建：自定义组件的实例由 ArkUI 框架创建。

② 初始化自定义组件的成员变量：通过本地默认值或者构造函数传递参数来初始化自定义组件的成员变量，初始化顺序为成员变量的定义顺序。

③ 如果开发者定义了 aboutToAppear 方法，则执行 aboutToAppear 方法。

④ 在首次渲染的时候，执行 build 方法渲染系统组件，如果子组件为自定义组件，则创建自定义组件的实例。在首次渲染的过程中，框架会记录状态变量和组件的映射关系，当状态变量改变时，驱动其相关的组件刷新。

2）自定义组件重新渲染。当触发事件处理程序（比如触发单击事件处理程序）改变了状态变量时，或者当 LocalStorage／AppStorage 中的属性更改，并导致绑定的状态变量更改其值时：

① 框架观察到了变化，将启动重新渲染。

② 根据框架持有的状态变量和组件的映射关系，框架可以知道该状态变量管理了哪些 UI 组件，以及这些 UI 组件对应的更新函数。执行这些 UI 组件的更新函数，实现最小化更新。

3）自定义组件的删除。如果 if 组件的分支改变，或者 ForEach 循环渲染中数组的个数改变，组件将被删除。

① 在删除组件之前，将调用其 aboutToDisappear 生命周期函数，标志着该节点将要被销毁。ArkUI 的节点删除机制是：后端节点直接从组件树上摘下，随后被销毁；对前端节点解除引用，当前端节点不再被引用时，将被 JS 虚拟机执行垃圾回收。

② 自定义组件和它的变量将被删除，如果其有同步的变量，比如@Link、@Prop、@StorageLink，将从同步源上取消注册。

示例 5-12：页面和组件的生命周期

```
// Testpage.ets   Testpage 页面
@Entry
@Component
struct Index {
  @State message: string = 'Hello World'
  build() {
    Column() {
      Text(this.message)
        .fontSize(50)
      Divider()
      Button('Click')
        .onClick(()=>{
          this.message = 'Hello ArkTS'
        })
        .margin({top:50 })
        .width(100)
        .height(50)
    }
  }
}
// Index.ets   Index 页面
import router from '@ohos.router'

@Component          // 自定义组件
struct ChildComponent {
  // 子组件被创建的回调函数
  aboutToAppear(): void {
    console.info('ChildComponent 组件被创建')
  }
  // 子组件被销毁的回调函数
  aboutToDisappear(): void {
    console.info('ChildComponent 组件被销毁')
  }

  build() {
    Text('子组件')
      .fontSize(50)
      .margin({left:100})

  }
}

@Entry              // 页面组件
@Component
struct ParentComponent {
  @State
  isChildShow:boolean = true
  // 页面父组件被创建的回调函数
```

```
    aboutToAppear(): void {
      console.info('ParentComponent 组件被创建')
    }
    // 页面父组件被销毁的回调函数
    aboutToDisappear(): void {
      console.info('ParentComponent 组件被销毁')
    }
    onPageShow(): void {
      console.info('主页面已显示')
    }
    onPageHide(): void {
      console.info('主页面已隐藏')
    }
    onBackPress(): boolean | void {
      console.info('返回被单击')
    }
  }

    build() {
      Column() {
        Text('主页面')
          .fontSize(50)
          .margin({left:100})
        if(this.isChildShow){
          ChildComponent()
        }
        Button('删除子组件')
          .margin({left:100})
          .onClick(()=>{
            this.isChildShow=false
          })
        Button('跳转至下个页面')
          .margin({left:100})
          .onClick(() => {
            router.pushUrl({ url: 'pages/TestPage'});
          })
      }
    }
}
```

示例 5-12 中，Index 页面包含一个自定义组件 ChildComponent 和一个页面组件 ParentComponent。只有用@Entry 装饰的节点才可以使页面级别的生命周期方法生效，所以在 ParentComponent 中声明了当前 Index 页面的页面生命周期函数。ChildComponent 子组件同样声明了组件的生命周期函数。

应用冷启动的初始化流程为：ParentComponent.aboutToAppear → ParentComponent.build → ChildComponent.aboutToAppear → ChildComponent.build → ChildComponent.build 执行完毕 → ParentComponent.build 执行完毕 → Index.onPageShow。

单击"删除子组件"按钮，if 绑定的 this.isChildShow 变成 false；删除 ChildComponent 组件，会执行 ChildComponent.aboutToDisappear 方法。

单击"跳转至下个页面"按钮，调用 router.pushUrl 接口，跳转到另外一个页面，当前 Index 页面隐藏，触发 Index.onPageHide。此处调用的是 router.pushUrl 接口，Index 页面被隐藏，并没有销毁，所以只调用 onPageHide。跳转到新页面后，执行初始化新页面的生命周期的流程。

单击预览返回按钮，触发 Index.onBackPress，且返回一个页面后会销毁当前 Index 页面。

最小化应用或者应用进入后台，触发 Index.onPageHide。因为当前 Index 页面没有被销毁，所以并不会执行组件的 aboutToDisappear。应用回到前台，执行 Index 的 onPageShow。

退出应用，执行 Index.onPageHide → ParentComponent.aboutToDisappear → ChildComponent.aboutToDisappear。

5.6.4 状态管理

前文讲解的多为构建静态界面，如果构建一个动态的、有交互的界面，就需要引入"状态"的概念。在声明式 UI 编程框架中，UI 是应用程序状态的运行结果，应用程序运行时的变量就是参数。当参数改变时，UI 也将进行某些相应的改变，这些由于运行时的参数变化所带来的 UI 的重新渲染，在 ArkUI 中被称为状态管理机制。

自定义组件拥有变量，被装饰器装饰的变量称为状态变量，状态变量的改变会引起 UI 的渲染刷新。如果不使用状态变量，UI 只能在初始化时渲染，后续将不会再刷新。用 State 装饰的状态变量和 UI 之间的关系如图 5-9 所示。

图 5-9 状态变量与 UI 关系图

说明：

View(UI)：UI 渲染，指将 build 方法内的 UI 描述和@Builder 装饰的方法内的 UI 描述映射到界面。

State：状态，指驱动 UI 更新的数据。用户通过触发组件的事件方法改变状态数据，状态数据的改变引起 UI 的重新渲染。

在讲解状态管理之前，先介绍一些基本概念。

1）状态变量。被状态装饰器装饰的变量，状态变量值的改变会引起 UI 的渲染更新。示例：@State num: number = 1，其中，@State 是状态装饰器，num 是状态变量。

2）常规变量。没有用状态装饰器装饰的变量，通常应用于辅助计算，它的改变永远不会引起 UI 的刷新。

3）数据源/同步源。状态变量的原始来源，可以同步给不同的状态数据。通常指父组件传给子组件的数据。

4）命名参数机制。父组件通过指定参数传递给子组件的状态变量，为父子组件传递同步参数的主要手段。

5）从父组件初始化。父组件使用命名参数机制，将指定参数传递给子组件。子组件初始化的默认值在有父组件传值的情况下会被覆盖。

ArkUI 提供了多种装饰器，通过使用这些装饰器，状态变量不仅可以观察在组件内的改变，还可以在不同组件层级间传递，比如父子组件、跨组件层级，也可以观察全局范围内的变化。根据状态变量的影响范围，装饰器可以大致分为以下两种。

- 组件级状态装饰器：管理组件级别的状态，可以观察组件内变化和同一组件树上（即同一个页面内）不同组件层级的变化。
- 应用级状态装饰器：管理应用级别的状态，可以观察不同页面甚至不同 UIAbility 的状态变化，是应用内全局的状态管理。

下面着重介绍组件级状态装饰器中的@State 装饰器、@Prop 装饰器和@Link 装饰器。

1. @State 装饰器：组件内状态

@State 装饰的变量，或称为状态变量，一旦变量拥有了状态属性，就可以触发其直接绑定 UI 组件的刷新。当状态改变时，UI 会发生对应的渲染改变。

在状态变量相关的装饰器中，@State 装饰器是最基础的，它是使变量拥有状态属性的装饰器，也是大部分状态变量的数据源。@State 装饰的变量是私有的，只能从组件内部访问，在声明时必须指定其类型和本地初始化。

@State 装饰器使用规则如下。

1）同步类型。不与父组件中任何类型的变量同步。

2）允许装饰的变量类型。Object、class、string、number、boolean、enum 类型，以及这些类型的数组；支持 Date 类型；API 11 及以上支持 Map、Set 类型；支持 undefined 和 null 类型；API 11 及以上支持上述类型的联合类型，比如 string | number、string | undefined 或者 ClassA | null。当使用 undefined 和 null 的时候，建议显式指定类型，遵循 TypeScript 类型校验，比如 "@State a : string | undefined = undefined" 是推荐的，不推荐 "@State a: string = undefined"。

示例 5-13：@State 装饰器

```
class Student{
  name: string
  age: number
  constructor(name: string , age: number ) {
    this.name = name
    this.age = age
  }
}

@Component
struct ChildComponent {
  @State
  stu: Student = new Student('王林', 18)
  ins: number = 1                    // 普通变量
  build() {
    Column() {
      Text(`学生姓名: ${this.stu.name},年龄: ${this.stu.age}`)
        .fontSize(30)
        .margin({ left: 5 })
      Button(`年龄增加 ${this.ins}`)
```

```
            .margin({ left: 30 })
            .onClick(() => {
              this.stu.age += this.ins
            })
        }
      }
    }

@Entry
@Component
struct ParentComponent {

  build() {
    Column() {
      ChildComponent({stu: new Student('李磊',20),ins:2})
      Divider()
      ChildComponent({ins:5})
    }
  }
}
```

程序执行结果如图 5-10 所示。

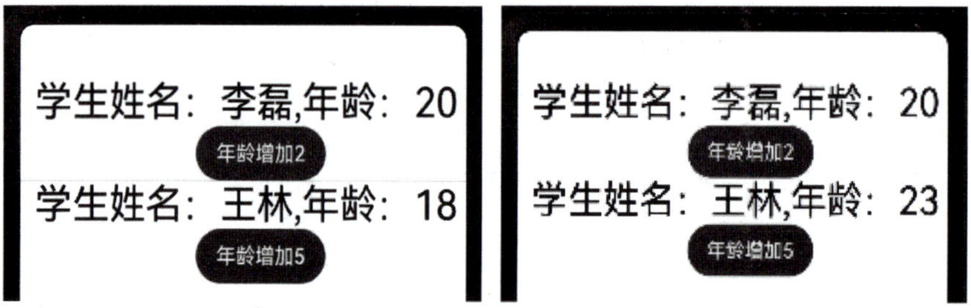

图 5-10 示例 5-13 程序执行结果

示例 5-13 中的自定义组件 ChildComponent 定义了状态变量 stu，在父组件 ParentComponent 中实例化了子组件 ChildComponent，子组件初始化的默认值被父组件的传值覆盖，单击按钮，触发按钮组件的事件方法 onClick，然后修改状态变量 stu.age 的值，页面刷新显示增加后的年龄。

2. @Prop 装饰器：父子单向同步

@Prop 装饰的变量和父组件建立单向的同步关系，@Prop 装饰的变量允许在本地修改，但修改后的变化不会同步回父组件。当数据源更改时，@Prop 装饰的变量都会更新，并且会覆盖本地所有更改。因此，数值的同步是父组件到子组件（所属组件），子组件数值的变化不会同步到父组件。另外，@Prop 装饰器使用时有严格的限制，不能在@Entry 装饰的自定义组件中使用。

@Prop 装饰器使用规则如下。

1）同步类型。单向同步，对父组件状态变量值的修改，将同步给子组件@Prop 装饰的变量，子组件@Prop 变量的修改不会同步到父组件的状态变量上。

2）允许装饰的变量类型。Object、class、string、number、boolean、enum 类型，以及这些类型的数组；支持 Date 类型；API 11 及以上支持 Map、Set 类型；支持 undefined 和 null 类型；API

11 及以上支持上述类型的联合类型，比如 string|number、string|undefined 或者 ClassA|null。当使用 undefined 和 null 的时候，建议显式指定类型，遵循 TypeScript 类型校验，比如"@State a : string|undefined = undefined"是推荐的，不推荐"@State a: string = undefined"。

3）嵌套传递层数。在组件复用场景中，建议@Prop 深度嵌套数据不要超过 5 层，嵌套太多会导致深拷贝占用的空间过大以及 GarbageCollection（垃圾回收），从而引起性能问题。

示例 5-14：@Prop 装饰器

```
class Student{
  name: string
  age: number
  constructor(name: string , age: number ) {
    this.name = name
    this.age = age
  }
}

@Component
struct ChildComponent {
  @Prop
  stu: Student = new Student('王林', 18)
  ins: number = 1                         // 普通变量

  build() {
    Column() {
      Text(`子组件中学生姓名:${this.stu.name},年龄:${this.stu.age}`)
        .fontSize(20)
        .margin({ left: 5 })
      Button(`子组件中年龄增加 ${this.ins}`)
        .margin({ left: 30 })
        .onClick(() => {
          this.stu.age += this.ins
        })
    }
  }
}

@Entry
@Component
struct ParentComponent {
  @State
  ageDownStartValue:number = 15
  build() {
    Column() {
      Text(`父组件中年龄: ${this.ageDownStartValue}`)
        .fontSize(20)
      Button('父组件中年龄减小')
        .onClick(()=>{
          this.ageDownStartValue -= 2
```

```
        })
        Divider()
        ChildComponent({stu: new Student('李磊',this.ageDownStartValue),ins:2})
      }
   }
}
```

程序执行结果如图 5-11 所示。

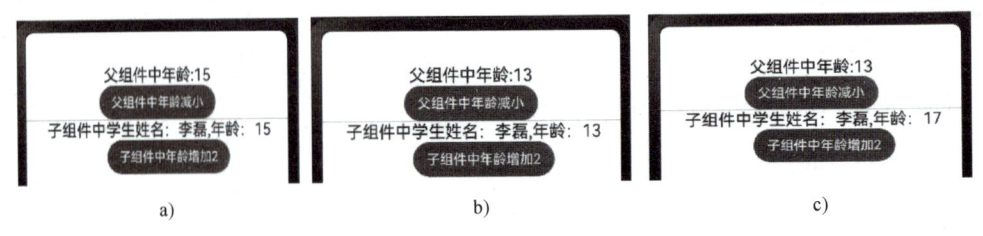

图 5-11　示例 5-14 程序执行结果
a）父组件中年龄：15　b）单击"父组件中年龄减小"　c）单击"子组件中年龄增加 2"

示例 5-14 中的自定义组件 ChildComponent 定义了 @Prop 装饰的状态变量 stu，在父组件 ParentComponent 中定义了状态变量 ageDownStartValue 并实例化了子组件 ChildComponent，子组件初始化的默认值被父组件的传值覆盖。单击"父组件中年龄减小"按钮，父组件和子组件中显示的年龄同时减小；单击"子组件中年龄增加 2"按钮，只有子组件中的年龄增加。这说明 @Prop 装饰的变量和父组件建立的是单向的同步关系，数值的同步是父组件到子组件，父组件数值的变化会同步到子组件，而子组件数值的变化不会同步到父组件。

3. @Link 装饰器：父子双向同步

子组件中 @Link 装饰的变量与其父组件中对应的数据源建立双向数据绑定，@Link 装饰的变量与其父组件中的数据源共享相同的值。@Link 装饰器使用时有严格的限制，不能在 @Entry 装饰的自定义组件中使用。@Link 装饰器允许装饰的变量类型和 @Prop 一样，不同的是，@Link 的同步类型是双向同步，父组件中 @State、@StorageLink 和 @Link 与子组件 @Link 可以建立双向数据同步。需注意的是，@Link 装饰的变量的初始值禁止本地初始化。

示例 5-15：@Link 装饰器

```
class Student{
  name: string
  age: number
  constructor(name: string , age: number ) {
    this.name = name
    this.age = age
  }



}

@Component
struct ChildComponent {
  @Link
  stu: Student            // @Link 装饰的变量的初始值禁止本地初始化
```

```
  ins: number = 1              // 普通变量

  build() {
    Column() {
      Text(`子组件中学生年龄: ${this.stu.age}`)
        .fontSize(30)
        .margin({ left: 5 })
      Divider()
      Button('子组件中年龄增加')
        .margin({ left: 30 })
        .onClick(() => {
          this.stu.age += this.ins
        })
    }
  }
}

@Entry
@Component
struct ParentComponent {
  @State
  sStu:Student=new Student('李磊',15)    // 父组件中@State装饰的变量

  build() {
    Column() {
      Text(`父组件中学生年龄: ${this.sStu.age}`)
        .fontSize(30)
      Button('父组件中年龄减小')
        .onClick(()=>{
          this.sStu.age-=2
        })
      ChildComponent({stu: $sStu})
    }
  }
}
```

程序执行结果如图 5-12 所示。

图 5-12 示例 5-15 程序执行结果

示例 5-15 中的自定义组件 ChildComponent 定义了 @Link 装饰的状态变量 stu，在父组件 ParentComponent 中定义了状态变量 sStu 并实例化了子组件 ChildComponent。单击"父组件中年龄减小"按钮，父组件和子组件中显示的年龄同时减小；单击"子组件中年龄增加"按钮，父

组件和子组件中显示的年龄同时增加。例中，@Link 装饰的变量和父组件建立了双向关系，数值的同步是双向，父组件数值的变化会同步到子组件，子组件的数值变化同样也会同步到父组件。

5.6.5 渲染控制

ArkUI 通过声明式 UI 描述语句构建相应的 UI。在声明式 UI 描述语句中，开发者除了使用系统组件，还可以使用渲染控制语句来辅助 UI 的构建。下面着重介绍条件渲染和循环渲染。

1. if/else：条件渲染

条件渲染是指根据应用的不同状态，使用 if、else 和 else if 渲染相应状态下的 UI 内容。if、else if 的条件语句可以使用状态变量或者常规变量，其核心是根据某些条件在运行时决定渲染哪些组件，以及组件的结构或内容。

当 if、else if 后跟随的状态判断条件语句中使用的状态变量值变化时，条件渲染语句会进行更新，更新步骤如下：

1）评估 if 和 else if 的状态判断条件，如果分支没有变化，无须执行以下步骤。如果分支有变化，则执行 2）~3）步。

2）删除此前构建的所有子组件。

3）执行新分支的构造函数，将获取到的组件添加到 if 父容器中。如果缺少适用的 else 分支，则不构建任何内容。

示例 5-16：if/else 条件渲染

```
@Entry
@Component
struct Example {
  @State
  private flag: boolean = true
  build() {
    Column() {
      // 判断当前是否为加载状态
      if (this.flag) {
        Text("条件真，创建组件一")
          .fontSize(18).
        padding(10)
      } else {
        Text("条件假,创建组件二")
          .fontSize(18)
          .padding(10)
      }
      Divider()
      // 模拟状态切换按钮
      Button('状态切换')
        .onClick(()=>{
          this.flag=!this.flag
        })
    }
  }
}
```

程序执行结果如图 5-13 所示。

图 5-13　示例 5-16 程序执行结果

示例 5-16 中的 flag 初始值为真，创建文本组件"条件真，创建组件一"，单击"状态切换"按钮，flag 值变为假，删除文本组件"条件真，创建组件一"，创建文本组件"条件假，创建组件二"。

2. ForEach：循环渲染

当页面的区域中有多个样式相同、只是内容数据不一样的小区域时，为了提升代码的复用率，不需要一个一个地编写 UI 组件，可以将所有的数据整合成一个数组，并采取 ForEach 进行循环渲染。ForEach 接口基于数组类型数据来进行循环渲染，需要与容器组件配合使用，且接口返回的组件应当是允许包含在 ForEach 父容器组件中的子组件。例如，ListItem 组件要求 ForEach 的父容器组件必须为 List 组件。接口描述为：

```
ForEach( arr: Array,
itemGenerator: (item: Object, index: number) => void,
keyGenerator?: (item: Object, index: number) => string )
```

ForEach 参数的详细说明见表 5-2。

表 5-2　ForEach 参数说明表

参数名	参数类型	是否必填	参 数 描 述
arr	Array<Object>	是	数据源，为 Array 类型的数组。 说明： • 可以设置为空数组，此时不会创建子组件。 • 可以设置返回值为数组类型的函数，例如 arr.slice(1, 3)，但设置的函数不应改变包括数组本身在内的任何状态变量，例如不应使用 Array.splice()、Array.sort() 或 Array.reverse() 这些会改变原数组的函数
itemGenerator	(item: Object, index: number) => void	是	组件生成函数，为数组中的每个元素创建对应的组件。 说明： • item 参数：arr 数组中的数据项。 • index 参数（可选）：arr 数组中的数据项索引。 • 组件的类型必须是 ForEach 的父容器所允许的。例如，ListItem 组件要求 ForEach 的父容器组件必须为 List 组件
keyGenerator	(item: Object, index: number) => string	否	键值生成函数，为数据源 arr 的每个数组项生成唯一且持久的键值。函数返回值为开发者自定义的键值生成规则。 说明： • item 参数：arr 数组中的数据项。 • index 参数（可选）：arr 数组中的数据项索引。 • 如果函数缺省，框架默认的键值生成函数为 (item: T, index: number) => { return index + '__' + JSON.stringify(item); } • 键值生成函数不应改变任何组件的状态

示例 5-17：ForEach 渲染

```
@Component
struct Child {
    msg: string = ''
  build() {
    Text(this.msg)
      .fontSize(50)
  }
}

@Entry
@Component
struct Parent{
  @State myArray: Array<string> = ['Red','Yellow','Green']

  build() {
    Column() {
    ForEach(this.myArray,(item:string)=>{
      Child({msg:item})
        .margin({left:30})
    })
      Divider()
      Button('修改数组的第三个值')
        .margin({ left: 30,top:40 })
        .onClick(() => {
          this.myArray[2] = 'Blue'
        })
    }
  }
}
```

程序执行结果如图 5-14 所示。

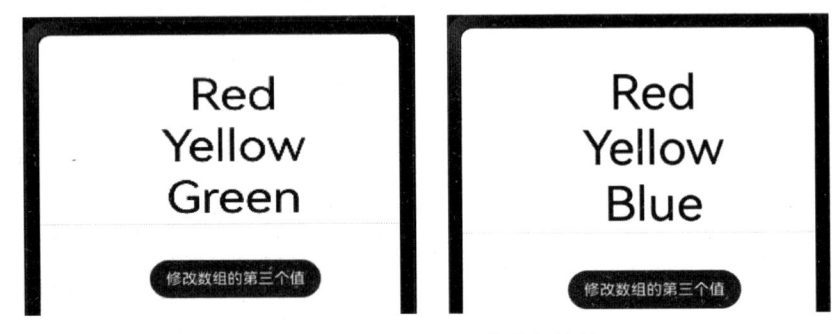

图 5-14　示例 5-17 程序执行结果

示例 5-17 中的容器为 Column( )，循环渲染数组 myArray，所以 ForEach 第二个参数的组件生成函数从上到下依次创建三个子组件。单击"修改数组的第三个值"按钮，数组中的第三个元素修改为"Blue"，@state 装饰的数组值发生变化，页面刷新重绘。

5.7 本章小结

在本章中，首先对 ArkTS 的语言基础展开了详尽阐述，并深入探讨了一系列内容：函数的声明与调用方法、类的声明方式、类的继承以及接口的实现。紧接着，又介绍了如何以声明方式组合和扩展组件来描述应用程序的 UI；针对状态管理这一关键环节，讲解了如何运用装饰符 @State、@Prop、@Link 来实现相应功能。最后，着重聚焦于条件渲染与循环渲染的相关知识。通过对本章内容的学习，读者能够较为全面地掌握 ArkTS 的基础知识。

习题

填空题

1. ArkTS 是 OpenHarmony 和 HarmonyOS 的官方应用开发语言，它是 TypeScript 的_____。
2. 在 ArkTS 中，变量使用_____关键字进行声明。
3. ArkTS 中的联合类型（Union Type）使用_____符号分隔不同类型。
4. 在 ArkTS 中，typeof 运算符用于获取一个变量的_____。
5. ArkTS 中的 for-of 循环用于遍历_____。
6. 在 ArkTS 的 UI 开发中，@State 装饰器用于定义_____。
7. ArkTS 中的 abstract class 是一种_____。
8. ArkTS 中的 try-catch 语句用于_____。
9. 在 ArkTS 中，export 关键字用于将模块中的内容_____。
10. ArkTS 中的 @Entry 装饰器用于标记一个自定义组件为_____。

第 6 章
程序框架服务和方舟 UI 框架

Ability Kit（程序框架服务）提供了应用程序开发和运行的应用模型，是系统为开发者提供的应用程序所需能力的抽象提炼，它提供了应用程序必备的组件和运行机制。有了应用模型，开发者可以基于一套统一的模型进行应用开发，使应用开发更简单、高效。方舟 UI 框架（ArkUI 框架）为应用的 UI 开发提供了完整的基础设施，包括简洁的 UI 语法、丰富的 UI 功能以及实时界面预览工具等，可以支持开发者进行可视化界面开发。本章介绍程序框架服务和方舟 UI 框架的基础知识，并介绍一个经典的北向开发案例。

6.1 程序框架服务

程序框架服务使用场景众多，具体如下。

1) 应用的多 Module 开发：可通过不同类型的 Module（HAP、HAR、HSP）来实现应用的功能开发。其中，HAP 用于实现应用的功能和特性，HAR 与 HSP 用于实现代码和资源的共享。

2) 应用内的交互：应用内的不同组件之间可以相互跳转。比如，在支付应用中，通过入口 UIAbility 组件启动收付款 UIAbility 组件。

3) 应用间的交互：当前应用可以启动其他应用来完成某个任务或操作。比如，启动浏览器应用来打开网站，启动文件应用来浏览或编辑文件等。

4) 应用的跨设备流转：通过应用的跨端迁移和多端协同，获得更好的使用体验。比如，将在平板电脑上播放的视频迁移到智慧屏继续播放。

在上述使用场景中，程序框架服务具备如下功能。
1) 提供应用进程创建和销毁、应用生命周期调度能力。
2) 提供应用组件运行入口、应用组件生命周期调度、组件间交互等能力。
3) 提供应用上下文环境、系统环境变化监听等能力。
4) 提供应用流转能力。
5) 提供多包机制、共享包、应用信息配置等能力。
6) 提供程序访问控制能力。

程序框架服务具有如下特征。

1) 为复杂应用而设计。多个应用组件共享同一个 ArkTS 引擎（运行 ArkTS 语言的虚拟机）实例，应用组件之间可以共享对象和状态，同时减少运行复杂应用对内存的占用；采用面向对象的开发方式，使得复杂应用代码可读性高、易维护性好、可扩展性强；提供模块化能力开发的支持。

2）原生支持应用组件级的跨端迁移和多端协同。
3）支持多设备和多窗口形态。
4）平衡应用能力和系统管控成本。

程序框架服务在 UIAbility 组件中可以使用 ArkUI 提供的组件、事件、动效、状态管理等能力。第 5 章介绍的 ArkTS 语言提供了语言运行时相关能力。

6.2 Stage 模型开发概述

图 6-1 所示为 Stage 模型中的基本概念。

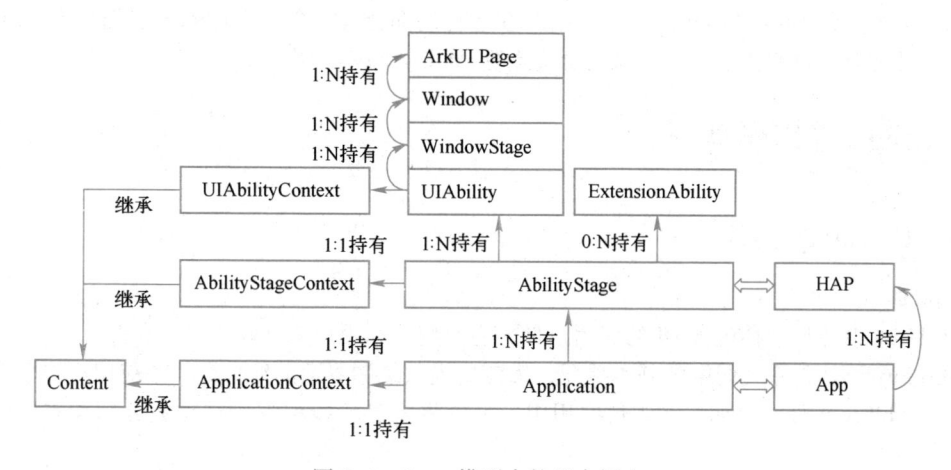

图 6-1 Stage 模型中的基本概念

在图 6-1 中有如下重要概念。

1. UIAbility 组件和 ExtensionAbility 组件

Stage 模型提供 UIAbility 和 ExtensionAbility 两种类型的组件，这两种组件都由具体的类承载，支持面向对象的开发方式。

UIAbility 组件是一种包含 UI 的应用组件，主要用于和用户交互。例如，图库类应用可以在 UIAbility 组件中展示图片瀑布流，在用户选择某个图片后，在新的页面中展示图片的详细内容。同时，用户可以通过返回键返回到瀑布流页面。UIAbility 组件的生命周期只包含创建、销毁、前台、后台等状态，与显示相关的状态通过 WindowStage 的事件暴露给开发者。

ExtensionAbility 组件是一种面向特定场景的应用组件。开发者并不直接继承 ExtensionAbility 组件，而是需要基于 ExtensionAbility 组件的派生类进行开发。目前，ExtensionAbility 组件包含多种基于特定场景的派生类，如用于卡片场景的 FormExtensionAbility、用于输入法场景的 InputMethodExtensionAbility、用于闲时任务场景的 WorkSchedulerExtensionAbility 等。例如，用户在桌面创建应用的卡片，需要应用开发者从 FormExtensionAbility 派生，实现其中的回调函数，并在配置文件中配置该能力。ExtensionAbility 组件的派生类实例由用户触发创建，并由系统管理生命周期。在 Stage 模型中，第三方应用开发者不能开发自定义服务，而需要根据自身的业务场景通过 ExtensionAbility 组件的派生类来实现。

2. WindowStage

每个 UIAbility 实例都会与一个 WindowStage 的实例绑定，WindowStage 类起到了应用进程内窗口管理器的作用。它包含一个主窗口。也就是说，UIAbility 实例通过 WindowStage 持有了一个主窗口，该主窗口为 ArkUI 提供了绘制区域。

3. Context

在 Stage 模型中，Context 及其派生类向开发者提供在运行期可以调用的各种资源和能力。UIAbility 组件和各种 ExtensionAbility 组件的派生类都有各自不同的 Context 类，它们都继承自基类 Context，但是会根据所属组件提供不同的能力。

4. AbilityStage

每个 Entry 类型或者 Feature 类型的 HAP 在运行期都会有一个 AbilityStage 实例，当 HAP 中的代码首次被加载到进程中的时候，系统会先创建 AbilityStage 实例。

6.3 Stage 应用组件

6.3.1 UIAbility 组件

1. 概述

UIAbility 组件是一种包含 UI 的应用组件，主要用于和用户交互。

UIAbility 组件是系统调度的基本单元，为应用提供绘制界面的窗口。一个应用可以包含一个或多个 UIAbility 组件。例如，在支付应用中，可以将入口功能和收付款功能分别配置为独立的 UIAbility。

每一个 UIAbility 组件实例都会在最近任务列表中显示一个对应的任务。

对于开发者而言，可以根据具体场景选择单个或多个 UIAbility，划分建议如下：如果开发者希望在任务视图中看到一个任务，则建议使用一个 UIAbility、多个页面的方式；如果开发者希望在任务视图中看到多个任务，或者需要同时开启多个窗口，则建议使用多个 UIAbility 开发不同的模块功能。

为使应用能够正常使用 UIAbility，需要在 module.json5 配置文件的 abilities 标签中声明 UIAbility 的名称、入口、标签等相关信息。

示例 6-1：UIAbility 组件

```
{
  "module": {
    ...
    "abilities": [
      {
        "name": "EntryAbility",                          // UIAbility 组件的名称
        "srcEntry": "./ets/entryability/EntryAbility.ets", // UIAbility 组件的代码路径
        "description": "$string:EntryAbility_desc",      // UIAbility 组件的描述信息
        "icon": "$media:icon",                           // UIAbility 组件的图标
        "label": "$string:EntryAbility_label",           // UIAbility 组件的标签
        "startWindowIcon": "$media:icon",  // UIAbility 组件启动页面图标资源文件的索引
        // UIAbility 组件启动页面背景颜色资源文件的索引
```

```
            "startWindowBackground": "$color:start_window_background",
            …
        }
    ]
  }
}
```

2. 生命周期

当用户打开、切换和返回到对应的应用时，应用中的 UIAbility 实例会在其生命周期的不同状态之间转换。UIAbility 类提供了一系列回调，通过这些回调可以知道当前 UIAbility 实例的状态改变，包括 UIAbility 实例的创建和销毁，以及 UIAbility 实例前后台状态的切换。

UIAbility 的生命周期包括 Create（创建）、Foreground（前台）、Background（后台）、Destroy（销毁）四个状态，如图 6-2 所示。

下面对这四个状态简要介绍。

（1）Create 状态

在应用加载过程中，UIAbility 实例创建完成时触发 Create 状态，系统会调用 onCreate( )回调。可以在该回调中进行页面初始化操作，例如变量定义资源加载等，用于后续的 UI 展示。

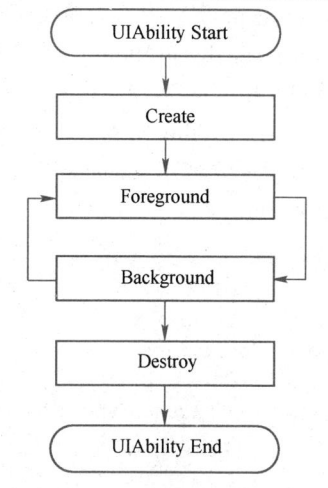

图 6-2　UIAbility 生命周期状态

UIAbility 实例创建完成之后，在进入 Foreground 之前，系统会创建一个 WindowStage。WindowStage 创建完成后会进入 onWindowStageCreate( )回调，可以在该回调中设置 UI 加载或设置 WindowStage 的事件订阅。

（2）Foreground 和 Background 状态

Foreground 和 Background 状态分别在 UIAbility 实例切换至前台和切换至后台时触发，对应于 onForeground( )回调和 onBackground( )回调。

onForeground( )回调，在 UIAbility 的 UI 可见之前，如 UIAbility 切换至前台时触发。可以在 onForeground( )回调中申请系统需要的资源，或者重新申请在 onBackground( )中释放的资源。

onBackground( )回调，在 UIAbility 的 UI 完全不可见之后，如 UIAbility 切换至后台时候触发。可以在 onBackground( )回调中释放 UI 不可见时无用的资源，或者在此回调中执行较为耗时的操作，例如状态保存等。

例如，应用在使用过程中需要使用用户定位时，假设应用已获得用户的定位权限授权。在 UI 显示之前，可以在 onForeground( )回调中开启定位功能，从而获取到当前的位置信息。

当应用切换到后台状态，可以在 onBackground( )回调中停止定位功能，以减少系统的资源消耗。

（3）Destroy 状态

Destroy 状态在 UIAbility 实例销毁时触发。可以在 onDestroy( )回调中进行系统资源的释放、数据的保存等操作。

例如，调用 terminateSelf( )方法停止当前 UIAbility 实例，从而完成 UIAbility 实例的销毁；或者用户使用最近任务列表关闭该 UIAbility 实例，完成 UIAbility 的销毁。

3. 启动模式

UIAbility 的启动模式是指 UIAbility 实例在启动时的不同呈现状态。针对不同的业务场景，系统提供了三种启动模式：singleton（单实例模式）、multiton（多实例模式）和 specified（指定实例模式）。

（1）singleton 启动模式

singleton 启动模式为单实例模式，也是默认情况下的启动模式。

每次调用 startAbility( )方法时，如果应用进程中已经存在该类型的 UIAbility 实例，则复用系统中的 UIAbility 实例。系统中只存在唯一一个 UIAbility 实例，即在最近任务列表中只存在一个该类型的 UIAbility 实例。

如果需要使用 singleton 启动模式，在 module.json5 配置文件中将 launchType 字段配置为 singleton 即可。

```
{
  "module": {
    ...
    "abilities": [
      {
        "launchType": "singleton",
        ...
      }
    ]
  }
}
```

（2）multiton 启动模式

multiton 启动模式为多实例模式，每次调用 startAbility( )方法时，都会在应用进程中创建一个新的该类型 UIAbility 实例。即在最近任务列表中可以看到有多个该类型的 UIAbility 实例。在这种情况下，可以将 UIAbility 配置为 multiton（多实例模式）。

要实现 multiton 启动模式的开启，在 module.json5 配置文件中将 launchType 字段配置为 multiton 即可。

```
{
  "module": {
    ...
    "abilities": [
      {
        "launchType": "multiton",
        ...
      }
    ]
  }
}
```

（3）specified 启动模式

specified 启动模式为指定实例模式，用于一些特殊场景（例如，文档应用中每次新建文档时都希望能新建一个文档实例，重复打开一个已保存的文档时则希望打开的都是同一个文档实例）。

4. 基本用法

UIAbility 组件的基本用法包括：指定 UIAbility 的启动页面以及获取 UIAbility 的上下文信息。

（1）指定 UIAbility 的启动页面

应用中的 UIAbility 在启动过程中需要指定启动页面，否则应用启动后会因为没有默认加载页面而导致白屏。可以在 UIAbility 的 onWindowStageCreate( )生命周期回调中，通过 WindowStage 对象的 loadContent( )方法设置启动页面。

```
import UIAbility from '@ohos.app.ability.UIAbility';
import window from '@ohos.window';

export default class EntryAbility extends UIAbility {
  onWindowStageCreate(windowStage: window.WindowStage): void {
    // Main window is created, set main page for this ability
    windowStage.loadContent('pages/Index', (err, data) => {
      // …
    });
  }
  // …
}
```

说明：在 DevEco Studio 中创建的 UIAbility，该 UIAbility 实例默认会加载 Index 页面，根据需要将 Index 页面路径替换为需要的页面路径即可。

（2）获取 UIAbility 的上下文信息

UIAbility 类拥有自身的上下文信息，该信息为 UIAbilityContext 类的实例，UIAbilityContext 类拥有 abilityInfo、currentHapModuleInfo 等属性。通过 UIAbilityContext 可以获取 UIAbility 的相关配置信息，如包代码路径、Bundle 名称、Ability 名称和应用程序需要的环境状态等属性信息，以及可以获取操作 UIAbility 实例的方法（如 startAbility( )、connectServiceExtensionAbility( )、terminateSelf( )等）。如果需要在页面中获得当前 Ability 的上下文信息，可调用 getContext 接口获取当前页面关联的 UIAbilityContext 或 ExtensionContext。

在 UIAbility 中可以通过 this.context 获取 UIAbility 实例的上下文信息。

```
import UIAbility from '@ohos.app.ability.UIAbility';
import AbilityConstant from '@ohos.app.ability.AbilityConstant';
import Want from '@ohos.app.ability.Want';
export default class EntryAbility extends UIAbility {
  onCreate(want: Want, launchParam: AbilityConstant.LaunchParam): void {
    // 获取 UIAbility 实例的上下文信息
    let context = this.context;
    // …
  }
}
```

在页面中获取 UIAbility 实例的上下文信息，分为导入依赖资源 context 模块和在组件中定义一个 context 变量这两个步骤。

```
import common from '@ohos.app.ability.common';
import Want from '@ohos.app.ability.Want';
@Entry
```

```
@Component
struct Index {
  private context = getContext(this) as common.UIAbilityContext;
  startAbilityTest() {
    let want: Want = {
      // Want 参数信息
    };
    this.context.startAbility(want);
  }

  // 页面展示
  build() {
    // …
  }
}
```

也可以在导入依赖资源 context 模块后,在具体使用 UIAbilityContext 前进行变量定义。

```
import common from '@ohos.app.ability.common';
import Want from '@ohos.app.ability.Want';
@Entry
@Component
struct Index {

  startAbilityTest() {
    let context = getContext(this) as common.UIAbilityContext;
    let want: Want = {
      // Want 参数信息
    };
    context.startAbility(want);
  }

  // 页面展示
  build() {
    // …
  }
}
```

5. 组件与 UI 的数据同步

基于当前的应用模型,可以通过以下几种方式来实现 UIAbility 组件与 UI 之间的数据同步。

(1) 使用 EventHub 进行数据通信

EventHub 为 UIAbility 组件提供了事件机制,使它们能够进行订阅、取消订阅和触发事件等数据通信能力。

在基类 Context 中提供了 EventHub 对象,用于在 UIAbility 组件实例内通信。使用 EventHub 对象实现 UIAbility 与 UI 之间的数据通信需要先获取 EventHub 对象,这里将以此为例进行说明。

在 UIAbility 中调用 eventHub.on( )方法注册一个自定义事件 event1,eventHub.on( )方法有如下两种调用方式,使用其中一种即可。

```typescript
import hilog from '@ohos.hilog';
import UIAbility from '@ohos.app.ability.UIAbility';
import type window from '@ohos.window';
import type { Context } from '@ohos.abilityAccessCtrl';
import Want from '@ohos.app.ability.Want';
import type AbilityConstant from '@ohos.app.ability.AbilityConstant';

const DOMAIN_NUMBER: number = 0xFF00;
const TAG: string = '[EventAbility]';

export default class EntryAbility extends UIAbility {
  onCreate(want: Want, launchParam: AbilityConstant.LaunchParam): void {
    // 获取 eventHub
    let eventhub = this.context.eventHub;
    // 执行订阅操作
    eventHub.on('event1', this.eventFunc);
    eventHub.on('event1', (data: string) => {
      // 触发事件,完成相应的业务操作
    });
    hilog.info(DOMAIN_NUMBER, TAG, '%{public}s', 'Ability onCreate');
  }
  // …
  eventFunc(argOne: Context, argTwo: Context): void {
    hilog.info(DOMAIN_NUMBER, TAG, '1. '+ `${argOne}, ${argTwo}`);
    return;
  }
}
```

在 UI 中通过 eventHub.emit( ) 方法触发该事件,在触发事件的同时,根据需要传入参数信息。

```typescript
import common from '@ohos.app.ability.common';
import promptAction from '@ohos.promptAction';

@Entry
@Component
struct Page_EventHub {

  private context = getContext(this) as common.UIAbilityContext;

  eventHubFunc() : void {
    // 不带参数触发自定义 event1 事件
    this.context.eventHub.emit('event1');
    // 带 1 个参数触发自定义 event1 事件
    this.context.eventHub.emit('event1', 1);
    // 带 2 个参数触发自定义 event1 事件
    this.context.eventHub.emit('event1', 2, 'test');
    // 开发者可以根据实际的业务场景设计事件传递的参数
  }
```

```
build() {
  Column() {
    Row() {
      Flex({ justifyContent: FlexAlign.Start, alignContent: FlexAlign.Center })
{
        Text('DataSynchronization')
          .fontSize(24)
          .fontWeight(700)
          .textAlign(TextAlign.Start)
          .margin({ top: 12 , bottom: 11 , right: 24 , left: 24})
      }
    }
    .width('100%')
    .height(56)
    .justifyContent(FlexAlign.Start)
    .backgroundColor(Color.Gray)

    List({ initialIndex: 0 }) {
      ListItem() {
        Row() {
          Row(){
            Text('EventHubFunc')
              .textAlign(TextAlign.Start)
              .fontWeight(500)
              .margin({ top: 13, bottom: 13, left: 0, right: 8 })
              .fontSize(16)
              .width(232)
              .height(22)
              .fontColor(Color.Black)
          }
          .height(48)
          .width('100%')
          .borderRadius(24)
          .margin({ top: 4, bottom: 4, left: 12, right: 12 })
        }
        .onClick(() => {
          this.eventHubFunc();
          promptAction.showToast({
            message: 'EventHubFunc'
          });
        })
      }
      .height(56)
      .backgroundColor(Color.White)
      .borderRadius(24)
      .margin({ top: 8, right: 12, left: 12 })
    }
    .height('100%')
    .backgroundColor(Color.Gray)
  }
```

```
    .width('100%')
    .margin({ top: 8 })
  }
}
```

在 UIAbility 的注册事件回调中可以得到对应的触发事件结果,运行日志如下所示。

```
[Example].[Entry].[EntryAbility] 1. []
[Example].[Entry].[EntryAbility] 1. [1]
[Example].[Entry].[EntryAbility] 1. [2,"test"]
```

在自定义事件 event1 使用完成后,可以根据需要调用 eventHub.off( )方法取消该事件的订阅。

```
import UIAbility from '@ohos.app.ability.UIAbility';

export default class EntryAbility extends UIAbility {
  // …
  onDestroy(): void {
    this.context.eventHub.off('event1');
  }
}
```

(2) 使用 AppStorage/LocalStorage 进行数据同步

ArkUI 提供了 AppStorage 和 LocalStorage 两种应用级别的状态管理方案,可用于实现应用级别和 UIAbility 级别的数据同步。使用这些方案可以方便地管理应用状态,提高应用性能和用户体验。其中,AppStorage 是一个全局的状态管理器,适用于多个 UIAbility 共享同一状态数据的情况;而 LocalStorage 则是一个局部的状态管理器,适用于单个 UIAbility 内部使用的状态数据。通过这两种方案,开发者可以更加灵活地控制应用状态,提高应用的可维护性和可扩展性。

6.3.2 ExtensionAbility 组件

ExtensionAbility 组件是基于特定场景(例如服务卡片、输入法等)提供的应用组件,以便满足更多的使用场景。

每一个具体场景对应一个 ExtensionAbilityType,开发者只能使用(包括实现和访问)系统已定义的类型。各种类型的 ExtensionAbility 组件均由相应的系统服务统一管理,例如 InputMethodExtensionAbility 组件由输入法管理服务统一管理。

当前系统已定义的 ExtensionAbility 类型见表 6-1。

表 6-1 ExtensionAbility 类型

已支持 ExtensionAbility 类型	功 能 描 述	是否允许第三方应用实现	是否允许第三方应用访问
FormExtensionAbility	FORM 类型的 ExtensionAbility 组件,用于提供服务卡片的相关能力	是	否
WorkSchedulerExtensionAbility	WORK_SCHEDULER 类型的 ExtensionAbility 组件,用于提供延迟任务的相关能力	是	不适用

(续)

已支持 ExtensionAbility 类型	功能描述	是否允许第三方应用实现	是否允许第三方应用访问
InputMethodExtensionAbility	INPUT_METHOD 类型的 ExtensionAbility 组件，用于实现输入法应用的开发	是	是
AccessibilityExtensionAbility	ACCESSIBILITY 类型的 ExtensionAbility 组件，用于实现无障碍扩展服务的开发	是	不适用
BackupExtensionAbility	BACKUP 类型的 ExtensionAbility 组件，用于提供备份及恢复应用数据的能力	是	不适用
DriverExtensionAbility	DRIVER 类型的 ExtensionAbility 组件，用于提供驱动相关扩展框架	是	是

系统应用不受此约束，允许实现系统已定义的各类 ExtensionAbility，也允许访问提供的各类对外服务。

1. 访问指定类型的 ExtensionAbility 组件

所有类型的 ExtensionAbility 组件均不能被应用直接启动，而是由相应的系统管理服务拉起，以确保其生命周期受系统管控，使用时拉起，使用完销毁。ExtensionAbility 组件的调用方无须关心目标 ExtensionAbility 组件的生命周期。

以 InputMethodExtensionAbility 组件为例进行说明，如图 6-3 所示，ExtensionAbility 调用方应用发起对 InputMethodExtensionAbility 组件的调用，此时会先调用输入法管理服务，由输入法管理服务拉起 InputMethodExtensionAbility 组件，返回给调用方，同时开始管理其生命周期。

2. 实现指定类型的 ExtensionAbility 组件

以实现卡片 FormExtensionAbility 为例进行说明。卡片框架提供了 FormExtensionAbility 基类，开发者通过派生此基类（如 MyFormExtensionAbility），实现回调（如创建卡片的 onCreate() 回调、更新卡片的 onUpdateForm() 回调等）来实现具体卡片功能。

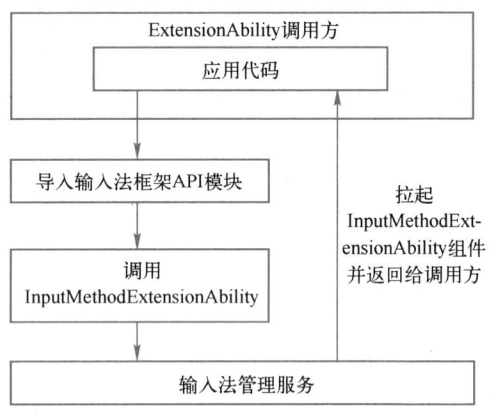

图 6-3 使用 InputMethodExtensionAbility 组件

卡片 FormExtensionAbility 实现方不用关心使用方何时去请求添加、删除卡片，FormExtensionAbility 实例及其所在的 ExtensionAbility 进程的整个生命周期，都由卡片管理系统服务 FormManagerService 进行调度管理。

6.3.3 AbilityStage 组件容器

AbilityStage 是一个 Module 级别的组件容器，应用的 HAP 在首次加载时会创建一个 AbilityStage 实例，可以对该 Module 进行初始化等操作。

AbilityStage 与 Module 一一对应，即一个 Module 拥有一个 AbilityStage。

DevEco Studio 默认工程中未自动生成 AbilityStage，如需要使用 AbilityStage 的能力，可以手动新建一个 AbilityStage 文件，具体步骤如下。

1）在工程 Module 对应的 ets 目录上右击，在快捷菜单中选择"New"→"Directory"命令，新建一个目录并命名为"myabilitystage"。

2）在 myabilitystage 目录上右击，在快捷菜单中选择"New"→"ArkTS File"命令，新建一个文件并命名为"MyAbilityStage.ets"。

3）打开 MyAbilityStage.ets 文件，导入 AbilityStage 的依赖包，自定义类继承 AbilityStage 并加上需要的生命周期回调，示例中增加了一个 onCreate()生命周期回调。

示例 6-2：MyAbilityStage.ets

```
import AbilityStage from '@ohos.app.ability.AbilityStage';
import type Want from '@ohos.app.ability.Want';
export default class MyAbilityStage extends AbilityStage {
  onCreate(): void {
    // 应用的 HAP 在首次加载时，为该 Module 初始化操作
  }
  onAcceptWant(want: Want): string {
    // 仅在 specified 模式下触发
    return 'MyAbilityStage';
  }
}
```

4）在 module.json5 配置文件中，通过配置 srcEntry 参数来指定模块对应的代码路径，将其作为 HAP 加载的入口。

示例 6-3：module.json5 配置文件

```
{
  "module": {
    "name": "entry",
    "type": "entry",
    "srcEntry": "./ets/myabilitystage/MyAbilityStage.ets",
    ...
  }
}
```

AbilityStage 拥有 onCreate()生命周期回调和 onAcceptWant()、onConfigurationUpdated()、onMemoryLevel()事件回调。

1）onCreate()生命周期回调：在开始加载对应 Module 的第一个 UIAbility 实例之前会先创建 AbilityStage，并在 AbilityStage 创建完成之后执行其 onCreate()生命周期回调。AbilityStage 模块提供在 Module 加载的时候通知开发者并对该 Module 进行初始化（如资源预加载、线程创建等）的能力。

2）onAcceptWant()事件回调：UIAbility 指定实例模式（specified）启动时触发的事件回调，具体使用请参见 UIAbility 启动模式综述。

3）onConfigurationUpdated()事件回调：在系统全局配置发生变更时触发的事件，如系统语

言、深浅色模式等变更。这些配置项均在 Configuration 类中定义。

4) onMemoryLevel()事件回调：当系统调整内存时触发的事件。

应用被切换到后台时，系统会将在后台的应用保留在缓存中。即使应用处于缓存中，也会影响系统整体性能。当系统资源不足时，系统会通过多种方式从应用中回收内存，必要时会完全停止应用，从而释放内存用于执行关键任务。为了进一步保持系统内存的平衡，避免系统停止用户的应用进程，可以在 AbilityStage 中的 onMemoryLevel() 生命周期回调中订阅系统内存的变化情况，释放不必要的资源。

```
import AbilityStage from '@ohos.app.ability.AbilityStage';
import AbilityConstant from '@ohos.app.ability.AbilityConstant';
export default class MyAbilityStage extends AbilityStage {
    onMemoryLevel(level: AbilityConstant.MemoryLevel): void {
        // 根据系统可用内存的变化情况释放内存
        ...
    }
}
```

6.3.4 应用上下文 Context

1. Context 概述

Context 是应用中对象的上下文，它提供了应用的基础信息，例如 resourceManager（资源管理器）、applicationInfo（当前应用信息）、dir（应用文件路径）、area（文件分区）等，以及应用的基本方法，例如 createBundleContext()、getApplicationContext() 等。UIAbility 组件和各种 ExtensionAbility 派生类组件都有特定的 Context 类，包括基类 Context 及其派生类 ApplicationContext、AbilityStageContext、UIAbilityContext、ExtensionContext、ServiceExtensionContext 等。图 6-4 所示为各类 Context 的继承关系。图 6-5 所示为各类 Context 的持有关系。

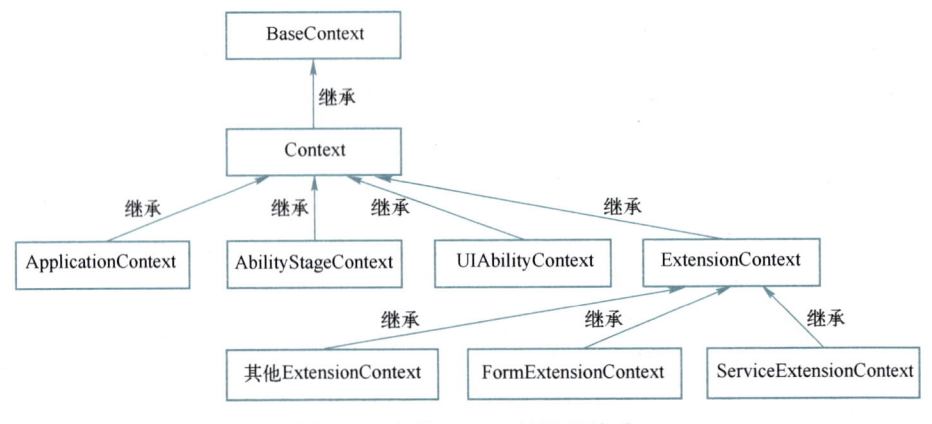

图 6-4 各类 Context 的继承关系

2. 各类 Context 的获取方式

1) 获取 UIAbilityContext。每个 UIAbility 中都包含一个 Context 属性，该属性提供操作应用组件、获取应用组件的配置信息等能力。

第 6 章 程序框架服务和方舟 UI 框架

```
┌─────────────────┐  ┌─────────────────────┐  ┌──────────────────┐  ┌─────────────────────┐
│ UIAbilityContext│──│ UIAbility │ UIAbility│  │ UIAbility │ ServiceExtensionAbility│──│ServiceExtensionContext│
└─────────────────┘  └─────────────────────┘  └──────────────────┘  └─────────────────────┘
┌─────────────────┐  ┌─────────────────────┐  ┌──────────────────┐  ┌─────────────────────┐
│AbilityStageContext│─│    AbilityStage     │  │   AbilityStage   │──│ AbilityStageContext │
└─────────────────┘  │        HAP          │  │       HAP        │  └─────────────────────┘
                     └─────────────────────┘  └──────────────────┘
                              Application(App包)
                              ApplicationContext            ──→ 表示持有关系
```

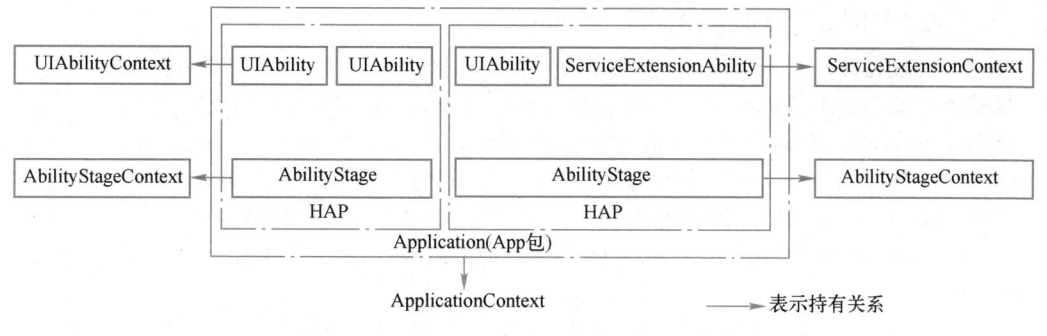

图 6-5 各类 Context 的持有关系

```
import UIAbility from '@ohos.app.ability.UIAbility';
import type AbilityConstant from '@ohos.app.ability.AbilityConstant';
import type Want from '@ohos.app.ability.Want';
export default class EntryAbility extends UIAbility {
  onCreate(want: Want, launchParam: AbilityConstant.LaunchParam): void {
    let uiAbilityContext = this.context;
    // …
  }
}
```

2）获取特定场景 ExtensionContext。以 ServiceExtensionContext 为例，它表示后台服务的上下文环境，继承自 ExtensionContext，提供后台服务相关的接口能力。

```
import ServiceExtensionAbility from '@ohos.app.ability.ServiceExtensionAbility';
import Want from '@ohos.app.ability.Want';
export default class MyService extends ServiceExtensionAbility {
  onCreate(want: Want) {
    let serviceExtensionContext = this.context;
    // …
  }
}
```

3）获取 AbilityStageContext。它是 Module 级别的 Context，和基类 Context 相比，它额外提供 HapModuleInfo、Configuration 等信息。

```
import AbilityStage from '@ohos.app.ability.AbilityStage';
export default class MyAbilityStage extends AbilityStage {
  onCreate(): void {
    let abilityStageContext = this.context;
    // …
  }
}
```

4）获取 ApplicationContext。它是应用级别的 Context。ApplicationContext 在基类 Context 的基础上提供了订阅应用内应用组件的生命周期变化、订阅系统内存变化和订阅应用内系统环境变

187

化的能力，在 UIAbility、ExtensionAbility、AbilityStage 中均可以获取。

```
import UIAbility from '@ohos.app.ability.UIAbility';
import type AbilityConstant from '@ohos.app.ability.AbilityConstant';
import type Want from '@ohos.app.ability.Want';
export default class EntryAbility extends UIAbility {
  onCreate(want: Want, launchParam: AbilityConstant.LaunchParam): void {
    let applicationContext = this.context.getApplicationContext();
    // …
  }
}
```

6.3.5 信息传递载体 Want

1. Want 概述

Want 是一种对象，用于在应用组件之间传递信息。其常见的使用场景之一是作为 startAbility() 方法的参数。例如，当 UIAbilityA 需要启动 UIAbilityB 并向 UIAbilityB 传递一些数据时，可以使用 Want 作为一个载体，将数据传递给 UIAbilityB。图 6-6 所示为 Want 用法示意。

图 6-6　Want 用法示意

Want 可以分为显式 Want 和隐式 Want 两种类型。

（1）显式 Want

在启动目标应用组件时，若在调用方传入的 Want 参数中指定了 abilityName 和 bundleName，则称为显式 Want。

显式 Want 通常用于在当前应用中启动已知的目标应用组件，通过提供目标应用组件所在应用的 Bundle 名称信息（bundleName）并在 Want 对象内指定 abilityName 来启动目标应用组件。当有明确处理请求的对象时，显式 Want 是一种简单、有效的应用组件启动方式。

```
import Want from '@ohos.app.ability.Want';

let wantInfo: Want = {
  deviceId: '', // deviceId 为空，表示本设备
  bundleName: 'com.example.myapplication',
  abilityName: 'FuncAbility',
}
```

（2）隐式 Want

在启动目标应用组件时，若在调用方传入的 Want 参数中未指定 abilityName，则称为隐式 Want。

当需要处理的对象不明确时，可以使用隐式 Want，即在当前应用中使用其他应用提供的某个能力，而不关心提供该能力的具体应用。隐式 Want 通过 skills 标签来定义需要使用的能力，并由系统匹配所有声明支持该请求的应用来处理请求。例如，打开一个链接的请求，系统将匹配所有声明支持该请求的应用，然后让用户选择该使用哪个应用打开链接。

```
import Want from '@ohos.app.ability.Want';

let wantInfo: Want = {
  // 如要在特定 Bundle 中隐式查询，可取消下面行的注释
  // bundleName: 'com.example.myapplication',
  action: 'ohos.want.action.search',
  // entities 字段可省略
  entities: [ 'entity.system.browsable'],
  uri: 'https://www.test.com:8080/query/student',
  type: 'text/plain',
};
```

说明：

根据系统中待匹配应用组件的匹配情况不同，使用隐式 Want 启动应用组件时会出现以下三种情况。

① 未匹配到满足条件的应用组件：启动失败。

② 匹配到一个满足条件的应用组件：直接启动该应用组件。

③ 匹配到多个满足条件的应用组件（UIAbility）：弹出选择框让用户选择。

而对于启动 ServiceExtensionAbility 要注意的是：若调用方传入的 Want 参数中带有 abilityName，则不允许通过隐式 Want 启动 ServiceExtensionAbility；若调用方传入的 Want 参数中带有 bundleName，则允许使用 startServiceExtensionAbility( ) 方法隐式 Want 启动 ServiceExtension-Ability，默认返回优先级最高的 ServiceExtensionAbility，如果优先级相同，返回第一个。

2. 显式 Want 与隐式 Want 的匹配规则

在启动目标应用组件时，会通过显式 Want 或者隐式 Want 进行目标应用组件的匹配，这里说的匹配规则就是调用方传入的 Want 参数中设置的参数如何与目标应用组件声明的配置文件进行匹配。

（1）显式 Want 的匹配规则

显式 Want 的匹配规则见表 6-2。

表 6-2　显式 Want 的匹配规则

名　　称	类　　型	匹配项	必选	规　　则
deviceId	string	是	否	如果未指定 deviceId，将仅匹配本设备内的应用组件
bundleName	string	是	是	如果指定 abilityName，而不指定 bundleName，则匹配失败
moduleName	string	是	否	如果未指定 moduleName，当同一个应用内存在多个模块且模块间存在重名应用组件时，将默认匹配第一个模块
abilityName	string	是	是	当要显示匹配目标应用组件时，该字段必须设置

189

(续)

名　　称	类　　型	匹配项	必选	规　　则
uri	string	否	否	系统匹配时将忽略该参数，但仍可作为参数传递给目标应用组件
type	string	否	否	系统匹配时将忽略该参数，但仍可作为参数传递给目标应用组件
action	string	否	否	系统匹配时将忽略该参数，但仍可作为参数传递给目标应用组件
entities	Array\<string\>	否	否	系统匹配时将忽略该参数，但仍可作为参数传递给目标应用组件
flags	number	否	否	不参与匹配，直接传递给系统处理，一般用来设置运行态信息，例如 URI 数据授权等
parameters	{[key: string]: Object}	否	否	不参与匹配，应用自定义数据将直接传递给目标应用组件

（2）隐式 Want 的匹配规则

隐式 Want 的匹配规则见表 6-3。

表 6-3　隐式 Want 的匹配规则

名　　称	类　　型	匹配项	必选	规　　则
deviceId	string	是	否	目前不支持跨设备隐式调用
abilityName	string	否	否	当要隐式匹配目标应用组件时，该字段必须留空
bundleName	string	是	否	匹配对应应用包内的目标应用组件
moduleName	string	是	否	匹配对应 Module 内的目标应用组件
uri	string	是	否	Want 参数的 uri 匹配规则
type	string	是	否	Want 参数的 type 匹配规则
action	string	是	否	Want 参数的 action 匹配规则
entities	Array\<string\>	是	否	Want 参数的 entities 匹配规则
flags	number	否	否	不参与匹配，直接传递给系统处理，一般用来设置运行态信息，例如 URI 数据授权等
parameters	{[key: string]: Object}	否	否	不参与匹配，应用自定义数据将直接传递给目标应用组件

从隐式 Want 的定义，可得知：调用方传入的 Want 参数用于声明调用方需要执行的操作，并提供相关数据以及目标应用的类型约束；待匹配应用组件的 skills 配置用于（module.json5 配置文件中的 skills 标签参数）声明其具备的能力。

系统将调用方传入的 Want 参数（包含 action、entities、uri 和 type 属性）与已安装待匹配应用组件的 skills 配置（包含 actions、entities、uris 和 type 属性）依次进行匹配。当四个属性都不匹配时，隐式匹配失败。当四个属性均匹配成功时，此应用才会被应用选择器展示给用户进行选择。

6.3.6　进程模型

系统的进程模型如图 6-7 所示。

应用中同一 Bundle 名称的所有 UIAbility、ServiceExtensionAbility 和 DataShareExtensionAbility 均运行在同一个独立进程（主进程）中，如图 6-7 中的 Main Process。

应用中同一 Bundle 名称的所有同一类型 ExtensionAbility（除 ServiceExtensionAbility 和 DataShareExtensionAbility 外）均运行在一个独立进程中，如图 6-7 中的 FormExtensionAbility Process、InputMethodExtensionAbility Process，以及其他 ExtensionAbility Process。

WebView 拥有独立的渲染进程，如图 6-7 中的 Render Process。

执行 hdc shell 命令，进入设备的 shell 命令行。在 shell 命令行中，执行 ps -ef 命令，可以查看所有正在运行的进程信息。

基于上述模型，系统应用可以通过申请多进程权限实现多进程能力，如图 6-8 所示。为指定 HAP 配置一个自定义进程名，该 HAP 中的 UIAbility、DataShareExtensionAbility、ServiceExtensionAbility 就会运行在自定义进程（Custom Process）中。不同的 HAP 可以通过配置不同的进程名运行在不同进程中。

图 6-7　进程模型示意图

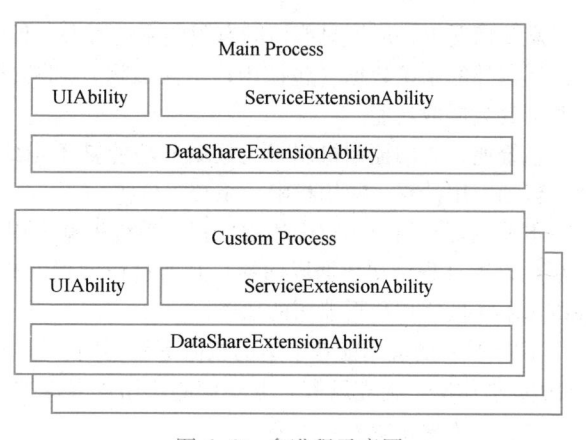

图 6-8　多进程示意图

基于当前的进程模型，针对应用间和应用内存在多个进程的情况，系统提供了公共事件机制实现进程间通信。公共事件机制多用于一对多的通信场景，公共事件发布者可能存在多个订阅者同时接收事件的情况。

6.3.7　线程模型

Stage 模型下的线程主要有如下三类。

（1）主线程

主线程的功能包括：

➢ 执行 UI 绘制。

➢ 管理主线程的 ArkTS 引擎实例，使多个 UIAbility 组件能够运行在其之上。
➢ 管理其他线程的 ArkTS 引擎实例，例如使用 TaskPool（任务池）创建任务或取消任务、启动和终止 Worker 线程。
➢ 分发交互事件。
➢ 处理应用代码的回调，包括事件处理和生命周期管理。
➢ 接收 TaskPool 以及 Worker 线程发送的消息。

（2）TaskPool Worker 线程

TaskPool Worker 线程用于执行耗时操作，支持设置调度优先级和负载均衡等功能，是推荐使用的线程管理方案。

（3）Worker 线程

Worker 线程用于执行耗时操作，支持线程间通信。

同一线程中存在多个组件，例如 UIAbility 组件和 UI 组件都存在于主线程中。在 Stage 模型中，目前主要使用 EventHub 进行数据通信。

执行 hdc shell 命令，进入设备的 shell 命令行。在 shell 命令行中，输入"ps -p <pid> -T"命令，可以查看指定应用进程的线程信息。其中，<pid>为需要指定的应用进程的进程 ID。

6.4 程序访问控制

默认情况下，应用只能访问有限的系统资源。但某些情况下，应用存在扩展功能的诉求，需要访问额外的系统数据（包括用户个人数据）和功能，系统也必须以明确的方式对外提供接口来共享其数据或功能。

系统通过访问控制机制避免数据或功能被不当或恶意使用。当前的访问控制机制涉及多方面，包括应用沙箱、应用权限、系统控件等。

本节主要介绍应用权限相关知识。系统根据应用的 APL（Ability Privilege Level，元能力权限等级）设置进程域和数据域标签，并通过访问控制机制限制应用可访问的数据范围，从而实现在机制上降低应用数据泄露的风险。

不同 APL 的应用能够申请的权限等级不同，且不同的系统资源（如通讯录等）或系统能力（如访问摄像头、麦克风等）受不同的应用权限保护。通过严格的分层权限保护，能够有效抵御恶意攻击，确保系统安全可靠。

6.4.1 应用权限概述

系统提供了一种允许应用访问系统资源（如通讯录等）和系统能力（如访问摄像头、麦克风等）的通用权限访问方式，来保护系统数据（包括用户个人数据）或功能，避免它们被不当或恶意使用。

应用权限保护的对象可以分为数据和功能。

① 数据：包括个人数据（如照片、通讯录、日历、位置等）、设备数据（如设备标识、相机、麦克风等）。

② 功能：包括设备功能（如访问摄像头/麦克风、打电话、联网等）、应用功能（如弹出悬浮窗、创建快捷方式等）。

在申请应用权限前,需要先了解 TokenID、APL、授权方式和访问控制列表(ACL)等基本概念。

(1) TokenID

系统采用 TokenID(Token Identity)作为应用的唯一标识。权限管理服务通过应用的 TokenID 来管理应用的 AT(Access Token)信息,包括应用身份标识 APP ID、子用户 ID、应用分身索引信息、应用 APL、应用权限授权状态等。在资源使用时,系统将以 TokenID 作为唯一身份标识,通过映射获取对应应用的权限授权状态信息,并依此进行鉴权,从而管控应用的资源访问行为。

值得注意的是,系统支持多用户特性和应用分身特性,同一个应用在不同的子用户下和不同的应用分身下会有各自的 AT,而这些 AT 的 TokenID 也是不同的。

(2) APL

为了防止应用过度索取和滥用权限,系统基于 APL 配置了不同的权限开放范围。这里的 APL 指的是应用的权限申请优先级的定义,不同 APL 的应用能够申请的权限等级不同。

1)应用 APL。应用 APL 可以分为如表 6-4 所示的三个等级,从上到下等级依次提高。

表 6-4 应用 APL

等 级	说 明
normal	默认情况下,应用的 APL 都为 normal 等级
system_basic	该等级的应用服务提供系统基础服务
system_core	该等级的应用服务提供操作系统核心能力。普通应用的 APL 不允许配置为 system_core

2)权限 APL。根据权限对于不同等级应用有不同的开放范围,权限类型对应分为如表 6-5 所示的三个等级,从上到下等级依次提高。

表 6-5 权限 APL

等 级	说 明	开 放 范 围
normal	允许应用访问默认规则之外的普通系统资源,如配置 Wi-Fi 信息、调用相机拍摄等。这些系统资源的开放(包括数据和功能)对用户隐私以及其他应用带来的风险低	APL 为 normal 及以上的应用
system_basic	允许应用访问操作系统基础服务(系统提供或者预置的基础功能)相关的资源,如系统设置、身份认证等。这些系统资源的开放对用户隐私以及其他应用带来的风险较高	APL 为 system_basic 及以上的应用
system_core	涉及开放操作系统核心资源的访问操作。这部分系统资源是系统最核心的底层服务,如果遭受破坏,操作系统将无法正常运行	APL 为 system_core 的应用。仅对系统应用开放

(3) 授权方式

根据授权方式的不同,权限类型可分为 system_grant(系统授权)和 user_grant(用户授权)。

1)system_grant(系统授权)。在该类型的权限许可下,应用被允许访问的数据不会涉及用户或设备的敏感信息,应用被允许执行的操作对系统或者其他应用产生的影响可控。

如果在应用中申请了 system_grant 权限,那么系统会在用户安装应用时自动把相应权限授予给应用。

2)user_grant(用户授权)。在该类型的权限许可下,应用被允许访问的数据将会涉及用户或设备的敏感信息,应用被允许执行的操作可能对系统或者其他应用产生严重的影响。

该类型权限不仅需要在安装包中申请权限，还需要在应用动态运行时，通过发送弹窗的方式请求用户授权。在用户手动允许授权后，应用才会真正获取相应权限，从而成功访问操作目标对象。

例如，在应用权限列表中，麦克风和摄像头对应的权限都属于用户授权权限，且列表中给出了详细的权限使用理由。应用需要在应用商店的详情页面向用户展示所申请的 user_grant 权限列表。

3）权限组和子权限。为了尽可能减少系统弹出的权限弹窗数量，优化交互体验，系统将逻辑紧密相关的 user_grant 权限组合在一起，形成多个权限组。

当应用请求权限时，同一个权限组的权限将会在一个弹窗内一起请求用户授权。权限组中的某个权限，称之为该权限组的子权限。

权限组和权限的归属关系并不是固定不变的，一个权限所属的权限组有可能发生变化。

（4）访问控制列表（ACL）

如上所述，权限 APL 和应用 APL 是一一对应的。原则上，拥有低等级的应用默认无法申请更高等级的权限。访问控制列表（Access Control List，ACL）提供了解决低等级应用访问高等级权限问题的特殊渠道。

系统权限均定义了"ACL 使能"字段，当该权限的 ACL 使能为 true 时，应用可以使用 ACL 方式跨级别申请该权限。具体单个权限的定义，可参考应用权限列表。

场景举例：如开发者正在开发 APL 为 normal 的 A 应用，由于功能场景需要，A 应用需要申请等级为 system_basic 的 P 权限。在 P 权限的 ACL 使能为 true 的情况下，A 应用可以通过 ACL 方式跨级申请 P 权限。

6.4.2　选择申请权限的方式

应用在访问数据或者执行操作时，需要评估该行为是否需要应用具备相关的权限。如果确认需要目标权限，则需要在应用安装包中申请目标权限。

每一个权限的权限等级、授权方式不同，申请权限的方式也不同，开发者在申请权限前，需要先根据图 6-9 所示的流程图判断应用能否申请目标权限。

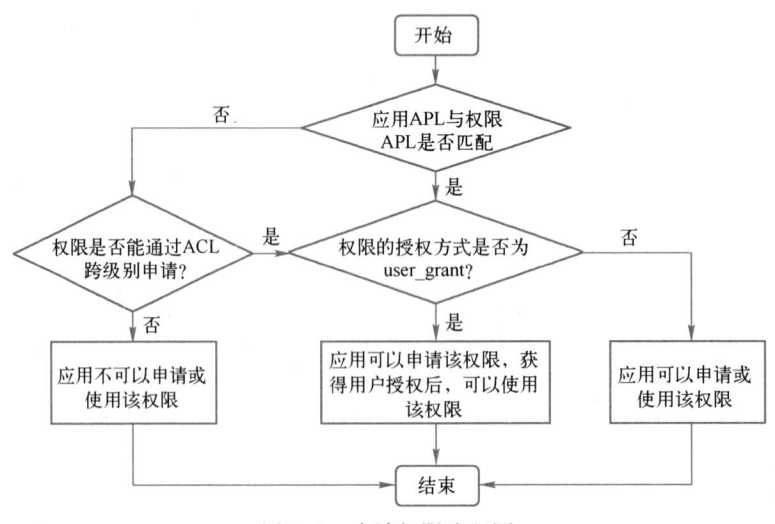

图 6-9　申请权限流程图

1. normal 等级的应用申请权限

根据 6.4.1 节关于应用权限的介绍，本节讨论 normal 等级的应用申请权限。表 6-6 所示为 normal 等级的应用权限授权方式。

表 6-6　normal 等级的应用权限授权方式

权限等级	授权方式	ACL 使能（是否通过 ACL 跨级别申请）	操作路径
normal	system_grant	—	声明权限 > 访问接口
normal	user_grant	—	声明权限>向用户申请授权>访问接口
system_basic	system_grant	true	声明权限>声明 ACL 权限>访问接口
system_basic	user_grant	true	声明权限>声明 ACL 权限>向用户申请授权>访问接口

说明：如果权限等级为 system_basic，ACL 使能为 false，则 normal 等级的应用无法申请该权限。

2. system_basic 等级的应用申请权限

表 6-7 所示为 system_basic 等级的应用权限授权方式。

表 6-7　system_basic 等级的应用权限授权方式

权限等级	授权方式	ACL 使能	操作路径
normal、system_basic	system_grant	—	声明权限>访问接口
normal、system_basic	user_grant	—	声明权限>向用户申请授权>访问接口
system_core	system_grant	true	声明权限>声明 ACL 权限>访问接口
system_core	user_grant	true	声明权限>声明 ACL 权限>向用户申请授权>访问接口

如果应用需要将自身的 APL 声明为 system_basic 及以上，在开发应用安装包时，需要修改应用的 HarmonyAppProvision 配置文件，即 SDK 目录下的"Toolchains/_{Version}_/lib/UnsignedReleasedProfileTemplate.json"文件，并重新进行应用签名。

修改方式：HarmonyAppProvision 配置文件示例如下所示，修改 bundle-info 下的 apl 字段。

```
"bundle-info" : {
    // …
    "apl": "system_basic",
    // …
},
```

6.4.3　声明权限

应用在申请权限时，需要在项目的配置文件中逐个声明需要的权限，否则应用将无法获取授权。应用需要在 module.json5 配置文件的 requestPermissions 标签中声明权限。表 6-8 所示为声明权限的相关属性。

表 6-8　声明权限的相关属性

属　性	说　明	取 值 范 围
name	必选，填写需要使用的权限名称	必须是系统已定义的权限
reason	可选，当申请的权限为 user_grant 时此字段必填，用于描述申请权限的原因。 说明：该字段用于应用上架校验，当申请的权限为 user_grant 权限时必填，并且需要进行多语种适配	使用 string 类资源引用。格式为 $string：×××
usedScene	可选，当申请的权限为 user_grant 权限时此字段必填。该属性通过 abilities 和 when 标签描述权限使用的场景。其中，abilities 可以配置为多个 UIAbility 组件，when 表示调用时机。 说明：默认为可选，当申请的权限为 user_grant 权限时，abilities 标签必填，when 标签可选	abilities：UIAbility 或者 ExtensionAbility 组件的名称。 when：inuse（使用时）、always（始终）

示例 6-4：声明权限的示例

```
{
  "module" : {
    // …
    "requestPermissions":[
      {
        "name" : "ohos.permission.PERMISSION1",
        "reason": "$string:reason",
        "usedScene": {
          "abilities": [
            "FormAbility"
          ],
          "when":"inuse"
        }
      },
      {
        "name" : "ohos.permission.PERMISSION2",
        "reason": "$string:reason",
        "usedScene": {
          "abilities": [
            "FormAbility"
          ],
          "when":"always"
        }
      }
    ]
  }
}
```

6.4.4 声明 ACL 权限

当应用申请权限以访问必要的资源时，发现部分权限 APL 比应用 APL 高，开发者可以选择通过 ACL 方式来解决等级不匹配的问题。

例如，如果应用需要使用全局悬浮窗，需要申请 ohos.permission.SYSTEM_FLOAT_WINDOW 权限，该权限属于 system_basic 等级。如果应用需要截取屏幕图像，则需要申请 ohos.permission.CAPTURE_SCREEN 权限，该权限属于 system_core 等级。此时，normal 等级的应用需要跨级别申请该权限。

本节提供两种方式供应用调试阶段使用。这两种方式均不可用于发布上架应用市场，如果需要开发商用版本的应用，须在对应的应用市场进行证书发布和签名文件的申请。

方式一：通过 DevEco Studio 完成 ACL 方式跨级别申请权限。

方式二：直接修改 HarmonyAppProvision 配置文件。

1）打开 HarmonyAppProvision 配置文件，即 SDK 目录下的"Sdk/OpenHarmony/_{Version}_/toolchains/lib/UnsignedReleasedProfileTemplate.json"文件。

2）修改 acls 下的 allowed-acls 字段。

```
{
  // …
  "acls":{
    "allowed-acls":[
      "ohos.permission.WRITE_AUDIO",
      "ohos.permission.CAPTURE_SCREEN"
    ]
  }
}
```

3）重新进行应用签名。

6.4.5 向用户申请授权

当应用需要访问用户的隐私信息或使用系统能力时，例如获取位置信息、访问日历、使用相机拍摄照片或录制视频等操作，应该向用户请求授权，这部分权限是 user_grant 权限。

当应用申请 user_grant 权限时，需要完成以下步骤：

1）在配置文件中，声明应用需要请求的权限。

2）将应用中需要申请权限的目标对象与对应目标权限进行关联，让用户明确地知道，哪些操作需要用户向应用授予指定的权限。

3）运行应用时，在用户触发操作目标对象访问时应该调用相应接口，精准触发动态授权弹窗。该接口的内部会检查当前用户是否已经授权应用所需的权限，如果当前用户尚未授予应用所需的权限，该接口会拉起动态授权弹窗，向用户请求授权。

4）检查用户的授权结果，只有确认用户已授权才可以进行下一步操作。

本小节主要介绍如何完成步骤3）和4）。以申请使用麦克风权限为例进行说明。

① 申请 ohos.permission.MICROPHONE 权限。

② 校验当前是否已经授权。在进行权限申请之前，需要先检查当前应用程序是否已经被授予权限。可以通过调用 checkAccessToken( ) 方法来校验当前是否已经授权。如果已经授权，则可以直接访问目标操作，否则需要进行下一步操作，即向用户申请授权。

```
import bundleManager from '@ohos.bundle.bundleManager';
import abilityAccessCtrl, { Permissions } from '@ohos.abilityAccessCtrl';
import { BusinessError } from '@ohos.base';
const permissions: Array<Permissions> = ['ohos.permission.MICROPHONE'];
async function checkAccessToken (permission: Permissions): Promise < abilityAccessCtrl.GrantStatus> {
  let atManager: abilityAccessCtrl.AtManager = abilityAccessCtrl.createAtManager();
  let grantStatus: abilityAccessCtrl.GrantStatus = abilityAccessCtrl.GrantStatus.PERMISSION_DENIED;
  // 获取应用程序的 accessTokenId
  let tokenId: number = 0;
  try {
     let bundleInfo: bundleManager.BundleInfo = await bundleManager.getBundleInfoForSelf(bundleManager.BundleFlag.GET_BUNDLE_INFO_WITH_APPLICATION);
     let appInfo: bundleManager.ApplicationInfo = bundleInfo.appInfo;
     tokenId = appInfo.accessTokenId;
  } catch (error) {
    const err: BusinessError = error as BusinessError;
    console.error(`Failed to get bundle info for self. Code is ${err.code}, message is ${err.message}`);
  }
  // 校验应用是否被授予权限
  try {
    grantStatus = await atManager.checkAccessToken(tokenId, permission);
  } catch (error) {
    const err: BusinessError = error as BusinessError;
    console.error(`Failed to check access token. Code is ${err.code}, message is ${err.message}`);
  }
  return grantStatus;
}
async function checkPermissions(): Promise<void> {
  let grantStatus: abilityAccessCtrl.GrantStatus = await checkAccessToken (permissions[0]);
  if (grantStatus === abilityAccessCtrl.GrantStatus.PERMISSION_GRANTED) {
    // 已经授权，可以继续访问目标操作
    ...
  } else {
```

```
    //申请麦克风权限
    ...
  }
}
```

③ 动态向用户申请授权。动态向用户申请权限是指在应用程序运行时向用户请求授权的过程。可以通过调用 requestPermissionsFromUser() 方法来实现。该方法接收一个权限列表参数，例如位置、日历、相机、麦克风等。用户可以选择授予权限或者拒绝授权。

可以在 UIAbility 的 onWindowStageCreate() 回调中调用 requestPermissionsFromUser() 方法来动态申请权限，也可以根据业务需要在 UI 中向用户申请授权。

在 UIAbility 中向用户申请授权。

```
import UIAbility from '@ohos.app.ability.UIAbility';
import window from '@ohos.window';
import abilityAccessCtrl, { Permissions } from '@ohos.abilityAccessCtrl';
import common from '@ohos.app.ability.common';
import { BusinessError } from '@ohos.base';

const permissions: Array<Permissions> = ['ohos.permission.MICROPHONE'];
function requestPermissionsFromUser(permissions: Array<Permissions>, context: common.UIAbilityContext): void {
  let atManager: abilityAccessCtrl.AtManager = abilityAccessCtrl.createAtManager();
  // requestPermissionsFromUser 通过判断权限的授权状态决定是否唤起弹窗
  atManager.requestPermissionsFromUser(context, permissions).then((data) => {
    let grantStatus: Array<number> = data.authResults;
    let length: number = grantStatus.length;
    for (let i = 0; i < length; i++) {
      if (grantStatus[i] === 0) {
        // 用户授权，可以继续访问目标操作
        ...
      } else {
        // 用户拒绝授权，提示用户必须授权才能访问当前页面的功能，并引导用户到系统设置中打开相应的权限
        ...
        return;
      }
    }
    // 授权成功
  }).catch((err: BusinessError) => {
    console.error(`Failed to request permissions from user. Code is ${err.code}, message is ${err.message}`);
  })
}
```

```typescript
export default class EntryAbility extends UIAbility {
  onWindowStageCreate(windowStage: window.WindowStage): void {
    requestPermissionsFromUser(permissions, this.context);
    // …
  }

  // …
}
```

在 UI 中向用户申请授权。

```typescript
import abilityAccessCtrl, { Permissions } from '@ohos.abilityAccessCtrl';
import common from '@ohos.app.ability.common';
import { BusinessError } from '@ohos.base';
const permissions: Array<Permissions> = ['ohos.permission.MICROPHONE'];
function requestPermissionsFromUser(permissions: Array<Permissions>, context: common.UIAbilityContext): void {
  let atManager: abilityAccessCtrl.AtManager = abilityAccessCtrl.createAtManager();
  // requestPermissionsFromUser 通过判断权限的授权状态决定是否唤起弹窗
  atManager.requestPermissionsFromUser(context, permissions).then((data) => {
    let grantStatus: Array<number> = data.authResults;
    let length: number = grantStatus.length;
    for (let i = 0; i < length; i++) {
      if (grantStatus[i] === 0) {
        // 用户授权，可以继续访问目标操作
        …
      } else {
        // 用户拒绝授权，提示用户必须授权才能访问当前页面的功能，并引导用户到系统设置中打开相应的权限
        …
        return;
      }
    }
    // 授权成功
  }).catch((err: BusinessError) => {
    console.error(`Failed to request permissions from user. Code is ${err.code}, message is ${err.message}`);
  })
}
@Entry
@Component
struct Index {
  aboutToAppear() {
    const context: common.UIAbilityContext = getContext(this) as common.UIAbilityContext;
```

```
    requestPermissionsFromUser(permissions, context);
  }

  build() {
    // …
  }
}
```

④ 处理授权结果。调用 requestPermissionsFromUser( )方法后，应用程序将等待用户授权的结果。如果用户授权，则可以继续访问目标操作。如果用户拒绝授权，则需要提示用户必须授权才能访问当前页面的功能，并引导用户到系统设置中打开相应的权限。

```
import Want from '@ohos.app.ability.Want';
import common from '@ohos.app.ability.common';
import { BusinessError } from '@ohos.base';
function openPermissionsInSystemSettings(context:common.UIAbilityContext): void {
  let wantInfo: Want = {
    action: 'action.settings.app.info',
    parameters: {
      settingsParamBundleName: 'com.example.myapplication'   // 打开指定应用的详情页面
    }
  }
  context.startAbility(wantInfo).then(() => {
    // …
  }).catch((err: BusinessError) => {
    // …
  })
}
```

6.4.6　应用权限列表

应用权限列表可以对所有应用开放，也可以仅对系统应用开放，还可以仅对 MDM（Mobile Device Management，移动设备管理）应用开放。应用权限组列表则仅对 OpenHarmony 开放。本节主要介绍对所有应用开放的应用权限列表。

1. system_grant 权限列表

以下权限的授权方式均为 system_grant，申请方式请参考 6.4.3 节。表 6-9 所示为 system_grant 权限列表相关情况。

表 6-9　system_grant 权限列表

权限名称	说　　明	权限等级	起始版本
ohos.permission.USE_BLUETOOTH	允许应用查看蓝牙配置	normal	8
ohos.permission.GET_BUNDLE_INFO	允许查询应用的基本信息	normal	7

(续)

权 限 名 称	说　　明	权 限 等 级	起始版本
ohos.permission.PREPARE_APP_TERMINATE	允许应用关闭前执行自定义的预关闭动作	normal	10
ohos.permission.PRINT	允许应用获取打印框架的能力	normal	10
ohos.permission.DISCOVER_BLUETOOTH	允许应用配置本地蓝牙，查找远端设备并与之配对连接	normal	8
ohos.permission.ACCELEROMETER	允许应用读取加速度传感器的数据	normal	7
ohos.permission.ACCESS_BIOMETRIC	允许应用使用生物特征识别能力进行身份认证	normal	6
ohos.permission.ACCESS_NOTIFICATION_POLICY	在本设备上允许应用访问通知策略。仅当控制铃声从静音变为非静音时，需要申请该权限	normal	7
ohos.permission.GET_NETWORK_INFO	允许应用获取数据网络信息	normal	8
ohos.permission.GET_WIFI_INFO	允许应用获取 Wi-Fi 信息	normal	8
ohos.permission.GYROSCOPE	允许应用读取陀螺仪传感器的数据	normal	7
ohos.permission.INTERNET	允许使用 Internet 网络	normal	9
ohos.permission.KEEP_BACKGROUND_RUNNING	允许 Service Ability 在后台持续运行	normal	8
ohos.permission.NFC_CARD_EMULATION	允许应用实现卡模拟功能	normal	8
ohos.permission.NFC_TAG	允许应用读写 Tag 卡片	normal	7
ohos.permission.PRIVACY_WINDOW	允许应用将窗口设置为隐私窗口，禁止截屏录屏	在 API 9 和 API 10 中，权限等级为 system_basic；从 API 11 开始为 normal	9
ohos.permission.PUBLISH_AGENT_REMINDER	允许该应用使用后台代理提醒	normal	7
ohos.permission.SET_WIFI_INFO	允许应用配置 Wi-Fi 设备	normal	8
ohos.permission.VIBRATE	允许应用控制振动	normal	7
ohos.permission.CLEAN_BACKGROUND_PROCESSES	允许应用根据包名清理相关后台进程	normal	7
ohos.permission.COMMONEVENT_STICKY	允许应用发布粘性公共事件	normal	7
ohos.permission.MODIFY_AUDIO_SETTINGS	允许应用修改音频设置	normal	8

（续）

权 限 名 称	说　　明	权限等级	起始版本
ohos. permission. RUNNING_LOCK	允许应用获取运行锁，保证应用在后台的持续运行	normal	7
ohos. permission. SET_WALLPAPER	允许应用设置壁纸	normal	7
ohos. permission. ACCESS_CERT_MANAGER	允许应用进行证书查询及私有凭据查询等操作	normal	9
ohos. permission. hsdr. HSDR_ACCESS	允许应用访问安全检测与响应框架	normal	10
ohos. permission. RUN_DYN_CODE	允许应用运行动态代码	normal	11
ohos. permission. ACCESS_EXTENSIONAL_DEVICE_DRIVER	允许应用使用外接设备增强功能	normal	11

2. user_grant 权限列表

以下权限的授权方式均为 user_grant（用户授权），申请方式请参考 6.4.3 节。表 6-10 所示为 user_grant 权限列表相关情况。

表 6-10　user_grant 权限列表

权 限 名 称	说　　明	权限等级	起始版本
ohos. permission. ACCESS_BLUETOOTH	允许应用接入蓝牙并使用蓝牙能力，例如配对和连接外围设备等	normal	10
ohos. permission. MEDIA_LOCATION	允许应用访问用户媒体文件中的地理位置信息	normal	7
ohos. permission. APP_TRACKING_CONSENT	允许应用读取开放匿名设备标识符	normal	9
ohos. permission. ACTIVITY_MOTION	允许应用读取用户的运动状态	normal	7
ohos. permission. CAMERA	允许应用使用相机	normal	9
ohos. permission. DISTRIBUTED_DATASYNC	允许不同设备间的数据交换	normal	7
ohos. permission. LOCATION	允许应用获取设备的位置信息。申请该条件时，需要同时申请模糊位置权限 ohos. permission. APPROXIMATELY_LOCATION	normal	7
ohos. permission. APPROXIMATELY_LOCATION	允许应用获取设备的模糊位置信息	normal	9
ohos. permission. MICROPHONE	允许应用使用麦克风	normal	8
ohos. permission. READ_CALENDAR	允许应用读取日历信息	normal	8
ohos. permission. READ_HEALTH_DATA	允许应用读取用户的健康数据	normal	7
ohos. permission. READ_MEDIA	允许应用读取用户外部存储中的媒体文件信息	normal	7
ohos. permission. WRITE_CALENDAR	允许应用添加、移除或更改日历活动	normal	8
ohos. permission. WRITE_MEDIA	允许应用读写用户外部存储中的媒体文件信息	normal	7

6.5 方舟 UI 框架

6.5.1 方舟 UI 框架概述

本书在 5.6 节介绍了 ArkTS UI 范式的相关内容，它是基于 ArkTS 的声明式开发范式。ArkTS UI 范式注重简化 UI 开发过程，提高开发效率和代码的可读性、可维护性。通过声明式的写法，让开发者能够更直观地表达 UI 的设计意图，减少烦琐的命令式代码编写，专注于界面逻辑和交互效果的实现。而本节介绍的方舟 UI 框架（ArkUI 框架）是一个更为宽泛的概念，它是一个完整的开发框架，涵盖了多个方面的功能模块，包括但不限于 UI 渲染引擎、组件库管理、事件处理机制、与系统能力的交互接口等。它为整个 OpenHarmony 应用开发提供了一套基础的技术体系和规范。

实际上，针对不同的应用场景及技术背景，方舟 UI 框架提供了两种开发范式，分别是基于 ArkTS 的声明式开发范式（简称"声明式开发范式"）和兼容 JS 的类 Web 开发范式（简称"类 Web 开发范式"）。

声明式开发范式采用基于 TypeScript 声明式 UI 语法扩展而来的 ArkTS 语言，从组件、动画和状态管理三个维度提供 UI 绘制能力。

类 Web 开发范式采用经典的 HML、CSS、JavaScript 三段式开发方式，即使用 HML 标签文件搭建布局，使用 CSS 文件描述样式，使用 JavaScript 文件处理逻辑。该范式更符合 Web 前端开发者的习惯，便于快速将已有的 Web 应用改造成方舟 UI 框架应用。

图 6-10 所示为方舟 UI 框架示意图。

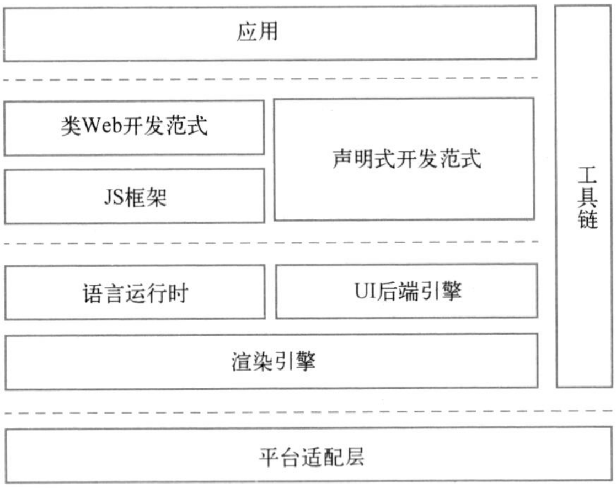

图 6-10 方舟 UI 框架示意图

6.5.2 方舟 UI 框架的组成

使用声明式开发范式的方舟 UI 框架是一套开发极简、高性能、支持跨设备的 UI 开发框架，它提供了构建应用 UI 所必需的能力，主要包括：

（1）ArkTS

ArkTS 是优选的主力应用开发语言，围绕应用开发在 TypeScript（简称 TS）生态基础上做了进一步扩展。扩展能力包含声明式 UI 描述、自定义组件、动态扩展 UI 元素、状态管理和渲染控制。

（2）布局

布局是 UI 的必要元素，它定义了组件在界面中的位置。ArkUI 框架提供了多种布局方式，除了基础的线性布局、层叠布局、弹性布局、相对布局、栅格布局外，也提供了相对复杂的列表、宫格、轮播。

（3）组件

组件是 UI 的必要元素，决定了界面元素的呈现形态。由框架直接提供的称为系统内置组件，由开发者定义的称为自定义组件。系统内置组件包括按钮、单选框、进度条、文本等。开发者可以通过链式调用的方式设置系统内置组件的渲染效果。开发者可以将系统内置组件组合为自定义组件，通过这种方式将页面组件化为一个个独立的 UI 单元，实现页面中不同单元的独立创建、开发和复用，使项目具有更强的工程性。

（4）页面路由和组件导航

应用可能包含多个页面，可通过页面路由实现页面间的跳转（读者可以回顾本书 4.4 节的示例）。一个页面内可能存在组件间的导航（如典型的分栏），可通过导航组件实现组件间的导航。

（5）图形

方舟 UI 框架提供了多种类型图片的显示能力和多种自定义绘制的能力，以满足开发者的自定义绘图需求，支持绘制形状、填充颜色、绘制文本、变形与裁剪、嵌入图片等操作。

（6）动画

动画是 UI 的重要元素之一。优秀的动画设计能够极大地提升用户体验，方舟 UI 框架提供了丰富的动画能力，除了组件内置的动画效果外，还包括属性动画、显式动画、自定义转场动画以及动画 API 等，开发者可以通过封装的物理模型或者调用动画能力 API 来实现自定义动画轨迹。

（7）交互事件

交互事件是 UI 和用户交互的必要元素。方舟 UI 框架提供了多种交互事件，除了触摸事件、鼠标事件、键盘按键事件、焦点事件等通用事件外，还包括基于通用事件进行进一步识别的手势事件。手势事件有单一手势，如单击手势、长按手势、拖动手势、捏合手势、旋转手势、滑动手势，以及通过单一手势事件进行组合的组合手势事件。

图 6-11 所示为基于 ArkTS 的声明式开发范式的方舟 UI 框架整体架构图。

图 6-11　基于 ArkTS 的声明式开发范式的方舟 UI 框架整体架构图

图 6-11 中，声明式 UI 前端提供了 UI 开发范式的基础语言规范，并提供内置的 UI 组件、布局和动画，提供了多种状态管理机制，为应用开发者提供一系列接口支持。

语言运行时（Run Time）选用方舟语言运行时，提供了针对 UI 范式语法的解析能力、跨语言调用支持的能力和 TS 语言高性能运行环境。

声明式 UI 后端引擎提供了兼容不同开发范式的 UI 渲染管线，提供多种基础组件，支持布局计算、动效和交互事件处理，提供了状态管理和绘制能力。

渲染引擎提供了高效的绘制能力，能够执行渲染管线收集的渲染指令，并将图像绘制到屏幕。

平台适配层提供了对系统平台的抽象接口，具备接入不同系统的能力，如系统渲染管线、生命周期调度等。

读者可以回顾 4.4 节介绍的 Stage 模型下的第一个 ArkTS 应用程序。

6.6　方舟 UI 框架的实现（基于声明式开发范式）

6.6.1　开发布局

1. 布局概述

组件按照布局的要求依次排列，构成应用的页面。在声明式 UI 中，所有的页面都是由自定义组件构成的，开发者可以根据自己的需求选择合适的布局进行页面开发。

布局指用特定的组件或者属性来管理用户页面所放置 UI 组件的大小和位置。在实际的开发过程中，需要遵循以下流程以保证整体的布局效果：

1）确定页面的布局结构。
2）分析页面中的元素构成。
3）选用适合的布局容器组件或属性控制页面中各个元素的位置和大小。

布局通常为分层结构，一个常见的页面结构如图 6-12 所示。

为实现上述效果，开发者需要在页面中声明对应的元素。其中，Page 表示页面的根节点，Column、Row 等元素为系统组件。针对不同的页面结构，ArkUI 提供了不同的布局组件来帮助开发者实现对应布局的效果，例如 Row 用于实现线性布局。

布局相关的容器组件可形成对应的布局效果，如图 6-13 所示。例如，List 组件可构成线性布局。

图 6-12　一个常见的页面结构

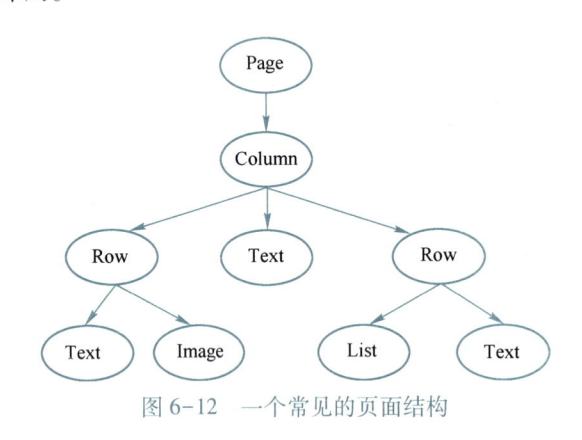

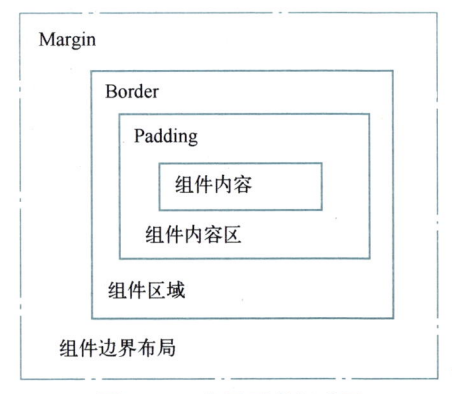

图 6-13　布局元素组成图

组件区域表示组件的大小，width、height 属性用于设置组件区域的大小。

组件内容区大小为组件区域大小减去组件的 border 值，组件内容区大小会作为测算组件内容（或者子组件）大小时的布局测算限制。

组件内容本身占用的大小（比如文本内容占用的大小）可能和组件内容区不匹配，比如设置了固定的 width 和 height，此时组件内容的大小就是设置的 width 和 height 减去 padding 和 border 值，但文本内容则是通过文本布局引擎测算后得到的大小，可能出现文本真实大小小于设置的组件内容区大小的情况。当组件内容和组件内容区大小不一致时，align 属性生效，该属性可以用来定义组件内容在组件内容区的对齐方式，如居中对齐。

组件通过 margin 属性设置外边距时，组件布局边界就是组件区域加上 margin 的大小。

声明式 UI 提供了如表 6-11 所示的 9 种常见布局，开发者可根据实际应用场景选择合适的布局进行页面开发。

表 6-11 9 种常见布局

布 局	应 用 场 景
线性布局（Row、Column）	如果布局内的子元素超过 1 个且能够以某种方式线性排列，优先考虑此布局
层叠布局（Stack）	组件需要有堆叠效果时优先考虑此布局。层叠布局的堆叠效果不会占用或影响其他同容器内子组件的布局空间。例如，Panel 作为子组件弹出时将其他组件覆盖更为合理，则优先考虑在外层使用堆叠布局
弹性布局（Flex）	弹性布局与线性布局类似，区别在于弹性布局默认能够使子组件压缩或拉伸。在子组件需要计算拉伸或压缩比例时优先使用此布局，可使得多个容器内子组件在视觉上有更好的填充效果
相对布局（RelativeContainer）	相对布局是二维空间中的布局方式，不需要遵循线性布局的规则，布局方式更为自由。通过在子组件上设置锚点规则（AlignRules），使子组件在横轴、纵轴上的位置与容器或容器内其他子组件对齐。设置的锚点规则可以支持子元素压缩、拉伸、堆叠或形成多行效果。在页面元素分布复杂或通过线性布局会使容器嵌套层数过深时推荐使用此布局
栅格布局（GridRow、GridCol）	栅格是多设备场景下通用的辅助定位工具，可将空间分割为有规律的单元。不同于网格布局固定的空间划分，栅格布局可以实现不同设备下不同的布局，空间划分更随心所欲，从而显著降低适配不同屏幕尺寸的设计及开发成本，使得整体设计和开发流程更有秩序和节奏感，同时也保证多设备上应用显示的协调性和一致性，提升用户体验。推荐内容相同但布局不同时使用此布局
媒体查询（@ohos.mediaquery）	媒体查询可根据不同设备类型或同设备不同状态修改应用的样式。例如根据设备和应用的不同属性信息设计不同的布局，以及屏幕发生动态改变时更新应用的页面布局
列表（List）	使用列表可以高效地显示结构化、可滚动的信息。在 ArkUI 中，列表具有垂直和水平布局能力和自适应交叉轴方向上排列个数的布局能力，超出屏幕时可以滚动。列表适合用于呈现同类数据类型或数据类型集，例如图片和文本
网格布局（Grid）	网格布局具有较强的页面均分能力、子元素占比控制能力。网格布局可以控制元素所占的网格数量、设置子元素横跨几行或者几列，当网格容器尺寸发生变化时，所有子元素以及间距将会等比例调整。推荐在需要按照固定比例或者均匀分配空间的布局场景下使用此布局，例如计算器、相册、日历等
轮播（Swiper）	轮播组件通常用于实现广告轮播、图片预览等

本节主要介绍最常用的线性布局。

2. 线性布局

线性布局（Linear Layout）是开发中最常用的布局，通过线性容器 Row 和 Column 构建。线性布局是其他布局的基础，其子元素在线性方向（水平方向和垂直方向）上依次排列。线性布局的排列方向由所选容器组件决定，Column 容器内的子元素按照垂直方向排列，Row 容器内的子元素按照水平方向排列。根据不同的排列方向，开发者可选择使用 Row 或 Column 容器创建线性布局。

（1）布局子元素在排列方向上的间距

在布局容器内，可以通过 space 属性设置排列方向上子元素的间距，使各子元素在排列方向上产生等间距效果。

示例 6-5：Column 容器排列方向上的间距

```
Column({ space: 20 }) {
  Text('space: 20').fontSize(15).fontColor(Color.Gray).width('90%')
  Row().width('90%').height(50).backgroundColor(0xF5DEB3)
  Row().width('90%').height(50).backgroundColor(0xD2B48C)
  Row().width('90%').height(50).backgroundColor(0xF5DEB3)
}.width('100%')
```

运行结果如图 6-14 所示。

（2）布局子元素在交叉轴上的对齐方式

在布局容器内，可以通过 alignItems 属性设置子元素在交叉轴（排列方向的垂直方向）上的对齐方式，且在各类尺寸屏幕中表现一致。其中，交叉轴为垂直方向时，取值为 VerticalAlign；交叉轴为水平方向时，取值为 HorizontalAlign。

alignSelf 属性用于控制单个子元素在容器交叉轴上的对齐方式，其优先级高于 alignItems 属性，如果设置了 alignSelf 属性，则它在单个子元素上会覆盖 alignItems 属性。

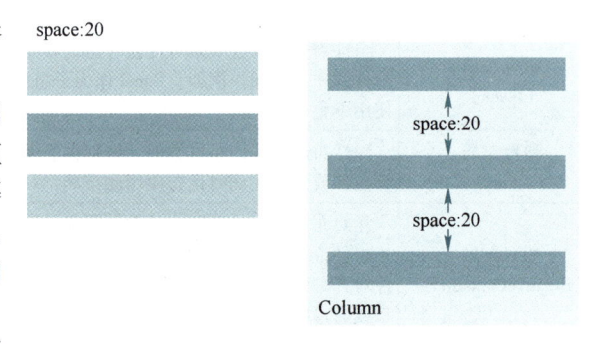

图 6-14 Column 容器排列方向上的间距

示例 6-6：Column 容器内子元素在水平方向上的排列

```
Column({}) {
  Column() {
  }.width('80%').height(50).backgroundColor(0xF5DEB3)

  Column() {
  }.width('80%').height(50).backgroundColor(0xD2B48C)

  Column() {
  }.width('80%').height(50).backgroundColor(0xF5DEB3)
}.width('100%').alignItems(HorizontalAlign.Start).backgroundColor('rgb(242,242,242)')
```

运行结果如图 6-15 所示。

第 6 章 程序框架服务和方舟 UI 框架

HorizontalAlign.Start HorizontalAlign.End
HorizontalAlign.Center

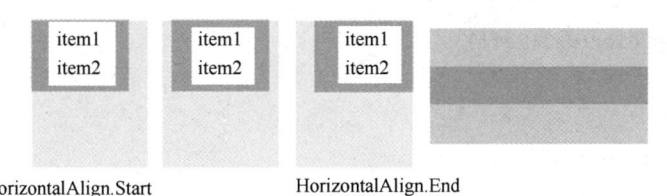

图 6-15　Column 容器内子元素在水平方向上的排列图

（3）布局子元素在主轴上的排列方式

在布局容器内，可以通过 justifyContent 属性设置子元素在容器主轴上的排列方式。可以从主轴起始位置开始排布，也可以从主轴结束位置开始排布，或者在主轴上均匀排布。

下面以 Column 容器内子元素在垂直方向上的排列为例介绍。justifyContent（FlexAlign.Start）：元素在垂直方向首端对齐，第一个元素与行首对齐，同时，后续的元素与前一个元素对齐。

示例 6-7：Column 容器内子元素在垂直方向上的排列

```
Column({}) {
  Column() {
  }.width('80%').height(50).backgroundColor(0xF5DEB3)

  Column() {
  }.width('80%').height(50).backgroundColor(0xD2B48C)

  Column() {
  }.width('80%').height(50).backgroundColor(0xF5DEB3)
}.width('100%').height(300).backgroundColor('rgb(242,242,242)').justifyContent(FlexAlign.Start)
```

6.6.2　添加组件

1. 按钮（Button）

Button 是按钮组件，通常用于响应用户的单击操作，其类型包括胶囊（Capsule）按钮、圆形（Circle）按钮、普通（Normal）按钮。Button 作为容器使用时可以通过添加子组件实现包含文字、图片等元素的按钮。

（1）创建按钮

可以通过调用接口来创建 Button，接口调用有以下两种形式。

1）创建不包含子组件的按钮。

```
Button(label?: ResourceStr, options?: { type?: ButtonType, stateEffect?: boolean })
```

其中，属性 label 用于设置按钮上的文字，type 用于设置按钮类型，stateEffect 用于设置按钮是否开启单击效果。

```
Button('Ok', { type: ButtonType.Normal, stateEffect: true })
  .borderRadius(8)
```

```
.backgroundColor(0x317aff)
.width(90)
.height(40)
```

运行结果如图 6-16 所示。

2) 创建包含子组件的按钮。

```
Button(options?: {type?: ButtonType, stateEffect?: boolean})
```

只支持包含一个子组件,子组件可以是基础组件或者容器组件。

示例 6-8:创建只支持包含一个子组件的按钮

```
Button({ type: ButtonType.Normal, stateEffect: true }) {
  Row() {
    Image($r('app.media.loading')).width(20).height(40).margin({ left: 12 })
    Text('loading').fontSize(12).fontColor(0xffffff).margin({ left: 5, right: 12 })
  }.alignItems(VerticalAlign.Center)
}.borderRadius(8).backgroundColor(0x317aff).width(90).height(40)
```

运行结果如图 6-17 所示。

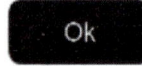

图 6-16 创建按钮运行结果(形式一)　　图 6-17 创建按钮运行结果(形式二)

(2) 设置按钮类型

Button 有三种可选类型,分别为胶囊按钮、圆形按钮和普通按钮,通过 type 进行设置。

1) 胶囊按钮(默认类型)。

胶囊按钮的圆角自动设置为高度的一半,不支持通过 borderRadius 属性重新设置圆角。

示例 6-9:创建胶囊按钮

```
Button('Disable', { type: ButtonType.Capsule, stateEffect: false })
  .backgroundColor(0x317aff)
  .width(90)
  .height(40)
```

运行结果如图 6-18 所示。

2) 圆形按钮。

圆形按钮的形状为圆形,不支持通过 borderRadius 属性重新设置圆角。

示例 6-10:创建圆形按钮

```
Button('Circle', { type: ButtonType.Circle, stateEffect: false })
  .backgroundColor(0x317aff)
  .width(90)
  .height(90)
```

运行结果如图 6-19 所示。

图 6-18 胶囊按钮　　　　　图 6-19 圆形按钮

3）普通按钮。

普通按钮默认的圆角为 0，支持通过 borderRadius 属性重新设置圆角。

示例 6-11：创建普通按钮

```
Button('Ok', { type: ButtonType.Normal, stateEffect: true })
  .borderRadius(8)
  .backgroundColor(0x317aff)
  .width(90)
  .height(40)
```

运行结果如图 6-20 所示。

(3) 自定义样式

可以自定义按钮样式，比如设置边框弧度、文本样式等，也可以创建功能型按钮。这里以删除操作创建一个按钮为例说明。

示例 6-12：创建删除操作按钮

```
let MarLeft: Record<string, number> = { 'left': 20 }
Button({ type: ButtonType.Circle, stateEffect: true }) {
  Image( $r('app.media.ic_public_delete_filled')).width(30).height(30)
}.width(55).height(55).margin(MarLeft).backgroundColor(0xF55A42)
```

运行结果如图 6-21 所示。

图 6-20 普通按钮　　　　　图 6-21 删除按钮

(4) 添加事件

Button 组件通常用于触发某些操作，可以绑定 onClick 事件来响应单击操作后的自定义行为。

示例 6-13：为按钮添加事件

```
Button('Ok', { type: ButtonType.Normal, stateEffect: true })
  .onClick(()=>{
    console.info('Button onClick')
  })
```

2. 单选框（Radio）

Radio 是单选框组件，通常用于为用户提供相应的交互选择项，同一组的 Radio 中只有一个可以被选中。

(1) 创建单选框

Radio 通过调用接口来创建，接口调用形式如下。

```
Radio(options: {value: string, group: string})
```

其中，value 是单选框的名称，group 是单选框的所属群组名称。checked 属性可以用于设置单选框的状态，其取值分别为 false 和 true，设置为 true 时表示单选框被选中。

Radio 支持设置选中状态和非选中状态的样式，不支持自定义形状。

示例 6-14：单选框

```
Radio({ value: 'Radio1', group: 'radioGroup'})
  .checked(false)
Radio({ value: 'Radio2', group: 'radioGroup'})
  .checked(true)
```

运行结果如图 6-22 所示。

（2）添加事件

除支持通用事件外，Radio 组件还用于选中后触发某些操作，可以绑定 onChange 事件来响应选中操作后的自定义行为。

图 6-22　单选框

示例 6-15：单选框添加事件

```
Radio({ value: 'Radio1', group: 'radioGroup'})
  .onChange((isChecked: boolean) => {
    if(isChecked) {
      // 需要执行的操作
      ...
    }
  })
Radio({ value: 'Radio2', group: 'radioGroup'})
  .onChange((isChecked: boolean) => {
    if(isChecked) {
      // 需要执行的操作
      ...
    }
  })
```

3. 切换按钮（Toggle）

Toggle 是切换组件，提供状态按钮、勾选框和开关三种样式，一般用于两种状态之间的切换。

（1）创建切换按钮

Toggle 通过调用接口来创建，接口调用形式如下。

```
Toggle(options: { type: ToggleType, isOn?: boolean })
Toggle(options: { type: ToggleType, isOn?: boolean })
```

其中，ToggleType 为开关类型，包括 Button、Checkbox 和 Switch，isOn 为切换按钮的状态。

从 API 11 开始，Checkbox 的默认样式由圆角方形变为圆形。

接口调用有以下两种形式：

1）创建不包含子组件的 Toggle。当 ToggleType 为 Checkbox 或者 Switch 时，用于创建不包含子组件的 Toggle。

示例6-16：创建不包含子组件的 Toggle

```
Toggle({ type: ToggleType.Checkbox, isOn: false })
Toggle({ type: ToggleType.Checkbox, isOn: true })
Toggle({ type: ToggleType.Switch, isOn: false })
Toggle({ type: ToggleType.Switch, isOn: true })
```

运行结果如图 6-23 所示。

2）创建包含子组件的 Toggle。当 ToggleType 为 Button 时，只能包含一个子组件，如果子组件设置有文本，则相应的文本内容会显示在按钮上。

示例6-17：创建包含子组件的 Toggle

```
Toggle({ type: ToggleType.Button, isOn: false }) {
  Text('status button')
    .fontColor('#182431')
    .fontSize(12)
}.width(100)
Toggle({ type: ToggleType.Button, isOn: true }) {
  Text('status button')
    .fontColor('#182431')
    .fontSize(12)
}.width(100)
```

运行结果如图 6-24 所示。

图 6-23 不包含子组件的 Toggle

图 6-24 包含子组件的 Toggle

（2）添加事件

除支持通用事件外，Toggle 还用于选中和取消选中后触发某些操作，可以绑定 onChange 事件来响应操作后的自定义行为。

示例6-18：Toggle 添加事件

```
Toggle({ type: ToggleType.Switch, isOn: false })
  .onChange((isOn: boolean) => {
      if(isOn) {
        // 需要执行的操作
        ...
      }
  })
```

4．进度条（Progress）

Progress 是进度条组件，其显示内容通常为目标操作的当前进度。

（1）创建进度条

Progress 通过调用接口来创建，接口调用形式如下：

Progress(options: {value: number, total?: number, type?: ProgressType})

其中，value 用于设置初始进度值，total 用于设置进度条总长度，type 用于设置进度条的样式。

示例 6-19：创建进度条

```
// 创建一个进度条总长度为 100、初始进度值为 24 的线性进度条
Progress({ value: 24, total: 100, type: ProgressType.Linear })
```

（2）设置进度条样式

Progress 有 5 种可选类型，包括：ProgressType. Linear（线性样式）、ProgressType. Ring（环形无刻度样式）、ProgressType. ScaleRing（环形有刻度样式）、ProgressType. Eclipse（圆形样式）和 ProgressType. Capsule（胶囊样式）。

本节主要介绍线性样式进度条和环形有刻度样式进度条。

1）线性样式进度条（默认类型）。从 API 9 开始，组件高度大于宽度时，自适应垂直显示；组件高度等于宽度时，保持水平显示。

示例 6-20：创建线性样式进度条

```
Progress({ value: 20, total: 100, type: ProgressType.Linear }).width(200).height(50)
Progress({ value: 20, total: 100, type: ProgressType.Linear }).width(50).height(200)
```

运行结果如图 6-25 所示。

2）环形有刻度样式进度条。

示例 6-21：创建环形有刻度样式进度条

```
Progress({ value: 20, total: 150, type: ProgressType.ScaleRing }).width(100).height(100)
    .backgroundColor(Color.Black)
    // 设置环形有刻度进度条的总刻度数为 20，刻度宽度为 5 vp
    .style({ scaleCount: 20, scaleWidth: 5 })
Progress({ value: 20, total: 150, type: ProgressType.ScaleRing }).width(100).height(100)
    .backgroundColor(Color.Black)
    // 设置环形有刻度进度条的进度条宽度为 15 vp，总刻度数为 20，刻度宽度为 5 vp
    .style({ strokeWidth: 15, scaleCount: 20, scaleWidth: 5 })
Progress({ value: 20, total: 150, type: ProgressType.ScaleRing }).width(100).height(100)
    .backgroundColor(Color.Black)
    // 设置环形有刻度进度条的进度条宽度为 15 vp，总刻度数为 20，刻度宽度为 3 vp
    .style({ strokeWidth: 15, scaleCount: 20, scaleWidth: 3 })
```

运行结果如图 6-26 所示。

图 6-25　线性样式进度条　　　　图 6-26　环形有刻度样式进度条

5. 文本显示（Text/Span）

Text 是文本组件，通常用于呈现用户界面中的文字信息，如文章内容、说明文字等。

（1）创建文本

Text 可通过直接使用字符串和引用资源两种方式来创建。

1）直接使用字符串。

示例 6-22：通过字符串创建文本

```
Text('我是一段文本')
```

2）引用资源。资源引用类型可以通过 $r 创建 Resource 类型对象，文件位置为/resources/base/element/string.json。

示例 6-23：通过引用资源创建文本

```
Text($r('app.string.module_desc'))
  .baselineOffset(0)
  .fontSize(30)
  .border({ width: 1 })
  .padding(10)
  .width(300)
```

（2）添加子组件

Span 只能作为 Text 和 RichEditor 组件的子组件显示文本内容。可以在一个 Text 内添加多个 Span 组件来显示一段信息，例如产品说明书、承诺书等。

1）创建 Span 组件。Span 组件需要写到 Text 组件内，单独写 Span 组件不会显示信息，当 Text 与 Span 同时配置文本内容时，Span 内容会覆盖 Text 内容。

示例 6-24：创建 Span 组件

```
Text('我是 Text') {
  Span('我是 Span')
}
.padding(10)
.borderWidth(1)
```

运行结果如图 6-27 所示。

2）Span 组件添加事件。由于 Span 组件无尺寸信息，因此其事件仅支持添加单击事件 onClick。

示例 6-25：Span 组件添加事件

图 6-27　创建 Span 组件

```
Text() {
  Span('I am Upper-span').fontSize(12)
    .textCase(TextCase.UpperCase)
    .onClick(()=>{
      console.info('我是 Span——onClick')
    })
}
```

(3) Text 组件添加事件

Text 组件可以添加通用事件，可以绑定 onClick、onTouch 等事件来响应操作。

示例 6-26：Text 添加事件

```
Text('点我')
  .onClick(()=>{
      console.info('我是 Text 的单击响应事件');
  })
```

6. 文本输入（TextInput/TextArea）

TextInput、TextArea 是输入框组件，通常用于响应用户的输入操作，比如评论区的输入、聊天框的输入、表格的输入等，也可以结合其他组件构建功能页面，例如登录注册页面。

(1) 创建输入框

TextInput 为单行输入框，TextArea 为多行输入框，它们可以通过以下接口来创建。

```
TextInput(value?:{placeholder?: ResourceStr,text?: ResourceStr, controller?: TextInputController})
TextArea(value?:{placeholder?: ResourceStr, text?: ResourceStr, controller?: TextAreaController})
```

1) 单行输入框。

```
TextInput()
```

2) 多行输入框。

```
TextArea()
```

多行输入框中的文字超出一行时会自动折行。

示例 6-27：多行输入框

```
TextArea({text:"我是 TextArea 我是 TextArea 我是 TextArea 我是 TextArea"}).width(300)
```

自动折行的效果如图 6-28 所示。

图 6-28　自动折行的效果

(2) 设置输入框类型

TextInput 有 10 种可选类型，分别为基本输入模式（Normal）、密码输入模式（Password）、邮箱地址输入模式（Email）、纯数字输入模式（Number）、电话号码输入模式（PhoneNumber）、用户名输入模式（USER_NAME）、新密码输入模式（NEW_PASSWORD）、纯数字密码输入模式（NUMBER_PASSWORD）、锁屏应用密码输入模式（SCREEN_LOCK_PASSWORD）、带小数点的数字输入模式（NUMBER_DECIMAL）。通过 type 属性设置输入框类型。

1) 基本输入模式（默认类型）。

```
TextInput()
  .type(InputType.Normal)
```

2）密码输入模式。

```
TextInput()
  .type(InputType.Password)
```

密码输入模式的效果如图 6-29 所示。

图 6-29　密码输入模式的效果

（3）添加事件

文本框主要用于获取用户输入的信息，把信息处理成数据进行上传，通过绑定的 onChange 事件可以实时监听输入框内内容的改变。用户也可以使用通用事件来进行相应的交互操作。

示例 6-28：文本框添加事件

```
TextInput()
  .onChange((value: string) => {
    console.info(value);
  })
  .onFocus(() => {
    console.info('获取焦点');
  })
```

7．显示图片（Image）

开发者经常需要在应用中显示一些图片，例如按钮中的 icon、网络图片、本地图片等。在应用中显示图片需要使用 Image 组件实现，Image 支持多种图片格式，包括 png、jpg、bmp、svg 和 gif。

Image 通过调用接口来创建，接口调用形式如下。

```
Image(src: PixelMap | ResourceStr | DrawableDescriptor)
```

该接口通过图片数据源获取图片，支持本地图片和网络图片的渲染展示。其中，src 是图片的数据源。

（1）加载图片资源

Image 支持加载存档图和多媒体像素图两种类型。本节主要介绍存档图类型数据源。存档图类型的数据源可以分为本地资源、网络资源、Resource 资源、媒体库资源和 Base64 编码数据。

1）本地资源。在 ets 目录或其子目录下创建文件夹，并将本地图片放入其中。在 Image 组件中引入本地图片路径，即可显示图片（根目录为 ets 文件夹）。

示例 6-29：在 Image 组件中添加本地资源

```
Image('images/view.jpg')
  .width(200)
```

2）网络资源。引入网络图片需要申请权限 ohos.permission.INTERNET，具体申请方式请参考第 6.4.3 节声明权限的内容。此时，Image 组件的 src 参数为网络图片的链接。

Image 组件首次加载网络图片时，需要请求网络资源，非首次加载时，默认从缓存中直接读取图片，更多图片缓存设置请参考 setImageCacheCount、setImageRawDataCacheSize、setImageFileCacheSize。

示例 6-30：Image 组件添加网络资源

```
Image('https://www.example.com/example.JPG') //实际使用时请替换为真实地址
```

3) Resource 资源。使用资源格式可以跨包或跨模块引入图片，resources 文件夹下的图片都可以通过 $r 资源接口读取并转换为 Resource 格式。调用方式如下：

```
Image($r('app.media.icon'))
```

还可以将图片放在 rawfile 文件夹下。调用方式如下：

```
Image($rawfile('example1.png'))
```

4) 媒体库资源。媒体库资源可通过 file://data/storage 路径访问。路径是以"file://"为前缀的字符串，用于访问媒体库提供的图片资源路径。

须通过调用接口获取图库照片的 URL。

示例 6-31：在 Image 组件中添加媒体库

```
import picker from '@ohos.file.picker';
import { BusinessError } from '@ohos.base';

@Entry
@Component
struct Index {
  @State imgDatas: string[] = [];
  // 获取媒体库中所有照片的 URL 集合
  getAllImg() {
    try {
      let PhotoSelectOptions:picker.PhotoSelectOptions = new picker.PhotoSelectOptions();
      PhotoSelectOptions.MIMEType = picker.PhotoViewMIMETypes.IMAGE_TYPE;
      PhotoSelectOptions.maxSelectNumber = 5;
      let photoPicker:picker.PhotoViewPicker = new picker.PhotoViewPicker();
      photoPicker.select(PhotoSelectOptions).then((PhotoSelectResult:picker.Photo-SelectResult) => {
        this.imgDatas = PhotoSelectResult.photoUris;
        console.info('PhotoViewPicker.select successfully, PhotoSelectResult uri: ' + JSON.stringify(PhotoSelectResult));
      }).catch((err:Error) => {
        let message = (err as BusinessError).message;
        let code = (err as BusinessError).code;
        console.error(`PhotoViewPicker.select failed with. Code: ${code}, message: ${message}`);
      });
    } catch (err) {
```

```
      let message = (err as BusinessError).message;
      let code = (err as BusinessError).code;
      console.error(`PhotoViewPicker failed with. Code: ${code}, message: ${message}`); }
}

// 在 aboutToAppear 中调用上述函数，获取图库中所有图片的 URL，并保存在 imgDatas 中
async aboutToAppear() {
  this.getAllImg();
}
// 使用 imgDatas 的 URL 加载图片
build() {
  Column() {
    Grid() {
      ForEach(this.imgDatas, (item:string) => {
        GridItem() {
          Image(item)
            .width(200)
        }
      }, (item:string):string => JSON.stringify(item))
    }
  }.width('100%').height('100%')
}
}
```

示例 6-32：在 Image 组件中添加资源库图片 URL 的格式

```
Image('file://media/Photos/5')
.width(200)
```

5）Base64 编码数据。Base64 图片数据的路径格式为 data:image/[png | jpeg | bmp | webp]; base64,[base64 data]，其中[base64 data]为 Base64 字符串数据。Base64 格式字符串可用于存储图片的像素信息，在网页开发中的使用较为广泛。

（2）显示矢量图

Image 组件可显示矢量图（SVG 格式的图片），支持的 SVG 标签有<svg>、<rect>、<circle>、<ellipse>、<path>、<line>、<polyline>、<polygon>和<animate>。

SVG 格式的图片可以使用 fillColor 属性改变图片的填充颜色。

示例 6-33：改变矢量图的填充颜色

```
Image($r('app.media.cloud'))
  .width(50)
  .fillColor(Color.Blue)
```

（3）事件调用

通过在 Image 组件上绑定 onComplete 事件，图片加载成功后可以获取该图片的必要信息。如果图片加载失败，也可以通过绑定 onError 回调来获得结果。

示例 6-34：Image 组件事件调用

```
@Entry
@Component
struct MyComponent {
  @State widthValue: number = 0
  @State heightValue: number = 0
  @State componentWidth: number = 0
  @State componentHeight: number = 0

  build() {
   Column() {
     Row() {
       Image( $r('app.media.ic_img_2'))
        .width(200)
        .height(150)
        .margin(15)
        .onComplete(msg => {
          if(msg){
            this.widthValue = msg.width
            this.heightValue = msg.height
            this.componentWidth = msg.componentWidth
            this.componentHeight = msg.componentHeight
          }
        })
        // 图片获取失败，打印结果
        .onError(() => {
          console.info('load image fail')
        })
        .overlay('\nwidth: '+ String(this.widthValue) + ', height: '+ String(this.height-Value) + '\ncomponentWidth: '+ String(this.componentWidth) + '\ncomponentHeight: '+ String(this.componentHeight), {
          align: Alignment.Bottom,
          offset: { x: 0, y: 60 }
        })
     }
    }
  }
}
```

运行结果如图 6-30 所示。

8. 视频播放（Video）

Video 组件用于播放视频文件并控制其播放状态，常用于短视频播放和应用内部视频的列表页面。当视频完整出现时会自动播放，用户单击视频区域则会暂停播放，同时显示播放进度条，通过拖动播放进度条指定视频播放的具体位置。

（1）创建 Video 组件

Video 组件通过调用接口来创建，接口调用形式如下。

`Video(value: VideoOptions)`

VideoOptions 对象具有属性 src、currentProgressRate、previewUri、controller。其中，src 指定视频播放源的路径，currentProgressRate 用于设置视频播放倍速，previewUri 用于指定视频未播放时的预览图片路径，controller 用于设置视频控制器，自定义控制视频。

（2）加载视频资源

Video 组件支持加载本地视频和网络视频。

图 6-30 Image 组件事件调用显示效果

1）加载本地视频。加载本地视频时，首先在本地 rawfile 目录下指定对应的文件，再使用资源访问符 $rawfile()引用视频资源。

示例 6-35：加载普通本地视频

```
@Component
export struct VideoPlayer{
  private controller:VideoController | undefined;
  private previewUris: Resource = $r ('app.media.preview');
  private innerResource: Resource = $rawfile('videoTest.mp4');
  build(){
    Column() {
      Video({
        src: this.innerResource,
        previewUri: this.previewUris,
        controller: this.controller
      })
    }
  }
}
```

DataAbility 提供的视频路径带有"dataability://"前缀，使用前应确保对应视频资源存在。

示例 6-36：加载 DataAbility 视频

```
@Component
export struct VideoPlayer{
  private controller:VideoController | undefined;
  private previewUris: Resource = $r ('app.media.preview');
```

```
    private videoSrc: string = 'dataability://device_id/com.domainname.dataability.
videodata/video/10'
  build(){
    Column() {
      Video({
        src: this.videoSrc,
        previewUri: this.previewUris,
        controller: this.controller
      })
    }
  }
}
```

2)加载沙箱路径视频。Video 组件支持以 "file:///data/storage" 为前缀的路径字符串,用于读取应用沙箱路径内的资源,需要保证文件存在于应用沙箱目录下并且有可读权限。

示例 6-37:加载沙箱路径视频

```
@Component
export struct VideoPlayer {
  private controller: VideoController | undefined;
  private videoSrc: string = 'file:///data/storage/el2/base/haps/entry/files/show.mp4'

  build() {
    Column() {
      Video({
        src: this.videoSrc,
        controller: this.controller
      })
    }
  }
}
```

3)加载网络视频。加载网络视频时,需要申请权限 ohos.permission.INTERNET。此时,Video 的 src 属性为网络视频的链接。

示例 6-38:加载网络视频

```
@Component
export struct VideoPlayer{
  private controller:VideoController | undefined;
  private previewUris: Resource = $r ('app.media.preview');
  // 使用时请替换为实际网络视频网址
  private videoSrc: string= 'https://www.example.com/example.mp4'
  build(){
```

```
    Column() {
      Video({
        src: this.videoSrc,
        previewUri: this.previewUris,
        controller: this.controller
      })
    }
  }
}
```

（3）添加属性

Video 组件属性主要用于设置视频的播放形式。例如，设置视频播放是否静音、播放是否显示控制条等。

示例 6-39：为 Video 组件添加属性

```
@Component
export struct VideoPlayer {
  private controller: VideoController | undefined;

  build() {
    Column() {
      Video({
        controller: this.controller
      })
        .muted(false)                         // 设置是否静音
        .controls(false)                      // 设置是否显示默认控制条
        .autoPlay(false)                      // 设置是否自动播放
        .loop(false)                          // 设置是否循环播放
        .objectFit(ImageFit.Contain)          // 设置视频适配模式
    }
  }
}
```

（4）事件调用

Video 组件回调事件有播放开始、暂停结束、播放失败、视频准备完成和进度条操作等。除此之外，Video 组件还支持单击、触摸等通用事件的调用。

示例 6-40：Video 组件事件调用

```
@Entry
@Component
struct VideoPlayer{
  private controller:VideoController | undefined;
  private previewUris: Resource = $r ('app.media.preview');
  private innerResource: Resource = $rawfile('videoTest.mp4');
```

```
build(){
  Column() {
    Video({
      src: this.innerResource,
      previewUri: this.previewUris,
      controller: this.controller
    })
    .onUpdate((event) => {    // 播放进度更新事件回调
      console.info("Video update. ");
    })
    .onPrepared((event) => {  // 视频准备完成事件回调
      console.info("Video prepared. ");
    })
    .onError(() => {          // 视频播放失败事件回调
      console.info("Video error. ");
    })
  }
}
```

9. 自定义绘制（XComponent）

XComponent 组件是一种绘制组件，通常用于满足开发者较为复杂的自定义绘制需求，例如相机预览流的显示和游戏画面的绘制。

其可通过指定其 type 属性值实现不同的功能，主要有 surface 和 component 两个属性值供选择。

1）对于 surface 类型，开发者可将相关数据传入 XComponent 组件特有的原生窗口（NativeWindow）来渲染画面。

设置为 surface 类型时，XComponent 组件通常用于接收 EGL/OpenGL ES 和媒体数据写入，并将其显示在 XComponent 组件上。

设置为 surface 类型时，XComponent 组件可以和其他组件一起进行布局和渲染。

XComponent 为开发者在 Native 层提供原生窗口，用来创建 EGL/OpenGL ES 环境，进而使用标准的 OpenGL ES 开发。

除此之外，媒体相关应用（视频、相机等）也可以将相关数据写入 XComponent 的原生窗口，从而呈现相应画面。

2）component 类型主要用于实现动态加载显示内容。

6.6.3 添加气泡和菜单

1. 添加气泡

气泡 Popup 属性可绑定在组件上，用于显示气泡弹窗，开发者可以通过该属性设置弹窗内容、交互逻辑和显示状态。该属性主要用于屏幕录制、信息提醒等显示状态的场景。

气泡分为两种类型，一种是系统预设的气泡 PopupOptions，另一种是开发者可以自定义的气泡 CustomPopupOptions。其中，PopupOptions 通过配置 primaryButton、secondaryButton 参数来设置带按钮的气泡样式，CustomPopupOptions 通过配置 builder 参数来设置自定义的气泡样式。

文本提示气泡是最常见的一种系统预设气泡（本节主要介绍文本提示气泡），它常用于只展示文本信息且不带有任何交互的场景。使用时须将 Popup 属性绑定至组件，当 bindPopup 方法的参数 show 为 true 时会弹出气泡提示。

在 Button 组件上绑定 Popup 属性，每次单击 Button 组件，handlePopup 会切换布尔值，当值为 true 时，触发 bindPopup 弹出文本提示气泡。

示例 6-41：添加气泡

```
@Entry
@Component
struct PopupExample {
  @State handlePopup: boolean = false

  build() {
    Column() {
      Button('PopupOptions')
        .onClick(() => {
          this.handlePopup = !this.handlePopup
        })
        .bindPopup(this.handlePopup, {
          message: 'This is a popup with PopupOptions',
        })
    }.width('100%').padding({ top: 5 })
  }
}
```

运行结果如图 6-31 所示。

图 6-31　文本提示气泡

通过 onStateChange 参数为气泡添加状态变化的事件回调，可以判断当前气泡的显示状态。

示例 6-42：在上面示例的基础上添加气泡事件回调

```
@Entry
@Component
struct PopupExample {
  @State handlePopup: boolean = false
```

```
build() {
  Column() {
    Button('PopupOptions')
      .onClick(() => {
        this.handlePopup = !this.handlePopup
      })
      .bindPopup(this.handlePopup, {
        message: 'This is a popup with PopupOptions',
        onStateChange: (e) => { // 返回当前的气泡状态
          if (!e.isVisible) {
            this.handlePopup = false
          }
        }
      })
  }.width('100%').padding({ top: 5 })
}
```

2. 菜单（Menu）

Menu 是菜单组件接口，一般用于单击鼠标右键触发的快捷菜单弹出、单击触发的弹窗等。

(1) 创建默认样式的菜单

菜单功能需要通过调用 bindMenu 方法来实现。bindMenu 方法响应绑定组件的单击事件，绑定组件后单击对应组件即可弹出菜单。

示例 6-43：创建默认样式的菜单

```
Button('click for Menu')
  .bindMenu([
    {
      value: 'Menu1',
      action: () => {
        console.info('handle Menu1 select')
      }
    }
  ])
```

运行结果如图 6-32 所示。

(2) 创建自定义样式的菜单

当默认样式不满足开发需求时，可使用 @Builder 自定义菜单内容，通过 bindMenu 方法进行菜单样式的自定义。

示例 6-44：使用 @Builder 定义菜单选项的内容

图 6-32 默认样式的菜单

```
class Tmp {
  iconStr2: ResourceStr = $r("app.media.view_list_filled")
```

```
    set(val: Resource) {
      this.iconStr2 = val
    }
  }
}

@Entry
@Component
struct menuExample {
  @State select: boolean = true
  private iconStr: ResourceStr = $r("app.media.view_list_filled")
  private iconStr2: ResourceStr = $r("app.media.view_list_filled")

  @Builder
  SubMenu() {
    Menu() {
      MenuItem({ content: "复制", labelInfo: "Ctrl+C" })
      MenuItem({ content: "粘贴", labelInfo: "Ctrl+V" })
    }
  }

  @Builder
  MyMenu() {
    Menu() {
      MenuItem({ startIcon: $r("app.media.icon"), content: "菜单选项" })
      MenuItem({ startIcon: $r("app.media.icon"), content: "菜单选项" }).enabled(false)
      MenuItem({
        startIcon: this.iconStr,
        content: "菜单选项",
        endIcon: $r("app.media.arrow_right_filled"),
        // 当配置 builder 参数时，表示该 MenuItem 项已绑定子菜单。当鼠标悬停在该菜单项时，会显示子菜单
        builder: this.SubMenu
      })
      MenuItemGroup({ header: '小标题' }) {
        MenuItem({ content: "菜单选项" })
          .selectIcon(true)
          .selected(this.select)
          .onChange((selected) => {
            console.info("menuItem select" + selected);
            let Str: Tmp = new Tmp()
```

```
          Str.set($r("app.media.icon"))
        })
      MenuItem({
        startIcon: $r("app.media.view_list_filled"),
        content: "菜单选项",
        endIcon: $r("app.media.arrow_right_filled"),
        builder: this.SubMenu
      })
    }
    
    MenuItem({
      startIcon: this.iconStr2,
      content: "菜单选项",
      endIcon: $r("app.media.arrow_right_filled")
    })
   }
  }
  
  build() {
    // …
  }
}
```

通过 bindMenu 方法为按钮组件绑定菜单：

```
Button('click for Menu')
  .bindMenu(this.MyMenu)
```

运行结果如图 6-33 所示。

图 6-33 自定义样式的菜单

6.6.4 设置组件导航

组件导航最常用的实现方式是 Navigation 组件和 Tabs 组件。本节主要介绍 Navigation 组件。

Navigation 组件一般作为页面的根容器，包括单页面、分栏和自适应三种显示模式。Navigation 组件适用于模块内页面切换及"一次开发，多端部署"场景。通过组件级路由能力实现更加自然流畅的转场体验，并提供多种标题栏样式来呈现更好的标题和内容联动效果。在多端部署场景下，Navigation 组件能够自动适配窗口大小，在窗口较大的场景下自动切换为分栏显示模式。

Navigation 组件的页面包含主页和内容页。主页由标题栏、内容区和工具栏组成，可在内容区中使用 NavRouter 子组件实现导航栏功能。内容页主要显示 NavDestination 子组件中的内容。

NavRouter 是配合 Navigation 使用的特殊子组件，默认提供单击响应处理，不需要开发者自定义单击事件逻辑。NavRouter 有且仅有两个子组件，其中第二个子组件必须是 NavDestination。NavDestination 是配合 NavRouter 使用的特殊子组件，用于显示 Navigation 组件的内容页。当开发者单击 NavRouter 组件时，会跳转到对应的 NavDestination 内容区。

Navigation 组件通过 mode 属性设置页面的显示模式。Navigation 组件默认为自适应显示模式，此时 mode 属性为 NavigationMode.Auto。自适应显示模式下，当设备宽度大于 520 vp 时，Navigation 组件采用分栏显示模式，反之，采用单页面显示模式。

```
Navigation(){
  ...
}
.mode(NavigationMode.Auto)
```

1. 单页面显示模式

图 6-34 所示为单页面显示模式下的布局示意图。

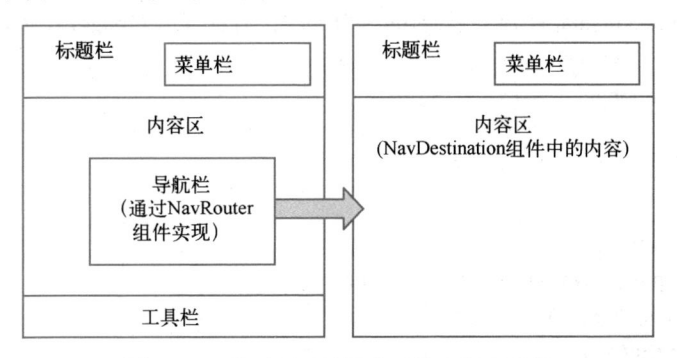

图 6-34 单页面显示模式下的布局示意图

将 mode 属性设置为 NavigationMode.Stack，Navigation 组件即可设置为单页面显示模式。

```
Navigation(){
  ...
}
.mode(NavigationMode.Stack)
```

图 6-35 所示为单页面显示模式效果。

2. 分栏显示模式

图 6-36 所示为分栏显示模式下的布局示意图。

图 6-35　单页面显示模式效果

图 6-36　分栏显示模式下的布局示意图

将 mode 属性设置为 NavigationMode.Split，Navigation 组件即可设置为分栏显示模式。

示例 6-45：分栏显示模式

```
@Entry
@Component
struct NavigationExample {
  @State TooTmp: ToolbarItem = {'value': "func", 'icon': "./image/ic_public_highlights.svg", 'action': ()=>{}}
  private arr: number[] = [1, 2, 3];

  build() {
    Column() {
      Navigation() {
        TextInput({ placeholder: 'search...'})
          .width("90% ")
          .height(40)
          .backgroundColor('#FFFFFF')

        List({ space: 12 }) {
          ForEach(this.arr, (item:string) => {
            ListItem() {
              NavRouter() {
                Text("NavRouter" + item)
```

```
            .width("100%")
            .height(72)
            .backgroundColor('#FFFFFF')
            .borderRadius(24)
            .fontSize(16)
            .fontWeight(500)
            .textAlign(TextAlign.Center)
          NavDestination() {
            Text("NavDestinationContent" + item)
          }
          .title("NavDestinationTitle" + item)
        }
      }
    }, (item:string):string => item)
  }
  .width("90%")
  .margin({ top: 12 })
}
.title("主标题")
.mode(NavigationMode.Split)
.menus([
  {value: "", icon: "./image/ic_public_search.svg", action: ()=> {}},
  {value: "", icon: "./image/ic_public_add.svg", action: ()=> {}},
  {value: "", icon: "./image/ic_public_add.svg", action: ()=> {}},
  {value: "", icon: "./image/ic_public_add.svg", action: ()=> {}},
  {value: "", icon: "./image/ic_public_add.svg", action: ()=> {}}
])
.toolbarConfiguration([this.TooTmp, this.TooTmp, this.TooTmp])
  }
  .height('100%')
  .width('100%')
  .backgroundColor('#F1F3F5')
}
}
```

图 6-37 所示为分栏显示模式效果。

6.6.5 设置页面路由

4.4.4 节介绍了页面路由的基础知识。页面路由（@ohos.router）是指在应用程序中实现不同页面之间的跳转和数据传递。router 模块通过不同的 URL 地址，可以方便地进行页面路由，轻松地访问不同的页面。本节将从页面跳转、页面返回和命名路由几个方面介绍 router 模块的功能。

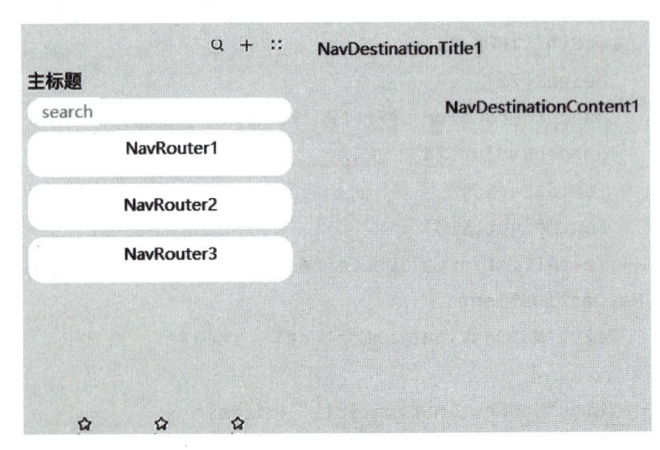

图6-37 分栏显示模式效果

router 模块适用于模块间与模块内的页面切换，通过每个页面的 URL 实现模块间解耦。在模块内的页面之间跳转时，为了实现更好的转场动效，不建议使用该模块，推荐使用 Navigation 组件。

1. 页面跳转

页面跳转是开发过程中的一个重要组成部分。在开发应用程序时，通常需要实现在不同的页面之间的跳转，有时还需要将数据从一个页面传递到另一个页面。

router 模块提供了两种跳转模式，分别是 router.pushUrl() 和 router.replaceUrl()。这两种模式决定了目标页面是否会替换当前页。

- router.pushUrl()：目标页面不会替换当前页，而是将目标页面压入页面栈顶部。这样可以保留当前页的状态，并且可以通过返回键或者调用 router.back() 方法返回到当前页。
- router.replaceUrl()：目标页面会替换当前页，并销毁当前页。这样可以释放当前页的资源，并且无法返回到当前页。

页面栈的最大容量为 32 个页面。如果超过这个限制，可以调用 router.clear() 方法清空历史页面栈，释放内存空间。

同时，router 模块提供了两种实例模式，分别是 Standard 和 Single。这两种模式决定了目标 URL 是否对应多个实例。

- Standard：多实例模式，也是默认的跳转模式。目标页面会被添加到页面栈顶部，无论栈中是否存在相同 URL 的页面。
- Single：单实例模式。如果目标页面的 URL 已经存在于页面栈中，则会将离栈顶最近的同 URL 页面移动到栈顶，使该页面成为新建页。如果在页面栈中不存在目标页面的同 URL 页面，则按照默认的多实例模式进行跳转。

在使用 router 的相关功能之前，需要在代码中先导入 router 模块。下面假设有一个主页（Home）和一个详情页（Detail），希望实现在主页中单击一个商品后跳转到详情页，同时在页面栈中保留主页，以便返回主页。在这种场景下可以使用 pushUrl() 方法，并且使用 Standard 实例模式（或者省略）。

示例 6-46：页面跳转

```
import router from '@ohos.router';
// 在 Home 页面中
```

```
function onJumpClick(): void {
  router.pushUrl({
    url: 'pages/Detail'   // 目标页面 URL
  }, router.RouterMode.Standard, (err) => {
    if (err) {
        console.error (`Invoke pushUrl failed, code is ${err.code}, message is ${err.message}`);
      return;
    }
    console.info('Invoke pushUrl succeeded.');
  });
}
```

2. 页面返回

当用户在一个页面中完成操作后，通常需要返回到上一个页面或者指定页面，这就需要用到页面返回功能。在返回的过程中，可能需要将数据传递给目标页面，这就需要用到数据传递功能。

在使用页面路由相关功能之前，需要在代码中先导入 router 模块。

```
import router from '@ohos.router';
```

可以使用以下几种方式返回页面。

方式一：返回到上一个页面。

```
import router from '@ohos.router';
router.back();
```

这种方式会返回到上一个页面，即定位到上一个页面在页面栈中的位置。但是，上一个页面必须存在于页面栈中才能够返回，否则该方法将无效。

方式二：返回到指定页面。

示例 6-47：返回普通页面

```
import router from '@ohos.router';
router.back({
  url: 'pages/Home'
});
```

示例 6-48：返回命名路由页面

```
import router from '@ohos.router';
router.back({
  url: 'myPage'   // myPage 为返回的命名路由页面的别名
});
```

这种方式可以返回到指定页面，但需要指定目标页面的路径。目标页面必须存在于页面栈中才能够返回。

方式三：返回到指定页面，并传递自定义参数信息。

示例 6-49：返回到普通页面，并传递自定义参数信息

```
import router from '@ohos.router';
router.back({
  url: 'pages/Home',
  params: {
    info: '来自 Home 页'
  }
});
```

示例 6-50：返回到命名路由页面并传递自定义参数信息

```
import router from '@ohos.router';
router.back({
  url: 'myPage',   // myPage 为返回的命名路由页面的别名
  params: {
    info: '来自 Home 页'
  }
});
```

这种方式不仅可以返回到指定页面，同时还可以传递自定义参数信息。可以在目标页面中通过调用 router.getParams()方法进行参数的获取和解析。

在目标页面中，在需要获取参数的位置调用 router.getParams()方法即可，例如，在 onPageShow()生命周期回调中。

示例 6-51：调用 router.getParams()方法返回到命名路由页面

```
import router from '@ohos.router';

@Entry
@Component
struct Home {
  @State message: string = 'Hello World';

  onPageShow() {
    // 获取传递过来的参数对象
    const params = router.getParams() as Record<string, string>;
    if (params) {
      const info: string = params.info as string;   // 获取 info 属性的值
    }
  }
  ...
}
```

3. 命名路由

在开发中为了跳转到共享包 HAR 或者 HSP 中的页面（即共享包中的路由跳转），可以使用 router.pushNamedRoute()。

在使用页面路由相关功能之前，需要在代码中先导入 router 模块。

```
import router from '@ohos.router';
```

在想要跳转到的共享包 HAR 或者 HSP 页面里,为 @Entry 修饰的自定义组件命名。

示例 6-52:命名路由

```
// library/src/main/ets/pages/Index.ets
// library 为新建共享包自定义的名称
@Entry({ routeName: 'myPage'})
@Component
export struct MyComponent {
  build() {
    Row() {
      Column() {
        Text('Library Page')
          .fontSize(50)
          .fontWeight(FontWeight.Bold)
      }
      .width('100%')
    }
    .height('100%')
  }
}
```

配置成功后,需要在跳转的页面中引入命名路由的页面。

示例 6-53:引入命名路由的页面

```
import router from '@ohos.router';
import { BusinessError } from '@ohos.base';
import('@ohos/library/src/main/ets/pages/Index');   // 引入共享包中的命名路由页面
@Entry
@Component
struct Index {
  build() {
    Flex({ direction: FlexDirection.Column, alignItems: ItemAlign.Center, justifyContent: FlexAlign.Center }) {
      Text('Hello World')
        .fontSize(50)
        .fontWeight(FontWeight.Bold)
        .margin({ top: 20 })
        .backgroundColor('#ccc')
        .onClick(() => {   // 单击跳转到其他共享包中的页面
          try {
            router.pushNamedRoute({
              name: 'myPage',
              params: {
                data1: 'message',
```

```
                    data2: {
                        data3: [123, 456, 789]
                    }
                }
            })
        } catch (err) {
            let message = (err as BusinessError).message
            let code = (err as BusinessError).code
            console.error(`pushNamedRoute failed, code is ${code}, message is ${message}`);
        }
    })
}
.width('100%')
.height('100%')
}
```

说明：使用命名路由方式跳转时，需要在当前应用包的 oh-package.json5 文件中配置依赖。

示例 6-54：命名路由方式下的依赖配置

```
"dependencies": {
  "@ohos/library": "file:../library",
  ...
}
```

6.6.6 支持交互事件

通用事件按照触发类型来分类，包括触屏事件、键鼠事件和焦点事件。

- 触屏事件：手指或手写笔在触屏上的单指或单笔操作。
- 键鼠事件：包括鼠标事件和按键事件。鼠标事件是指通过连接和使用外设鼠标/触控板操作时所触发的事件。按键事件是指通过连接和使用外设键盘操作时所触发的事件。
- 焦点事件：通过以上方式控制组件焦点时触发的事件。

本节主要介绍触屏事件。

触屏事件指当手指或手写笔在组件上按下、滑动、抬起时触发的回调事件，包括单击事件、拖拽事件和触摸事件。图 6-38 所示为触屏事件原理。

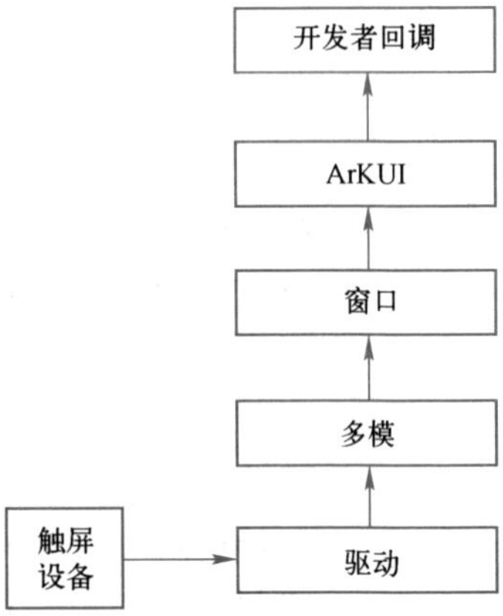

图 6-38 触屏事件原理

1. 单击事件

单击事件是指通过手指或手写笔在触屏设备上完成一次完整的按下和抬起动作。当触发单击事件时，系统会调用以下回调函数。

onClick(event: (event?: ClickEvent) => void)

event 参数提供单击时的触点相对于窗口或组件的坐标位置，以及触发单击事件的事件源。

示例 6-55：通过按钮的单击事件控制图片的显示和隐藏

```
@Entry
@Component
struct IfElseTransition {
  @State flag: boolean = true;
  @State btnMsg: string = 'show';

  build() {
    Column() {
      Button(this.btnMsg).width(80).height(30).margin(30)
        .onClick(() => {
          if (this.flag) {
            this.btnMsg = 'hide';
          } else {
            this.btnMsg = 'show';
          }
          // 单击 Button 组件控制图片的显示和消失
          this.flag = !this.flag;
        })
      if (this.flag) {
        Image($r('app.media.icon')).width(200).height(200)
      }
    }.height('100%').width('100%')
  }
}
```

2. 拖拽事件

拖拽事件指手指或手写笔长按组件（≥500 ms），并拖拽到目标区域释放的事件。

拖拽事件通过判定长按和拖动平移来触发，手指平移的距离达到 5vp 即可触发拖拽事件。ArkUI 支持应用内、跨应用的拖拽事件。

拖拽事件触发流程如图 6-39 所示。

示例 6-56：跨窗口拖拽且拖出窗口示例

```
import image from '@ohos.multimedia.image';

@Entry
@Component
```

图 6-39 拖拽事件触发流程

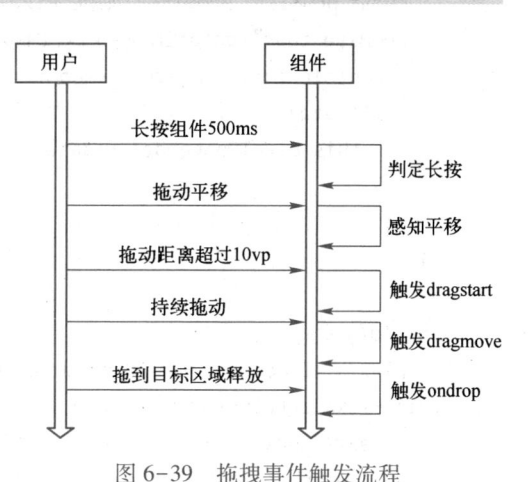

```
struct Index {
  @State visible: Visibility = Visibility.Visible
  private pixelMapReader:image.PixelMap|undefined = undefined

  aboutToAppear() {
    console.info('begin to create pixmap has info message: ')
    this.createPixelMap()
  }

  createPixelMap() {
    let color = new ArrayBuffer(4 * 96 * 96);
    let buffer = new Uint8Array(color);
    for (let i = 0; i < buffer.length; i++) {
      buffer[i] = (i + 1) % 255;
    }
    class hw{
      height:number = 96
      width:number = 96
    }
    let hwo:hw = new hw()
    let ops:image.InitializationOptions|void = {
      'alphaType': 0,
      'editable': true,
      'pixelFormat': 4,
      'scaleMode': 1,
      'size': hwo
    }
    const promise: Promise<image.PixelMap> = image.createPixelMap(color, ops);
    promise.then((data:image.PixelMap|undefined) => {
      console.info('create pixmap has info message: '+ JSON.stringify(data))
      if(data){
        this.pixelMapReader = data;
      }
    })
  }

  build() {
    Flex({ direction: FlexDirection.Column, alignItems: ItemAlign.Center, justifyContent: FlexAlign.Center }) {
      Text('App1')
        .width('40%')
```

```
      .height(80)
      .fontSize(20)
      .margin(30)
      .textAlign(TextAlign.Center)
      .backgroundColor(Color.Pink)
      .visibility(Visibility.Visible)

    Text('Across Window Drag This')
      .width('80%')
      .height(80)
      .fontSize(16)
      .margin(30)
      .textAlign(TextAlign.Center)
      .backgroundColor(Color.Pink)
      .visibility(this.visible)
      .onDragStart((event: DragEvent | undefined, extraParams: string | undefined):
CustomBuilder | DragItemInfo => {
        console.info('Text onDrag start')
        return { pixelMap: this.pixelMapReader, extraInfo: 'custom extra info.'}
      })
      .onDrop((event: DragEvent|undefined, extraParams: string|undefined) => {
        console.info('Text onDragDrop,')
        this.visible = Visibility.None   // 拖动结束后,使源不可见
      })
    }
    .width('100%')
    .height('100%')
  }
}
```

3. 触摸事件

当手指或手写笔以不同动作在组件上触碰时,会触发不同的事件,包括按下(Down)、滑动(Move)、抬起(Up)事件:

```
onTouch(event: (event?: TouchEvent) => void)
```

➤ event.type 为 TouchType.Down:表示手指按下。
➤ event.type 为 TouchType.Up:表示手指抬起。
➤ event.type 为 TouchType.Move:表示手指按住并移动。

触摸事件可以多指同时触发,通过 event 参数获取触发位置(各手指的坐标)、手指唯一标识、当前状态变化的手指和输入的设备源等信息。

示例 6-57：触摸事件

```
// xxx.ets
@Entry
@Component
struct TouchExample {
  @State text: string = '';
  @State eventType: string = '';

  build() {
    Column() {
      Button('Touch').height(40).width(100)
        .onTouch((event?: TouchEvent) => {
          if(event){
            if (event.type === TouchType.Down) {
              this.eventType = 'Down';
            }
            if (event.type === TouchType.Up) {
              this.eventType = 'Up';
            }
            if (event.type === TouchType.Move) {
              this.eventType = 'Move';
            }
            this.text = 'TouchType:'+ this.eventType + '\nDistance between touch point and touch element:\nx: '
              + event.touches[0].x + '\n'+ 'y: '+ event.touches[0].y + '\nComponent globalPos:('
              + event.target.area.globalPosition.x + ','+ event.target.area.globalPosition.y + ')\nwidth:'
              + event.target.area.width + '\nheight:'+ event.target.area.height
          }
        })
      Button('Touch').height(50).width(200).margin(20)
        .onTouch((event?: TouchEvent) => {
          if(event){
            if (event.type === TouchType.Down) {
              this.eventType = 'Down';
            }
            if (event.type === TouchType.Up) {
              this.eventType = 'Up';
            }
            if (event.type === TouchType.Move) {
```

```
            this.eventType = 'Move';
          }
          this.text = 'TouchType:'+ this.eventType + '\nDistance between touch point 
and touch element:\nx: '
            + event.touches[0].x + '\n'+ 'y: '+ event.touches[0].y + '\nComponent 
globalPos:('
            + event.target.area.globalPosition.x + ','+ event.target.area.globalPosition.
y + ')\nwidth:'
            + event.target.area.width + '\nheight:'+ event.target.area.height
        }
      })
      Text(this.text)
    }.width('100%').padding(30)
  }
}
```

6.7 OpenHarmony 北向开发典型项目：分布式绘图

分布式设备管理是 OpenHarmony 系统的一大特色，将不同的设备作为当前设备的能力扩展，使设备协同完成各种复杂场景，本节介绍的分布式绘图，主要包括两方面的内容，即分布式设备管理的代码流程逻辑部分和绘图部分。绘图部分主要涉及 Canvas 组件在 ArkUI 中的使用。本节先介绍分布式设备管理系统能力，然后介绍绘图部分的实现。

分布式设备管理是分布式业务入口，在分布式业务中对周边可信和非可信设备进行统一管理。分布式设备管理提供如下四大功能。

(1) 发现

发现周围终端设备并上报。周围设备需要连接同一局域网或者同时打开蓝牙，可以根据设备类型、距离、设备是否可信等进行筛选。

(2) 绑定

不同设备协同合作完成分布式业务的前提是设备间可信，对于周边发现的不可信设备，可通过绑定建立可信关系，提供 PIN 码、碰、扫、靠等设备认证框架，支持对接各种认证交互接口。

(3) 查询

查询功能包含查询本机设备信息、查询周围在线可信设备信息、查询可信设备信息。

(4) 监听

监听设备上下线。设备上线表示设备间已经可信，业务可以发起分布式操作；设备下线表示分布式业务不可用。

6.7.1 功能使用前置条件

1. SDK 版本及权限

本案例基于 OpenHarmony 4.1 Release，目前在 OpenHarmony 中使用分布式设备管理需要系统级权限 API，在开发前需要替换 full-SDK。

2. 分布式设备管理系统能力

在使用分布式设备管理系统能力前，需要用户确认不同设备已连接同一局域网或者蓝牙开关已开启，以及检查是否已经获取用户授权访问分布式数据同步信息。如未获得授权，可以向用户申请需要的分布式数据同步权限。

在 module.json5 配置文件中配置分布式数据同步权限 ohos.permission.DISTRIBUTED_DATA-SYNC 的代码如下。

```json
{
  "module" : {
    "requestPermissions":[
    // API 11 之前
    {
      "name": "ohos.permission.ACCESS_SERVICE_DM",
      "usedScene": {
        "abilities": [
          "EntryAbility"
        ],
        "when": "inuse"
      }
    },
    // API 11 及以后
    {
      "name" : "ohos.permission.DISTRIBUTED_DATASYNC",
      // 国际化中英文，资源文件在 resources 中，中英文一一对应（后续所有均同）
      "reason": " $string:distributed_permission",
    }
    ]
  }
}
```

6.7.2 分布式设备管理部分

1. 设备发现

1) 导入 deviceManager 模块，所有与设备管理相关的功能 API 都是通过该模块实现的。

```
import deviceManager from '@ohos.distributedDeviceManager';
```

2) 导入 BusinessError 模块，用于获取 deviceManager 模块相关接口抛出的错误码。@ohos.base 是 OpenHarmony ArkTS 接口的公共回调类型，其中 BusinessError 类型是接口调用失败的公共错误信息类型。

```
import {BusinessError } from '@ohos.base';
```

3) 创建设备管理实例。设备管理实例是分布式设备管理方法的调用入口，并注册发现设备的回调。

```
try {
    // 创建一个设备管理实例
    // BundleName 为应用程序的 Bundle 名称
    let dmInstance = deviceManager.createDeviceManager('BundleName');
    // 监听设备扫描成功事件
    dmInstance.on('discoverSuccess', data => console.log('discoverSuccess on: ' + JSON.stringify(data)));
    dmInstance.on('discoverFailure', data => console.log('discoverFailure on: ' + JSON.stringify(data)));
} catch(err) {
    let e: BusinessError = err as BusinessError;
    console.error('createDeviceManager errCode:'+ e.code + ',errMessage:'+ e.message);
}
```

4）发现周边设备。发现状态将会持续 2 min，超过 2 min，会停止发现。最大设备发现数量是 99。

```
interface DiscoverParam {
    discoverTargetType: number;
}
interface FilterOptions {
    availableStatus: number;
    discoverDistance: number;
    authenticationStatus: number;
    authorizationType: number;
}
let discoverParam: Record<string, number> = {
    'discoverTargetType': 1
};
let filterOptions: Record<string, number> = {
    'availableStatus': 0
};
try {
    dmInstance.startDiscovering(discoverParam, filterOptions);
} catch (err) {
    let e: BusinessError = err as BusinessError;
    console.error('startDiscovering errCode:'+ e.code + ',errMessage:'+ e.message);
}
```

2. 设备连接

当扫描到周围的设备信息列表的时候，可以选择需要连接的设备，发起设备绑定。

```
// 定义设备数据类型
class Data {
```

```
  deviceId: string = '';
}
let deviceId = 'XXXXXXXX';
let bindParam: Record<string, string | number> = {
  'bindType': 1,
  'targetPkgName': 'xxxx',
  'appName': 'xxxx',
  'appOperation': 'xxxx',
  'customDescription': 'xxxx'
};
// 发起绑定
try {
  dmInstance.bindTarget(deviceId, bindParam, (err: BusinessError, data: Data) => {
    if (err) {
      console.error('bindTarget errCode:'+ err.code + ',errMessage:'+ err.message);
      return;
    }
    console.info('bindTarget result:'+ JSON.stringify(data));
  });
} catch (err) {
  let e: BusinessError = err as BusinessError;
  console.error('bindTarget errCode:'+ e.code + ',errMessage:'+ e.message);
}
```

当设备发现连接以后，可以对设备的信息以及上下线进行监听。通过设备信息查询接口 getAvailableDeviceListSync，可以获取所有上线且可信的设备。

```
try {
  let deviceInfoList: Array<deviceManager.DeviceBasicInfo> = dmInstance.getAvailableDeviceListSync();
} catch (err) {
  let e: BusinessError = err as BusinessError;
  console.error('getAvailableDeviceListSync errCode: '+ e.code + ', errMessage: '+ e.message);
}
```

通过 on('deviceStateChange') 事件绑定设备，进行设备上下线监听。

```
try {
  let dmInstance = deviceManager.createDeviceManager('BundleName');
  dmInstance.on('deviceStateChange', data => console.log('deviceStateChange on:'+ JSON.stringify(data)));
} catch(err) {
  let e: BusinessError = err as BusinessError;
```

```
    console.error('createDeviceManager errCode:'+ e.code + ',errMessage:'+ e.message);
}
```

3. 数据同步

设备连接完成以后，就可以传输数据信息了，接下来要把已经产生的本地画布数据同步给共享设备。首先，主设备应用将已经产生的操作数据进行保存；待设备连接完成以后，再通过分布式数据服务将这些数据同步至共享设备。

本项目使用 LocalStorage 作为当前页面的数据缓存部分。localStorage 是 ArkTS 为存储页面级状态变量的内存型数据库。

应用可以创建多个 LocalStorage 实例。LocalStorage 实例可以在页面内共享，也可以通过 GetShared 接口实现跨页面、UIAbility 实例间的共享。组件树的根节点，即被@Entry 装饰的@Component，可以被分配一个 LocalStorage 实例，此组件的所有子组件实例将自动获得对该 LocalStorage 实例的访问权限。被@Component 装饰的组件最多可以访问一个 LocalStorage 实例和 AppStorage。未被@Entry 装饰的组件不可被独立分配 LocalStorage 实例，只能接受父组件通过@Entry 传递来的 LocalStorage 实例。一个 LocalStorage 实例在组件树上可以被分配给多个组件，且其所有属性都是可变的。

这里使用 6.3.5 节介绍的 Want 作为设备之间或者组件之间的信息传递对象，且选择显式 Want。

当一个应用具备分布式能力以后，它可以启动周边的设备，也可以被启动，所以在启动应用的时候，就需要在 Want 之间进行数据同步。同步的代码在 EntryAbility 里面调用，在创建生命周期的时候，就启动 Want 数据同步，代码如下。

```
onCreate(want: Want, launchParam: AbilityConstant.LaunchParam) {
    this.want = want;
    Logger.info('EntryAbility',
        `onCreate want = ${JSON.stringify(this.want)}, launchParam = ${JSON.stringify(launchParam)}`);
    // remoteDeviceModel 类对象封装了所有分布式相关的方法，具体的代码会在下面贴出，这里是创建分布式设备管理
    remoteDeviceModel.createDeviceManager();
}
// 注册监听应用上下文的生命周期后，在 UIAbility 的 onNewWant 触发前回调
onNewWant(want: Want, launchParam: AbilityConstant.LaunchParam) {
    this.want = want;
    Logger.info('EntryAbility',
        `onNewWant want = ${JSON.stringify(this.want)}, launchParam = ${JSON.stringify(launchParam)}`);

    if (this.want?.parameters?.positionList) {
        let positionList: Position[] = JSON.parse((this.want.parameters.positionList) as string);
        this.storage.setOrCreate('positionList', positionList);
```

```
        this.storage.setOrCreate('updateCanvas', true);
    }
}
```

至此，分布式设备管理的流程已经实现。

6.7.3 绘图部分

本项目中绘图所使用的组件主要是 Canvas（画布）组件，其属性与 HTML5 的 canvas 属性相同，只是在语法上具备 ArkUI 的语法特征。

开发者使用 CanvasRenderingContext2D 对象和 OffscreenCanvasRenderingContext2D 对象在 Canvas 组件上进行绘制，绘制对象可以是基础形状、文本、图片等。OffscreenCanvasRenderingContext2D 对象和 CanvasRenderingContext2D 对象提供了大量的属性和方法，可以用来绘制文本、图形、处理像素等，是 Canvas 组件的核心。常用接口有 fill（对封闭路径进行填充）、clip（设置当前路径为剪切路径）、stroke（进行边框绘制操作）等，同时提供了 fillStyle（指定绘制的填充色）、globalAlpha（设置透明度）与 strokeStyle（设置描边的颜色）等属性修改绘制内容的样式。

> 微课 6-1
> 画布的使用：
> 时钟案例

本项目的开发步骤如下。

1. 建立画布

```
Row() {
    Canvas(this.canvasContext)
      .width(CommonConstants.FULL_PERCENT)
      .height(CommonConstants.FULL_PERCENT)
      .backgroundColor( $r('app.color.start_window_background'))
      // #c7bdb8
      .onReady(() => {
        // 此方法用于重置画布，因为已经对画布进行了一些初始化设置，后续在重置画布时可以直接调用此方法
        this.redraw();
      })
    }
    .onTouch((event: TouchEvent) => {
      this.onTouchEvent(event);    // 此方法用于监听整个画布的手势动作
    })
    .width("96% ")
    .margin("2% ")
    .border({
      width:1,
      color:"#C7C7C7"
    })
    .layoutWeight(CommonConstants.NUMBER_ONE)
```

2. 重置画布

重置画布可使用 redraw( )方法，这里主要是设置样式。

```
redraw(): void {
  this.canvasContext.clearRect (0, 0, this.canvasContext.width, this.canvasContext.
height);
  for (let index = 0; index < 20; index++) {
    this.canvasContext.beginPath()
    this.canvasContext.lineWidth = 1
    this.canvasContext.strokeStyle = '#c7bdb8'
    this.canvasContext.moveTo(0, 80* index)
    this.canvasContext.lineTo(this.canvasContext.height, 80* index)
    this.canvasContext.stroke()
  }
  this.canvasContext.strokeStyle = '#000000'
  this.positionList.forEach((position) => {
    Logger.info('Index', `redraw position = ${JSON.stringify(position)}`);
    if (position.isFirstPosition) {
      this.canvasContext.beginPath();
      this.canvasContext.lineWidth = CommonConstants.CANVAS_LINE_WIDTH;
      this.canvasContext.lineJoin = CommonConstants.CANVAS_LINE_JOIN;
      this.canvasContext.moveTo(position.positionX, position.positionY);
    } else {
      this.canvasContext.lineTo(position.positionX, position.positionY);
      if (position.isEndPosition) {
        this.canvasContext.stroke();
      }
    }
  });
}
```

3. 监听手势

onTouchEvent( )方法用于捕捉用户的操作和绘画的动作。

```
onTouchEvent(event: TouchEvent): void {
    this.canvasContext.strokeStyle = '#000000'
    let positionX: number = event.touches[0].x;
    let positionY: number = event.touches[0].y;
    switch (event.type) {
      case TouchType.Down: {
        this.canvasContext.beginPath();
        this.canvasContext.lineWidth = CommonConstants.CANVAS_LINE_WIDTH;
        this.canvasContext.lineJoin = CommonConstants.CANVAS_LINE_JOIN;
        this.canvasContext.moveTo(positionX, positionY);
        this.pushData(true, false, positionX, positionY);
        break;
```

```
        }
        case TouchType.Move: {
          this.canvasContext.lineTo(positionX, positionY);
          this.canvasContext.stroke();
          this.pushData(false, true, positionX, positionY);
          break;
        }
        case TouchType.Up: {
          this.canvasContext.lineTo(positionX, positionY);
          this.canvasContext.stroke();
          this.pushData(false, true, positionX, positionY);
          break;
        }
        default: {
          break;
        }
      }
    }
```

pushData( )是用来存储页面的方法，它将用户的每一步操作所产生的滑动数据存储到分布式键值数据库中。该方法需要调用 distributedKVStore 对象，实现整个画布逻辑、数据与渲染的分离。

4. 数据存储

具体代码请参考本书配套资源。

6.8 本章小结

本章对 OpenHarmony 的程序框架服务和方舟 UI 框架进行了详细介绍，主要从工作流程、Stage 模型、应用组件、程序访问控制与 ArkUI 开发等方面展开阐述，最后讲述了一个北向开发的典型项目——分布式绘图。通过本章的学习，读者可以了解 OpenHarmony 程序开发的基础知识，为后续的学习打下基础。

习题

一、单项选择题

1. Ability Kit 提供了应用程序开发和运行的（　　）。
   A. 应用模型　　　　　B. 设备模型　　　　　C. 系统模型　　　　　D. 硬件模型
2. ArkUI 框架为应用的 UI 开发提供了（　　）。
   A. 仅组件　　　　　　B. 仅布局　　　　　　C. 完整的基础设施　　D. 仅动画
3. Ability Kit 的使用场景不包括以下哪一项？（　　）
   A. 应用的多 Module 开发　　　　　　　　　B. 应用内的交互

C. 应用间的交互 D. 应用的单设备运行
4. Stage 模型中，UIAbility 组件主要用于（   ）。
A. 数据存储 B. 用户交互 C. 系统管理 D. 设备控制
5. ExtensionAbility 组件是基于（   ）提供的应用组件。
A. 通用场景 B. 特定场景 C. 多设备场景 D. 单设备场景
6. Ability Stage 组件容器与（   ）一一对应。
A. 应用 B. Module C. 设备 D. 用户
7. Context 提供了哪些基础信息？（   ）
A. 仅资源管理 B. 仅应用信息
C. 应用信息和资源管理 D. 仅文件路径
8. Want 是一种用于（   ）的对象。
A. 数据存储 B. 信息传递 C. 设备管理 D. 系统配置

二、判断题

1. ArkUI 框架仅支持基于 ArkTS 的声明式开发范式。（   ）
2. ArkUI 框架中，按钮组件的类型包括方形按钮。（   ）

第 7 章 OpenHarmony 编译构建

不论是南向开发或者北向开发，编译都是其中的一个重要环节。OpenHarmony 编译子系统以 GN 和 Ninja 构建为基础，对构建和配置粒度进行部件化抽象、对内建模块进行功能增强、对业务模块进行功能扩展。该系统提供以下基本功能：

1) 以部件为最小粒度拼装产品和独立编译。
2) 支持轻量、小型、标准三种系统解决方案的版本构建。
3) 支持构建 IDE 集成的开发套件（SDK），供应用开发者使用。
4) 支持芯片解决方案厂商的灵活定制和独立编译。

7.1 OpenHarmony 编译基础知识

OpenHarmony 编译子系统涉及以下主要概念。

1) 平台：平台是开发板和内核的组合，不同平台支持的子系统和部件不同。
2) 产品：产品是包含一系列部件的集合，编译后产品的镜像包可以运行在不同的开发板上。
3) 子系统：子系统是一个逻辑概念，它由对应的部件构成。
4) 部件：部件是对子系统的进一步拆分，是可复用的软件单元。需要注意的是，下文中的芯片解决方案在本质上是一种特殊的部件。
5) 模块：模块是编译子系统的一个编译目标，部件也可以是编译目标。
6) 特性：特性是部件用于体现不同产品之间差异的功能属性。
7) GN：Generate Ninja 的缩写，用于产生 Ninja 文件。
8) Ninja：Ninja 是一个专注于速度的小型构建系统。
9) hb：OpenHarmony 的命令行工具，用来执行编译命令。

基于以上概念，编译子系统通过配置来实现编译和打包。该子系统主要包括模块、部件、子系统、产品，它们之间的关系如图 7-1 所示。

子系统是某个路径下所有部件的集合，一个部件只能属于一个子系统。部件是模块的集合，一个模块只能属于一个部件。通过产品配置文件配置一个产品包含的部件列表，相同部件在不同产品中的配置可以复用。部件在不同产品中的实现可以有差异，通过变体或者特性（Feature）实现差异化。模块就是编译子系统的一个编译目标，部件也可以是编译目标。

编译构建可以编译产品、部件和模块，但是不能编译子系统。编译构建流程如图 7-2 所示，主要分设置和编译两步。

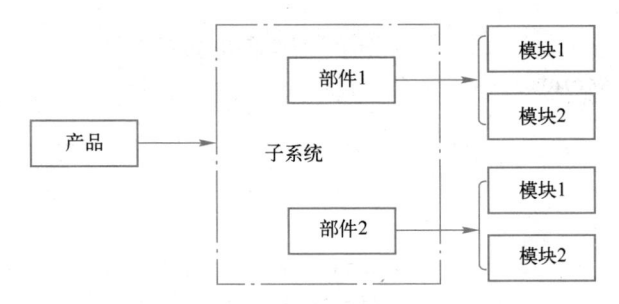

图 7-1 编译子系统各部分之间的关系

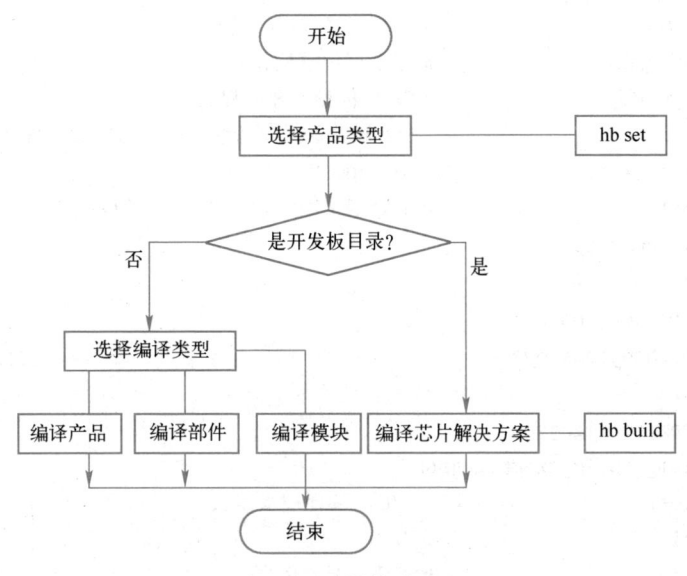

图 7-2 编译构建流程

在图 7-2 中可以发现，设置这一步是通过 hb set 命令设置要编译的产品来完成的。而第二步编译则是通过 hb build 命令实现的，支持产品、开发板或者部件的编译。编译的主要过程如下。

1）读取编译配置：根据产品选择的开发板，读取开发板 config.gni 文件内容，主要包括编译工具链、编译链接命令和选项等。

2）调用 GN：调用 gn gen 命令，根据产品配置生成产品解决方案的 out 目录和 Ninja 文件。

3）调用 Ninja：调用 ninja -C out/board/product 命令启动编译。

4）系统镜像打包：将部件编译产物打包，设置文件属性和权限，制作文件系统镜像。

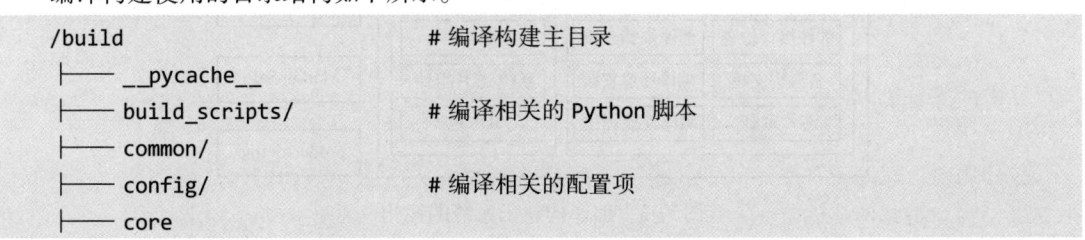

综合来看，编译构建子系统的架构如图 7-3 所示。

编译构建使用的目录结构如下所示。

```
/build                       # 编译构建主目录
├── __pycache__
├── build_scripts/           # 编译相关的 Python 脚本
├── common/
├── config/                  # 编译相关的配置项
├── core
```

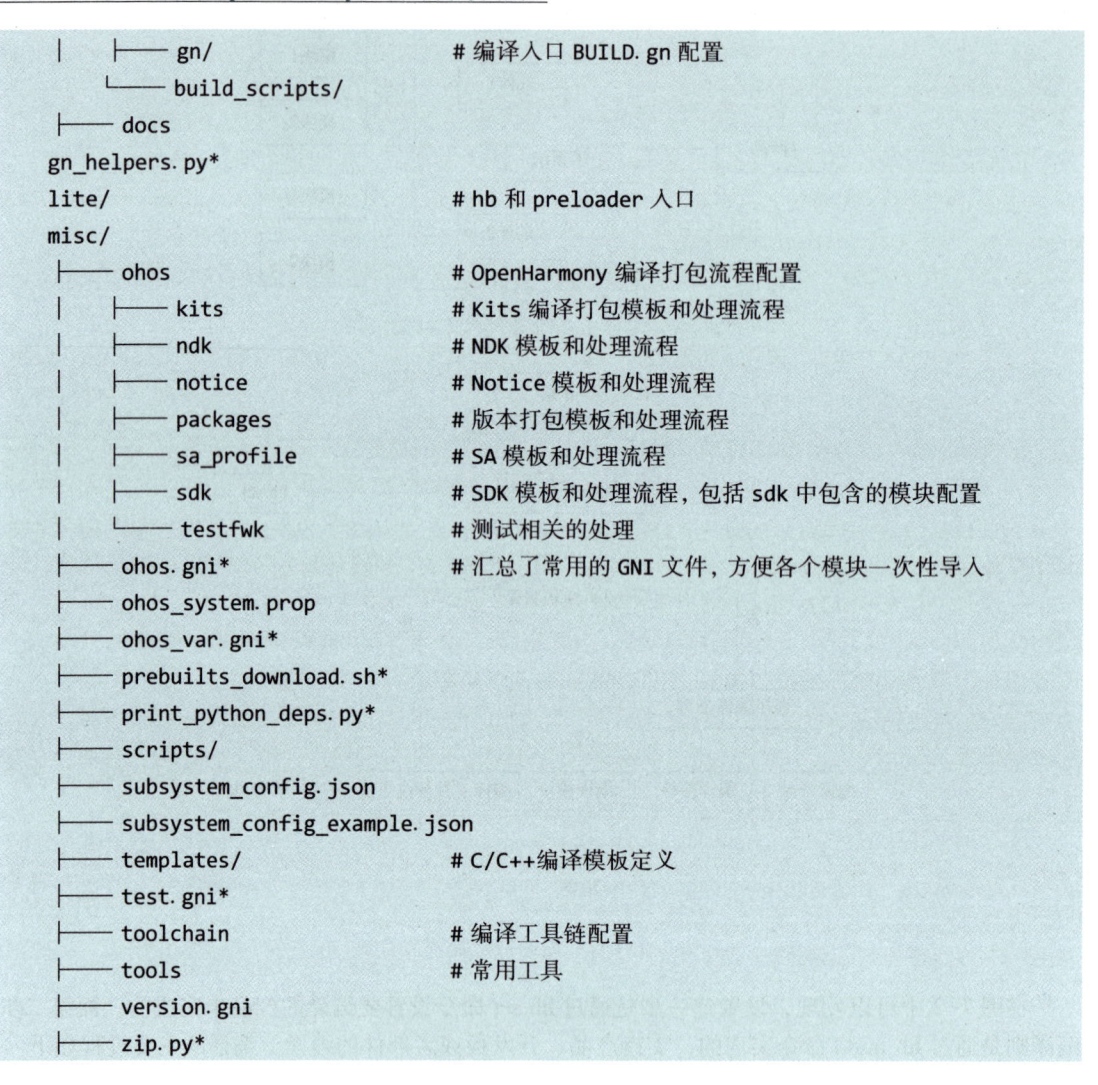

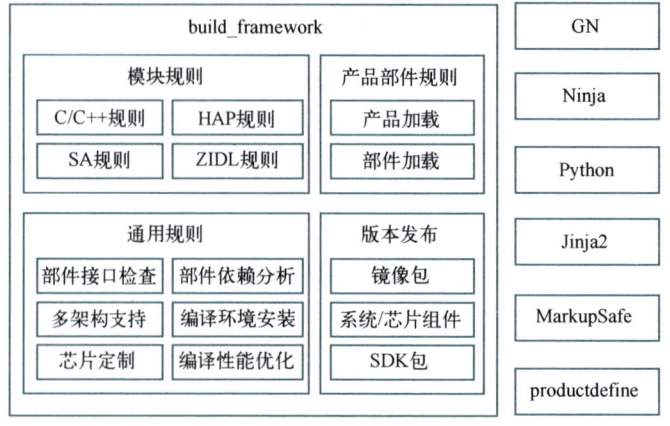

```
│       ├── gn/                          # 编译入口 BUILD.gn 配置
│       └── build_scripts/
├── docs
   gn_helpers.py*
   lite/                                 # hb 和 preloader 入口
   misc/
├── ohos                                 # OpenHarmony 编译打包流程配置
│   ├── kits                             # Kits 编译打包模板和处理流程
│   ├── ndk                              # NDK 模板和处理流程
│   ├── notice                           # Notice 模板和处理流程
│   ├── packages                         # 版本打包模板和处理流程
│   ├── sa_profile                       # SA 模板和处理流程
│   ├── sdk                              # SDK 模板和处理流程，包括 sdk 中包含的模块配置
│   └── testfwk                          # 测试相关的处理
├── ohos.gni*                            # 汇总了常用的 GNI 文件，方便各个模块一次性导入
├── ohos_system.prop
├── ohos_var.gni*
├── prebuilts_download.sh*
├── print_python_deps.py*
├── scripts/
├── subsystem_config.json
├── subsystem_config_example.json
├── templates/                           # C/C++编译模板定义
├── test.gni*
├── toolchain                            # 编译工具链配置
├── tools                                # 常用工具
├── version.gni
└── zip.py*
```

build_framework			GN
模块规则		产品部件规则	Ninja
C/C++规则	HAP规则	产品加载	Python
SA规则	ZIDL规则	部件加载	Jinja2
通用规则		版本发布	MarkupSafe
部件接口检查	部件依赖分析	镜像包	productdefine
多架构支持	编译环境安装	系统/芯片组件	
芯片定制	编译性能优化	SDK包	

图 7-3 编译构建子系统的架构

7.2 编译构建 Kconfig 可视化配置

可视化配置功能基于 Kconfiglib 工具与 Kconfig 格式实现,方便用户对 OpenHarmony 产品子系统部件进行个性化配置。Kconfig 是一种 Linux 可视化配置文件格式。Kconfiglib 是一款基于 Kconfig 格式实现的 Linux 可视化配置工具。

为了理解 Kconfig 文件的作用,需要先了解内核配置界面。在内核源码的根目录下运行命令:

```
make CROSS_COMPILE=riscv64-linux-gnu- ARCH=riscv menuconfig
```

此时会出现一个菜单式的内核配置界面,通过它可以对支持的芯片类型和驱动程序进行选择,或者去除不需要的选项等,这个过程就称为"配置内核"。

这里需要说明的是,除了 make menuconfig 等内核配置命令之外,Linux 还提供了 make config 和 make xconfig 命令,分别用于实现字符界面和 X-Window 图形界面的配置。字符界面配置方式需要回答每一个选项提示,但逐个回答内核上千个选项几乎是行不通的。X-Window 图形界面配置操作便捷。本节主要介绍 make menuconfig 实现的光标菜单配置接口。

在内核源码的绝大多数子目录中,都具有一个 Makefile 文件和 Kconfig 文件。Kconfig 文件就是内核配置界面的源文件,它的内容被内核配置程序读取用以生成配置界面,从而供开发人员配置内核,并根据具体的配置在内核源码根目录下生成相应的 .config 配置文件。

内核的配置界面以树状的菜单形式组织,菜单名称末尾标有"--->"的,表明其下还有下一级子菜单或者选项。每个子菜单或选项都可以有依赖关系,用来确定它们是否显示,只有被依赖的父项被选中,子项才会显示。

Kconfig 文件的基本要素是 config 条目(entry),它用来配置一个选项,或者可以说,它用于生成一个变量,这个变量会连同它的值一起被写入 .config 配置文件中。下面以 fs/jffs2/Kconfig 为例说明。

示例 7-1:Kconfig 案例

```
tristate "Journalling Flash File System v2 (JFFS2) support"
select CRC32
depends on MTD
help
  JFFS2 is the second generation of the Journalling Flash File System
  for use on diskless embedded devices. It provides improved wear
  levelling, compression and support for hard links. You cannot use
  this on normal block devices, only on 'MTD'devices.
```

config JFFS2_FS 用于配置 CONFIG_JFFS2_FS,根据用户的选择,在 .config 配置文件中会出现下面 3 种结果之一:

```
CONFIG_JFFS2_FS=y
CONFIG_JFFS2_FS=m
# CONFIG_JFFS2_FS is not set
```

之所以会出现这 3 种结果是由于该选项的变量类型为 tristate(三态),它的取值有 3 种:y、m、空,分别对应使能配置并编译进内核、使能配置并编译成内核模块、不使能该配置。如果变量类型为 bool（布尔），则取值只有 y 和空。除了 tristate 和 bool 型，变量类型还有 string（字符串）、hex（十六进制整数）和 int（十进制整数）。变量类型后面所跟的字符串是配置界面上显示的该选项的提示信息。

第 2 行的"select CRC32"表示如果当前配置选项被选中，则 CRC32 选项也会被自动选中。第 3 行的"depends on MTD"则表示当前配置选项依赖于 MTD 选项，只有 MTD 选项被选中时，才会显示当前配置选项的提示信息。"help"及之后的内容都是帮助信息。

菜单对应于 Kconfig 文件中的 menu 条目，它包含多个 config 条目。choice 条目将多个类似的配置选项组合在一起，供用户单选或多选。comment 条目用于定义一些帮助信息，这些信息出现在配置界面的第一行，并且还会出现在 .config 配置文件中。最后的 source 条目用来读入另一个 Kconfig 文件。

环境配置所需要的 Kconfiglib 已内置在 OpenHarmony 自带的 hb 工具中。执行如下命令进行可视化配置。

```
#进入 build 仓下目录
cd build/tools/component_tools
menuconfig kconfig
```

如上述命令执行失败，可先使用如图 7-4 所示的命令，再重新进行可视化配置。

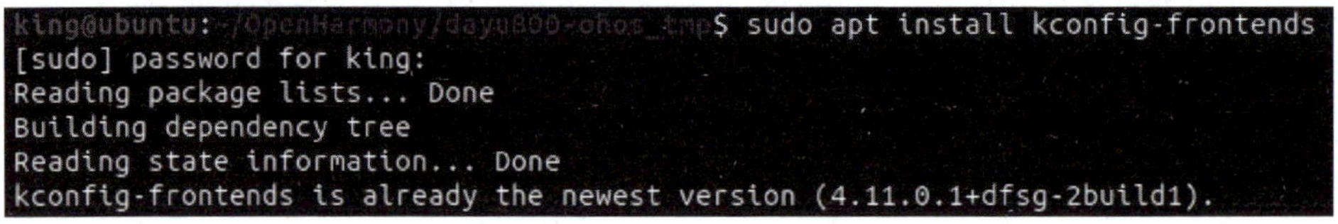

图 7-4　安装 Kconfig 前端工具集

完成上述配置后执行 menuconfig kconfig 命令，可进入配置界面，如图 7-5 所示。

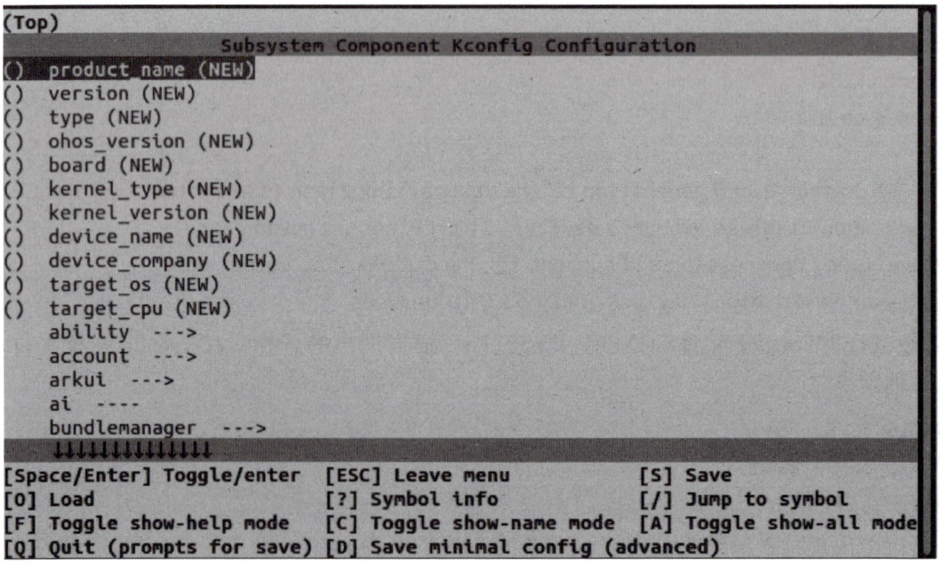

图 7-5　配置界面

参数配置项可以参考 productdefine/common/base/base_product.json 文件。具体的参数配置操作过程为：选择部件并配置；通过按方向键选择子系统；按〈Enter〉键，进入子系统的部件列表（注意，输入特性（feature）时，用英文逗号将多项输入分隔开）；然后按〈S〉键保存文件，文件名可自定义，默认为当前目录下的.config 文件。此文件为中间过渡文件。

完成配置并保存后，系统将自动执行以下步骤生成最终的 OpenHarmony 配置文件。

1）GN 编译全量产品。

```
cp productdefine/common/base/base_product.json productdefine/common/products/ohos-arm64.json
./build.sh --product-name ohos-arm64 --build-only-gn --ccache --gn-args pycache_enable=true --gn-args check_deps=true --build-only-gn
```

2）生成部件依赖文件。

```
./build/tools/module_dependence/part_deps.py --deps-files-path out/arm64/deps_files
# output: out/arm64/part_deps_info/part_deps_info.json
```

3）生成 OpenHarmony 配置文件。

```
cd build/tools/component_tools
python3 parse_kconf.py --deps=/path/to/out/arm64/part_deps_info/part_deps_info.json
```

输出文件默认为当前目录下的 product.json，也可以使用 python3 parse_kconf.py --out="example/out.json" 来指定输出文件的位置。

由于产品的不断更新迭代，全量部件列表 productdefine/common/base/base_product.json 也会随之不断更新，从而导致 Kconfig 菜单缺少最新部件。解决办法是更新 Kconfig 文件。

```
cd build/tools/component_tools
python3 generate_kconfig.py
```

7.3 产品适配规则（标准系统）

产品解决方案为基于开发板的完整产品，主要包含产品对操作系统的适配、部件拼装配置、启动配置和文件系统配置等。本节介绍针对润开鸿鸿锐开发板 SC-DAYU800A 的 OpenHarmony 标准系统的产品适配规则。OpenHarmony 标准系统的产品编译适配涉及工具链和编译参数，详情请参考本书配套资源。

7.3.1 目录功能介绍

OpenHarmony 标准系统适配新产品的开发方法的前提是在 vendor、device/board 和 device/soc 三个目录下创建了产品相关的三个目录 vendor/hihope/${product_name}、device/board/hihope/${product_name} 和 device/soc/${chip_product}/${chip}。以 SC-DAYU800A 开发板为例，在当前产品中，product_name 设置为 dayu800，chip_product 设置为 thead，chip 设置为 th1520。因此本节后面描述中直接使用当前产品名，而不再使用 ${product_name}、${chip_product} 和 ${chip}。

> vendor/hihope/dayu800 目录主要存放厂家资料以及产品配置文件，包括描述产品的 config.json、产品的 HCS 配置文件以及其他配置文件等。

- device/board/hihope/dayu800 目录主要用于存放开发板相关的文件，包括外设驱动、启动参数、内核编译相关文件、烧录相关文件、u-boot 相关文件以及升级相关文件。
- device/soc/thead/th1520 目录主要用于存放和芯片 SoC 相关的文件和库，这些文件只会因芯片 SoC 改变才会修改，而不会因为开发板变化而进行修改。

7.3.2 产品仓适配

快速适配 vendor/hihope/dayu800、device/board/hihope/dayu800、device/soc/thead/th1520 这三个仓的方法是"学习"能编译通过的产品，例如 RK3568 产品，将其复制一份并以当前产品名重命名，然后按照以下步骤根据自己产品的特性逐步修改。

1. vendor/hihope/dayu800 适配步骤

1）config.json 文件适配。该文件描述了产品所使用的 SoC 以及所需的子系统，具体选项描述参见表 7-1。

表 7-1　config.json 文件适配

配置项	说明
product_name	（必填）产品名称
version	（必填）版本
type	（必填）配置的系统级别，包含 small、standard 等
target_cpu	（必填）设备的 CPU 类型。根据实际情况，这里的 target_cpu 也可能是 arm64、RISC-V、x86 等
ohos_version	（选填）操作系统版本
device_company	（必填）设备厂商名
board	（必填）开发板名称
enable_ramdisk	（必填）是否启动 ramdisk
kernel_type	（选填）内核类型
kernel_version	（选填）kernel_type 与 kernel_version 在标准系统中是固定的，不需要填写
subsystems	（必填）系统需要启用的子系统
product_company	不体现在配置中，而是目录名，vendor 的下一级目录就是 product_company，BUILD.gn 脚本依然可以访问

2）ohos.build 文件适配。该文件描述的是产品子系统，这里使用的是 product_dayu800。需要将复制过来的文件中的相关名称修改为当前产品的子系统名，同时需要修改 ohos.build 的 module_list 下的模块及子模块，将其中的 part_name 和 subsystem_name 全部修改为 product_dayu800。

3）产品配置目录及文件修改。表 7-2 列举了产品配置目录与文件，开发者可根据实际情况进行修改。

表 7-2　产品配置目录与文件

目录/文件名	功能介绍
audio 目录	该目录下是 audio 测试配置文件，根据实际情况配置
bluetooth 目录	该目录下是蓝牙厂家的文件，根据实际情况配置

(续)

目录/文件名	功 能 介 绍
custom_config 目录	开机启动动画的路径配置
default_app_config 目录	默认 app 列表配置
demo 目录	存放 demo app
etc 目录	产品参数配置
hal 目录	硬件配置
hdf_config 目录	该目录下的文件是 HDF 驱动框架的配置描述源码,需要结合具体 HDF 驱动功能进行配置
preinstall-config 目录	预安装列表
resourceschedule 目录	产品资源表目录,该目录下的文件通常在系统源代码中已存在,这里只是针对默认文件进行了修改
security_config 目录	安全相关的配置文件
updater_config 目录	升级相关的配置
window_config 目录	显示和窗口配置文件,这些文件在系统源代码中已存在,这里是针对本产品的修改
product.gni 文件	该文件被 test/xts/hats/hdf/camera/cameraHdi 里的用例 BUILD.gn 引用,用于寻找实际产品配置文件

2. device/board/hihope/dayu800 适配步骤

1)ohos.build 文件适配。该文件描述的是设备子系统,这里使用的是 device_th1520。需要将复制过来的文件中的相关名称修改为当前设备子系统名,同时需要修改 ohos.build 的 module_list 下的模块及子模块,将其中的 part_name 和 subsystem_name 全部修改为 device_th1520。

2)设备目录功能适配介绍。表 7-3 列举了设备目录及功能。

表 7-3 设备目录及功能

目录/文件名	功 能 介 绍
audio_drivers 目录	audio 驱动代码,根据实际产品的 audio 驱动适配
bootanimation 目录	开机启动画面文件
camera 目录	Camera 外设框架代码
cfg 目录	产品的 fstab 文件和设备开机启动脚本
distributedhardware 目录	分布式硬件相关的配置文件
kernel 目录	内核编译相关的脚本以及内核产品文件
uboot 目录	产品 u-boot 的源码和编译源码涉及的工具
updater 目录	系统升级涉及的相关文件
loader 目录	产品的启动固件,厂家提供的闭源文件
config.gni 文件	设备基本信息参数
device.gni 文件	产品特性参数配置

3. device/soc/thead/th1520 适配步骤

这个目录主要涉及两个目录 hardware 和 kernel 的适配,其中 hardware 目录存放的是芯片厂家提供的硬件相关的源码、闭源库以及配置文件；kernel 目录存放的是从 Linux 内核中抽象出来的和芯片 SoC 相关的独立源码和独立驱动代码，其设计目的是在版本升级时无须修改驱动部分。

SC-DAYU800A 开发板的具体产品适配细节请见本书配套资源。

7.4 子系统配置

通过 build 仓下的 subsystem_config.json 可以查看所有子系统的配置规则。

```
{
  "arkui": {
    "path": "foundation/arkui",      # 路径
    "name": "arkui"                  # 子系统名
  },
  "ai": {
    "path": "foundation/ai",
    "name": "ai"
  },
  "account": {
    "path": "base/account",
    "name": "account"
  },
  "distributeddatamgr": {
    "path": "foundation/distributeddatamgr",
    "name": "distributeddatamgr"
  },
  "security": {
    "path": "base/security",
    "name": "security"
  },
  ...
}
```

子系统的配置规则主要通过 build/subsystem_config.json 文件定义，该文件用于指定子系统的路径和子系统名称。

7.5 部件配置规则及编译

7.5.1 部件配置规则

部件的 bundle.json 位于部件源码的根目录下。以泛 sensor 子系统的 sensor 服务部件为例，其 bundle.json 文件中各字段的说明如下。

```
{
    "name": "@ohos/sensor_lite",        # HPM 部件英文名称,格式为"@组织/部件名称"
```

```
    "description": "Sensor services",      # 关于部件功能的一句话描述
    "version": "3.1",                       # 版本号，版本号与 OpenHarmony 版本号一致
    "license": "MIT",                       # 部件 License
    "publishAs": "code-segment",            # HPM 包的发布方式，当前默认都为 code-segment
    "segment": {
        "destPath": ""
# 发布类型为 code-segment 时为必填项，定义发布类型 code-segment 的代码还原路径（源码
路径）
    },
    "dirs": {"base/sensors/sensor_lite"},   # HPM 包的目录结构，字段必填，值可以为空
    "scripts": {},                          # HPM 包定义需要执行的脚本，字段必填，值非必填
    "licensePath": "COPYING",
    "readmePath": {
        "en": "README.rst"
    },
    "component": {                          # 部件属性
        "name": "sensor_lite",              # 部件名称
        "subsystem":"",                     # 部件所属子系统
        "syscap": [],                       # 部件为应用提供的系统能力
# 部件对外的可配置特性列表，一般与 build 中的 sub_component 对应，可供产品配置
        "features": [],
# 轻量 (mini)、小型 (small) 和标准 (standard)，可以是多个
        "adapted_system_type": [],
        "rom": "92KB",                      # 部件 ROM 值
        "ram": "~200KB",                    # 部件 RAM 估值
        "deps": {
            "components": [                 # 部件依赖的其他部件
                "samgr_lite",
                "ipc_lite"
            ],
            "third_party": [                # 部件依赖的第三方开源软件
                "bounds_checking_function"
            ],
        "hisysevent_config": []             # 部件 HiSysEvent 打点配置文件编译入口
    }
        "build": {                          # 编译相关配置
            "sub_component": [
                "// base/sensors/sensor_lite/services:sensor_service",   # 部件编译入口
            ],                              # 部件编译入口，在此处配置模块
            "inner_kits": [],               # 部件间接口
            "test": []                      # 部件测试用例编译入口
        }
    }
}
```

注意：LiteOS 的旧版部件配置在 build/lite/components 目录下对应子系统的 JSON 文件中，路径规则为：{领域}/{子系统}/{部件}。部件目录树的规则如下：

```
component
├── interfaces
│   ├── innerkits              # 系统内接口,部件间使用
│   └── kits                   # 应用接口,应用开发者使用
├── frameworks                 # framework 实现
├── services                   # service 实现
└── BUILD.gn                   # 部件编译脚本
```

在进行部件配置时需要配置部件的名称、源码路径、功能简介、是否必选、编译目标、RAM、ROM、编译输出、已适配的内核、可配置的特性和依赖等属性定义。新增部件时需要在对应子系统 JSON 文件中添加相应的部件定义。产品所配置的部件必须在某个子系统中被定义过,否则会校验失败。

7.5.2 新增并编译部件

本节以添加一个自定义的部件为例,描述如何编译部件库、可执行文件等。

(1) 添加部件

示例部件 partA 由 feature1、feature2 和 feature3 组成,feature1 的编译目标为一个动态库,feature2 的编译目标为一个可执行程序,feature3 的编译目标为一个 ETC 配置文件。

示例部件 partA 的配置需要添加到一个子系统中,本示例将添加到 subsystem_examples 子系统中(subsystem_examples 子系统定义在 test/examples/ 目录下)。

示例 7-2:示例部件 partA 的完整目录结构

```
test/examples/partA
├── feature1
│   ├── BUILD.gn
│   ├── include
│   │   └── helloworld1.h
│   └── src
│       └── helloworld1.cpp
├── feature2
│   ├── BUILD.gn
│   ├── include
│   │   └── helloworld2.h
│   └── src
│       └── helloworld2.cpp
└── feature3
    ├── BUILD.gn
    └── src
        └── config.conf
```

示例 7-3:编写动态库 GN 脚本(test/examples/partA/feature1/BUILD.gn)示例

```
config("helloworld_lib_config") {
  include_dirs = [ "include" ]
}

ohos_shared_library("helloworld_lib") {
  sources = [
```

```
    "include/helloworld1.h",
    "src/helloworld1.cpp",
  ]
  public_configs = [ ":helloworld_lib_config" ]
  part_name = "partA"
}
```

示例 7-4：编写可执行文件 GN 脚本（test/examples/partA/feature2/BUILD.gn）示例

```
ohos_executable("helloworld_bin") {
  sources = [
    "src/helloworld2.cpp"
  ]
  include_dirs = [ "include" ]
  deps = [                              # 依赖部件内模块
    "../feature1:helloworld_lib"
  ]
  # (可选) 如果有跨部件的依赖, 格式为"部件名:模块名"
  external_deps = [ "partB:module1" ]
  install_enable = true                 # 可执行程序默认不安装, 需要安装时再指定
  part_name = "partA"
}
```

示例 7-5：编写 ETC 模块 GN 脚本（test/examples/partA/feature3/BUILD.gn）示例

```
ohos_prebuilt_etc("feature3_etc") {
  source = "src/config.conf"
  # 可选, 指定模块安装的相对路径 (相对于默认安装路径), 默认为/system/etc 目录
  relative_install_dir = "init"
  part_name = "partA"
}
```

示例 7-6：在部件的 bundle.json 中添加模块配置，配置文件路径为 test/examples/bundle.json。每个部件都有一个位于其根目录下的 bundle.json 配置文件。

(2) 将部件添加到产品配置中

在产品配置中添加部件，产品对应的配置文件路径为//vendor/{product_company}/{product-name}/config.json。下面以//vendor/hihope/dayu800/config.json 为例介绍。

```
{
  "product_name": "dayu800",
  "device_company": "thead",
  "device_build_path": "device/board/hihope/dayu800",
  "target_cpu": "riscv64",
  "type": "standard",
  "version": "3.0",
  "board": "dayu800",
  "api_version": 11,
  "enable_ramdisk": true,
  "build_selinux": false,
  "build_seccomp": false,
  "inherit": [ "vendor/hihope/dayu800/rich.json", "vendor/hihope/dayu800/chipset_common.json" ],
```

```
"subsystems": [
  {
    "subsystem": "subsystem_examples",        # 部件所属子系统
    "components": [
      {
        "component":"partA",                   # 部件名称
        "features": []                         # 部件对外的可配置特性列表
      }
    ]
  },
  ...
}
```

从中可以看出产品名称、芯片厂商等；inherit 指出依赖的通用组件；subsystems 指出通用组件以外的部件。在产品配置文件中添加"subsystem_examples：partA"，表示该产品会编译并打包 partA 到版本中。

（3）编译

部件主要有两种编译方式，命令行方式和 hb 方式，下面以命令行方式为例介绍。

部件可以使用"--build-target 部件名"进行单独编译，以编译产品 dayu800 的 musl 部件为例，编译命令如下：

```
./build.sh --product-name dayu800 --build-target musl --ccache
```

也可以编译相应产品，以编译 dayu800 为例，编译命令如下：

```
./build.sh --product-name dayu800 --ccache
```

（4）编译输出

编译所生成的文件都归档在 out/dayu800/目录下。

7.6 模块配置规则及编译

7.6.1 模块配置规则

编译子系统通过模块、部件和产品三层配置来实现编译和打包。模块就是编译子系统的一个目标，包括（动态库、静态库、配置文件、预编译模块等）。模块要定义其属于哪个部件，一个模块只能归属于一个部件。OpenHarmony 使用定制化的 GN 模板来配置模块规则。

示例 7-7：常用的模块配置规则

```
# C/C++模板
ohos_shared_library
ohos_static_library
ohos_executable
ohos_source_set
# 预编译模板
ohos_prebuilt_executable
ohos_prebuilt_shared_library
ohos_prebuilt_static_library
```

```
# HAP 模板
ohos_hap
ohos_app_scope
ohos_js_assets
ohos_resources
# Rust 模板
ohos_rust_executable
ohos_rust_shared_library
ohos_rust_static_library
ohos_rust_proc_macro
ohos_rust_shared_ffi
ohos_rust_static_ffi
ohos_rust_cargo_crate
ohos_rust_systemtest
ohos_rust_unittest
ohos_rust_fuzztest
# 其他常用模板
# 配置文件
ohos_prebuilt_etc
# SA 配置
ohos_sa_profile
```

推荐使用 OHOS 定制模板。

1. C/C++模板示例

以 ohos 开头的模板对应的 .gni 文件路径为 OpenHarmony/build/templates/cxx/cxx.gni。

示例 7-8: ohos_shared_library 示例

```
import("//build/ohos.gni")
ohos_shared_library("helloworld") {
  sources = ["file"]
  include_dirs = []           # 如有重复头文件定义,优先使用前面的路径头文件
  cflags = []                 # 如重复冲突定义,后面的参数优先生效,即该配置项中优先生效
  cflags_c = []
  cflags_cc = []
  # 如重复冲突定义,前面的参数优先生效,即 ohos_template 中预置的参数优先生效
  ldflags = []
  configs = []
  deps = []                   # 部件内模块依赖

  external_deps = [           # 跨部件模块依赖定义
    "part_name:module_name",  # 定义格式为 "部件名:模块名称"
  ]                           # 依赖的模块必须在部件 inner_kits 中声明

  output_name = [string]      # 模块输出名
  output_extension = []       # 模块名后缀
  # 模块安装路径,默认在/system/lib64 或/system/lib 下;模块安装路径从 system/或 vendor/
后开始指定
  module_install_dir = ""
  # 模块安装相对路径,相对于/system/lib64 或/system/lib;如果配置了 module_install_dir,
则该配置不生效
```

```
    relative_install_dir =""

    part_name =""                           # 必选，所属部件名称
    output_dir

    # Sanitizer 配置，每项都是可选的，默认为 false/空
    sanitize = {
      # 各个 Sanitizer 开关
      cfi = [boolean]                       # 控制流完整性检测
      cfi_cross_dso = [boolean]             # 开启跨 so 调用的控制流完整性检测
      integer_overflow = [boolean]          # 整数溢出检测
      boundary_sanitize = [boolean]         # 边界检测
      ubsan = [boolean]                     # 部分 ubsan 选项
      all_ubsan = [boolean]                 # 全量 ubsan 选项
      ...

      debug = [boolean]                     # 调测模式
      blocklist = [string]                  # 屏蔽名单路径
    }

    testonly = [boolean]
    license_as_sources = []
    license_file = []                       # 扩展名是 .txt 的文件
    remove_configs = []
    no_default_deps = []
    install_images = []
    install_enable = [boolean]
    symlink_target_name = []
    version_script = []
    use_exceptions = []
}
```

2. ohos_static_library 示例

示例 7-9：ohos_static_library 示例

```
import("// build/ohos.gni")
ohos_static_library("helloworld") {
    sources = ["file"]                      # 扩展名是 .c 的相关文件
    include_dirs = ["dir"]                  # 包含目录
    configs = []                            # 配置
    deps = []                               # 部件内模块依赖
    part_name =""                           # 部件名称
    subsystem_name =""                      # 子系统名称
    cflags = []

    external_deps = [                       # 跨部件模块依赖定义
      "part_name:module_name",              # 定义格式为 "部件名:模块名称"
    ]                                       # 依赖的模块必须在部件 inner_kits 中声明

    lib_dirs = []
```

```
  public_configs = []

  # Sanitizer 配置，每项都是可选的，默认为 false/空
  sanitize = {
    # 各个 Sanitizer 开关
    cfi = [boolean]                     # 控制流完整性检测
    cfi_cross_dso = [boolean]           # 开启跨 so 调用的控制流完整性检测
    integer_overflow = [boolean]        # 整数溢出检测
    boundary_sanitize = [boolean]       # 边界检测
    ubsan = [boolean]                   # 部分 ubsan 选项
    all_ubsan = [boolean]               # 全量 ubsan 选项
    ...
    debug = [boolean]                   # 调测模式
    blocklist = [string]                # 屏蔽名单路径
  }
  remove_configs = []
  no_default_deps = []
  license_file = []                     # 扩展名是 .txt 的文件
  license_as_sources = []
  use_exceptions = []
}
```

3. ohos_source_set 示例

示例 7-10：ohos_source_set 示例

```
import("//build/ohos.gni")
ohos_source_set("helloworld") {
  sources = ["file"]                    # 扩展名是 .c 的相关文件
  include_dirs = []                     # 包含目录
  configs = []                          # 配置
  public = []                           # .h 类型头文件
  defines = []
  public_configs = []
  part_name = ""                        # 部件名称
  subsystem_name = ""                   # 子系统名称
  deps = []                             # 部件内模块依赖

  external_deps = [                     # 跨部件模块依赖定义
    "part_name:module_name",            # 定义格式为 "部件名:模块名称"
  ]                                     # 依赖的模块必须在部件 inner_kits 中声明

  # Sanitizer 配置，每项都是可选的，默认为 false/空
  sanitize = {
    # 各个 Sanitizer 开关
    cfi = [boolean]                     # 控制流完整性检测
    cfi_cross_dso = [boolean]           # 开启跨 so 调用的控制流完整性检测
    integer_overflow = [boolean]        # 整数溢出检测
    boundary_sanitize = [boolean]       # 边界检测
```

```
    ubsan = [boolean]              # 部分 ubsan 选项
    all_ubsan = [boolean]          # 全量 ubsan 选项
    ...
    debug = [boolean]              # 调测模式
    blocklist = [string]           # 屏蔽名单路径
}
testonly = [boolean]
license_as_sources = []
license_file = []
remove_configs = []
no_default_deps = []
license_file = []                  # 扩展名是.txt 的文件
license_as_sources = []
use_exceptions = []
}
```

注意：只有 sources 和 part_name 是必选的，其他都是可选的。

4. 预编译模板示例

预编译模板的.gni 相关文件路径为 OpenHarmony/build/templates/cxx/prebuilt.gni。

（1）ohos_prebuilt_executable 示例

示例 7-11：ohos_prebuilt_executable 示例

```
import("//build/ohos.gni")
ohos_prebuilt_executable("helloworld") {
    source = "file"                # 源
    output = []
    install_enable = [boolean]
    deps = []                      # 部件内模块依赖
    public_configs = []
    subsystem_name = ""            # 子系统名
    part_name = ""                 # 部件名
    testonly = [boolean]
    visibility = []
    install_images = []
    module_install_dir = ""        # 模块安装路径，从 system/或 vendor/后开始指定
    # 模块安装相对路径，相对于 system/etc；如果配置了 module_install_dir，该配置不生效
    relative_install_dir = ""
    symlink_target_name = []
    license_file = []              # 扩展名是.txt 的文件
    license_as_sources = []
}
```

（2）ohos_prebuilt_shared_library 示例

示例 7-12：ohos_prebuilt_shared_library 示例

```
import("//build/ohos.gni")
ohos_prebuilt_shared_library("helloworld") {
    source = "file"                # 一般是扩展名为.so 的文件
    output = []
```

```
    install_enable = [boolean]
    deps = []                             # 部件内模块依赖
    public_configs = []
    subsystem_name = ""                   # 子系统名
    part_name = ""                        # 部件名
    testonly = [boolean]
    visibility = []
    install_images = []
    module_install_dir = ""               # 模块安装路径，从 system/ 或 vendor/ 后开始指定
    # 模块安装相对路径，相对于 system/etc；如果配置了 module_install_dir，该配置不生效
    relative_install_dir = ""
    symlink_target_name = [string]
    license_file = [string]               # 扩展名是 .txt 的文件
    license_as_sources = []
}
```

（3）ohos_prebuilt_static_library 示例

示例 7-13：ohos_prebuilt_static_library 示例

```
import("//build/ohos.gni")
ohos_prebuilt_static_library("helloworld") {
    source = "file"                       # 一般是扩展名为 .so 的文件
    output = []
    deps = []                             # 部件内模块依赖
    public_configs = []
    subsystem_name = ""                   # 子系统名
    part_name = ""                        # 部件名
    testonly = [boolean]
    visibility = []
    license_file = [string]               # 扩展名是 .txt 的文件
    license_as_sources = []
}
```

注意：只有 sources 和 part_name 是必选的，其他都是可选的。

7.6.2 新建模块

新建模块可以分为以下三种情况：在原有部件中添加一个模块，新建部件并在其中添加模块，新建子系统并在该子系统的部件下添加模块。新建模块流程图如图 7-6 所示。如果没有子系统，则须新建子系统并在该子系统的部件下添加模块；如果没有部件，则须新建部件并在其中添加模块，否则直接在原有部件中添加模块即可。需要注意的是芯片解决方案作为特殊部件是没有对应子系统的。

1. 在原有部件中添加一个模块

在模块目录下配置 BUILD.gn，根据模板类型选择对应的 GN 模板，修改 bundle.json 配置文件。

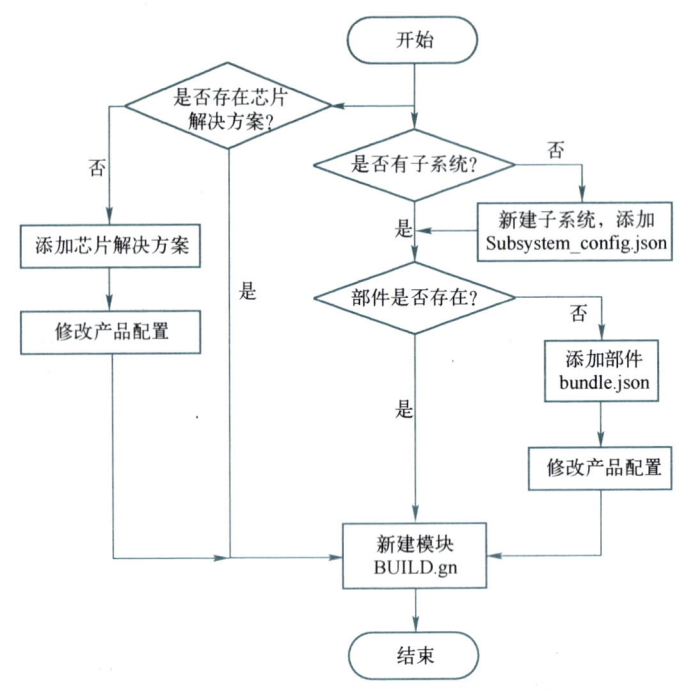

图 7-6 新建模块流程图

```
{
    "name": "@ohos/<component_name>",        # HPM 部件英文名称，格式为"@组织/部件名称"
    "description": "xxxxxxxxxxxxxxxxxxx",    # 部件功能一句话描述
    "version": "4.1",                        # 版本号，版本号与 OpenHarmony 版本号一致
    "license": "MIT",                        # 部件 License
    "publishAs": "code-segment",             # HPM 包的发布方式,当前默认都为 code-segment
    "segment": {
        "destPath": "third_party/nghttp2"
    # 发布类型为 code-segment 时为必填项，定义发布类型 code-segment 的代码还原路径（源码路径）
    },
    "dirs": {},                              # HPM 包的目录结构，字段必填，值非必填
    "scripts": {},                           # HPM 包定义需要执行的脚本，字段必填，值非必填
    "licensePath": "COPYING",
    "readmePath": {
        "en": "README.rst"
    },
    "component": {                           # 部件属性
        "name": "<component_name>",          # 部件名称
        "subsystem": ,                       # 部件所属子系统
        "syscap": [],                        # 部件为应用提供的系统能力
    # 部件对外的可配置特性列表，一般与 build 中的 sub_component 对应，可供产品配置
        "features": [],
    # 轻量 (mini)、小型(small) 和标准 (standard)，可以是多个
        "adapted_system_type": [],
```

```
            "rom": "xxxKB"         # ROM 存储空间占用基准值（若没有历史基线数据，则写当前实测值）
            "ram": "xxxKB",        # RAM 存储空间占用基准值（若没有历史基线数据，则写当前实测值）
            "deps": {
                "components": [],                              # 部件依赖的其他部件
                "third_party": []                              # 部件依赖的第三方开源软件
            },

            "build": {                                         # 编译相关配置
                "sub_component": [
                    "// foundation/arkui/napi:napi_packages",      # 原有模块 1
                    "// foundation/arkui/napi:napi_packages_ndk",  # 原有模块 2
                    "// foundation/arkui/napi:new"                 # 新增模块 new
                ],                                             # 部件编译入口，模块在此处配置
                "inner_kits": [],                              # 部件间接口
                "test": []                                     # 部件测试用例编译入口
            }
        }
    }
```

编译完成后打包到 image 中，生成对应的 .so 文件或者二进制文件。

2. 新建部件并在其中添加一个模块

在模块目录下配置 BUILD.gn，根据模板类型选择对应的 GN 模板。这一步与在原有部件中添加一个模块的方法基本一致，只须注意该模块对应 BUILD.gn 文件中的 part_name 为新建部件的名称即可。

新建一个 bundle.json 文件，bundle.json 文件均在对应子系统所在文件夹下。在 vendor/{product_company}/{product-name}/config.json 中添加对应的部件，直接添加到原有部件后即可。

```
"subsystems": [
    {
        "subsystem": "部件所属子系统名",
        "components": [
            { "component": "部件名 1", "features":[] },        # 子系统下的原有部件 1
            { "component": "部件名 2", "features":[] },        # 子系统下的原有部件 2
            { "component": "部件名 new", "features":[] }       # 子系统下的新增部件 new
        ]
    },
    ...
]
```

编译完成后打包到 image 中，生成对应的 .so 文件或者二进制文件。

3. 新建子系统并在该子系统的部件下添加模块

在模块目录下配置 BUILD.gn，根据模板类型选择对应的 GN 模板。这一步与新建部件并在其中添加一个模块的方法并无区别。在新建子系统目录的每个部件对应的文件夹下创建 bundle.json 文件，定义部件信息。修改 build 目录下的 subsystem_config.json 文件。

```
{
    "子系统名 1": {                  # 原有子系统 1
        "path": "子系统目录 1",
        "name": "子系统名 1"
```

```
},
"子系统名 2": {                           # 原有子系统 2
  "path": "子系统目录 2",
  "name": "子系统名 2"
},
"子系统名 new": {                         # 新增子系统 new
  "path": "子系统目录 new",
  "name": "子系统名 new"
},
}
```

该文件定义了有哪些子系统以及这些子系统所在文件夹的路径，添加子系统时需要说明子系统的 path 与 name，它们分别表示子系统路径和子系统名。

在 vendor/{product_company}/{product-name} 目录下的产品配置中，如 product-name 是 dayu800 时，可在 config.json 中添加对应的部件，直接添加到原有部件后即可。

编译完成后打包到 image 中，生成对应的 .so 文件或者二进制文件。

7.6.3 模块依赖的使用

在添加一个模块的时候，需要在 BUILD.gn 中声明它的依赖。为了便于后续处理部件间的依赖关系，我们将模块依赖分为两种——部件内依赖 deps 和部件间依赖 external_deps。图 7-7 所示为模块依赖分类。

➢ 部件内依赖：现有模块 module1 属于部件 part1，要添加一个属于部件 part1 的模块 module2，module2 依赖于 module1，这种情况就属于部件内依赖，如图 7-7a 所示。

➢ 部件间依赖：现有模块 module1 属于部件 part1，要添加一个模块 module2，module2 依赖于 module1，module2 属于部件 part2。模块 module2 与模块 module1 分属于两个不同的部件，这种情况就属于部件间依赖，如图 7-7b 所示。

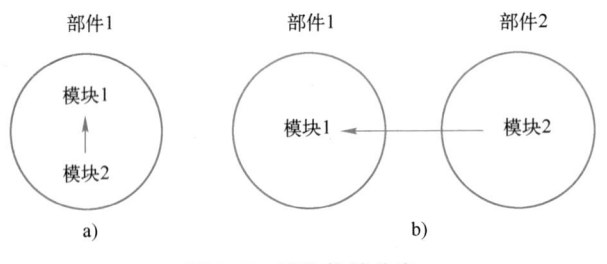

图 7-7 模块依赖分类
a) 部件内依赖 b) 部件间依赖

示例 7-14：部件内依赖示例

```
import("// build/ohos.gni")
ohos_shared_library("module1") {
  ...
  part_name = "part1"              # 必选，所属部件名称
  ...
}
import("// build/ohos.gni")
```

```
ohos_shared_library("module2") {
  ...
  deps = [
    "module1 的 gn target",
    ...
  ]                                       # 部件内依赖
  part_name = "part1"                     # 必选，所属部件名称
}
```

示例 7-15：部件间依赖示例

```
import("// build/ohos.gni")
ohos_shared_library("module1") {
  ...
  part_name = "part1"                     # 必选，所属部件名称
  ...
}
import("// build/ohos.gni")
ohos_shared_library("module2") {
  ...
  external_deps = [
    "part1:module1",
    ...
  ]                                       # 部件间依赖，依赖的模块必须在部件 inner_kits 中声明
  part_name = "part2"                     # 必选，所属部件名称
}
```

注意：部件间依赖要写在 external_deps 里面，格式为"部件名:模块名"的形式，并且依赖的模块必须在部件 inner_kits 中声明。

7.6.4 编译模块

模块主要有两种编译方式——命令行方式和 hb 方式，这里以命令行方式为例。

模块可以使用"--build-target 模块名"单独编译，编译命令如下：

```
./build.sh --build-target 模块名
```

也可以编译相应产品，以编译 dayu800 为例，编译命令如下：

```
./build.sh --product-name dayu800 --build-target 模块名 --ccache
```

还可以编译模块所在的部件，编译命令如下：

```
./build.sh --product-name dayu800 --build-target musl --build-target 模块名 --ccache
```

7.7 特性配置规则

下面介绍 feature（特性）的声明、定义以及使用方法。

1. feature 的声明

在部件的 bundle.json 文件中通过 feature_list 来声明部件的 feature 列表，每个 feature 都必须以"{部件名}"开头。

示例 7-16：feature 的声明

```
{
  "name": "@ohos/xxx",
  "component": {
    "name": "partName",
    "subsystem": "subsystemName",
    "features": [
      "{partName}_feature_A"
    ]
  }
}
```

在 features 中可以为部件声明多个 feature。

2. feature 的定义

在部件内可通过以下方式定义 feature 的默认值：

```
declare_args() {
  {partName}_feature_A = true
}
```

该值是此部件的默认值，产品可以在部件列表中重载该 feature 的值。

当部件内多个模块使用该 feature 时，建议把 feature 定义在部件的全局 GNI 文件中，在各个模块的 BUILD.gn 中导入该 GNI 文件。

3. feature 的使用

在 BUILD.gn 文件中可通过以下方式根据 feature 决定部分代码或模块参与编译：

```
if ({partName}_feature_A) {
    sources += [ "xxx.c" ]
}
# 某个特性引入的依赖，需要通过该 feature 进行隔离
if ({partName}_feature_A) {
    deps += [ "xxx" ]
    external_deps += [ "xxx" ]
}
# bundle.json 不支持 if 判断，如果 bundle.json 中包含的 sub_component 需要被裁减，可以通过
定义 group 进行裁减判断
group("testGroup") {
  deps = []
  if ({partName}_feature_A) {
    deps += [ "xxx" ]
  }
}
```

也可以通过以下方式为模块定义代码宏进行代码级差异化配置：

```
if({partName}_feature_A) {
    defines += ["FEATUREA_DEFINE"]
}
```

7.8 HAP 编译构建

前文已经介绍了 HAP，一个 HAP 文件包含应用的所有内容，由代码、资源、第三方库及应用配置文件组成，其文件扩展名为 .hap。OpenHarmony 为 HAP 提供了丰富的模板实现编译构建。

7.8.1 编译子系统提供的模板

1. ohos_hap 模板

ohos_hap 声明一个 HAP 目标，该目标会生成一个 HAP，最终将会打包到 system 镜像中。表 7-4 所示为 ohos_hap 模板支持的变量。

表 7-4 ohos_hap 模板支持的变量

支持的变量	说 明
hap_profile	HAP 的 config.json，Stage 模型对应 module.json
raw_assets	原始 assets，这些 assets 会直接复制到 HAP 的 assets 目录下
resources	资源文件，编译后放置在 assets/entry/resources 目录下
js_assets	JS 资源，编译后放置在 assets/js/default 目录下
ets_assets	ETS 资源，编译后放置在 assets/js/default 目录下
deps	当前目标的依赖
shared_libraries	当前目标依赖的 Native 库
hap_name	HAP 的名字，可选，默认为目标名
final_hap_path	用户可以指定生成 HAP 的位置，可选，final_hap_path 中会覆盖 hap_name
subsystem_name	HAP 从属的子系统名，需要和 ohos.build 中的名称对应，否则将导致无法安装到 system 镜像中
part_name	HAP 从属的部件名，同 subsystem_name
js2abc	是否需要将该 HAP 的 JS 代码转换为 ARK 的字节码
ets2abc	是否需要将该 HAP 的 ETS 代码转换为 ARK 的字节码
certificate_profile	HAP 对应的授权文件，用于签名
certificate_file	证书文件，应用开发者需要登录 OpenHarmony 官网申请证书文件和授权文件
keystore_path	keystore 文件，用于签名
keystore_password	keystore 的密码，用于签名
key_alias	key 的别名
module_install_name	安装时的 HAP 名称
module_install_dir	安装到 system 中的位置，默认安装在 system/app 目录下
js_build_mode	可选，用于配置 HAP 是以 release 还是 debug 模型编译，默认为 release

2. ohos_app_scope 模板

ohos_app_scope 声明一个 HAP 的 AppScope 模块，该目标的 app_profile 和 sources 会在编译时

拼接到具体的 entry 内编译，该模板只在 Stage 模型下使用。表 7-5 所示为 ohos_app_scope 模板支持的变量。

表 7-5　ohos_app_scope 模板支持的变量

支持的变量	说　　明
app_profile	HAP 的 AppScope 中的 app.json，只在 Stage 模型下使用
sources	HAP 的 AppScope 中的资源 resources，只在 Stage 模型下使用

3. ohos_js_assets 模板

ohos_js_assets 模板支持 JS 或 ETS 代码，编译后放置在 assets/js/default 目录下，Stage 模型根据代码分别放置到 js 或 ets 目录下。表 7-6 所示为 ohos_js_assets 模板支持的变量。

表 7-6　ohos_js_assets 模板支持的变量

支持的变量	说　　明
hap_profile	HAP 的 config.json，Stage 模型对应 module.json
source_dir	JS 或 ETS 代码的根目录路径，在 FA 模型中，须将其配置到具体的 Ability 目录中
ets2abc	当前为 ETS 代码，主要用于卡片配置，其他应用可不配置，使用 ohos_hap 中的配置
js2abc	当前为 JS 代码，主要用于卡片配置，其他应用可不配置，使用 ohos_hap 中的配置

4. ohos_assets 模板

ohos_assets 模板支持原始 assets，这些 assets 会直接复制到 HAP 的 assets 目录下。表 7-7 所示为 ohos_assets 模板支持的变量。

表 7-7　ohos_assets 模板支持的变量

支持的变量	说　　明
sources	原始 assets 的路径

5. ohos_resources 模板

ohos_resources 模板支持资源文件，Stage 模型编译后放置在 resources 目录下。表 7-8 所示为 ohos_resources 模板支持的变量。

表 7-8　ohos_resources 模板支持的变量

支持的变量	说　　明
hap_profile	HAP 的 config.json，Stage 模型对应 module.json
sources	资源文件路径
deps	当前目标的依赖。Stage 模型需要配置对 ohos_app_scope 目标的依赖

7.8.2　操作步骤

1）将开发完成的应用 example 放到 applications/standard/ 目录下。

2）配置 GN 脚本（脚本文件路径为 applications/standard/example/BUILD.gn）。

3）修改 applications/standard/hap/ohos.build 文件。

示例 7-17：ohos.build 示例

```
{
  "subsystem": "applications",
  "parts": {
    "prebuilt_hap": {
      "module_list": [
        ...
        "// applications/standard/example:example"        # 添加编译目标
      ]
    }
  }
}
```

4）修改编译命令。

```
# 全量编译
./build.sh --product-name {product_name}
# 单独编译 HAP
./build.sh --product-name {product_name} --build-target applications/standard/example:example
```

7.8.3　GN 脚本配置示例

示例 7-18：Stage 模型简单示例

```
import("// build/ohos.gni")

ohos_hap("actmoduletest") {
  hap_profile = "entry/src/main/module.json"
  deps = [
    ":actmoduletest_js_assets",
    ":actmoduletest_resources",
  ]
  certificate_profile = "signature/OpenHarmony_sx.p7b"
  hap_name = "actmoduletest"
  part_name = "prebuilt_hap"
  subsystem_name = "applications"
}

ohos_app_scope("actmoduletest_app_profile") {
  app_profile = "AppScope/app.json"
  sources = [ "AppScope/resources" ]
}
ohos_js_assets("actmoduletest_js_assets") {
  ets2abc = true
  source_dir = "entry/src/main/ets"
}
ohos_resources("actmoduletest_resources") {
  sources = [
```

```
      "entry/src/main/resources",
  ]
  deps = [
      ":actmoduletest_app_profile",
  ]
  hap_profile = "entry/src/main/module.json"
}
```

7.9 SC-DAYU800A 移植

移植就是把程序从一个运行环境转移到另一个运行环境。在主机-开发机的交叉模式下，移植就是把主机上的程序下载到目标机上运行。本节首先介绍将 OpenHarmony 移植到一块开发板的通用步骤，然后介绍针对 SC-DAYU800A 开发板的移植细节。

7.9.1 OpenHarmony 在标准系统上的移植步骤

本小节以移植名为 MyProduct 的开发板为例讲解移植过程，假定 MyProduct 是 MyProductVendor 公司的开发板，使用 MySoCVendor 公司生产的 MySOC 芯片作为处理器。

1. 定义产品

在//vendor/MyProductVendor/{product_name}目录下创建一个 config.json 文件，该文件用于描述产品所使用的 SoC 以及所需的子系统。配置如下：

```
// vendor/MyProductVendor/MyProduct/config.json
{
    "product_name": "MyProduct",
    "version": "3.0",
    "type": "standard",
    "target_cpu": "arm",
    "ohos_version": "OpenHarmony 1.0",
    "device_company": "MyProductVendor",
    "board": "MySOC",
    "enable_ramdisk": true,
    "subsystems": [
      {
        "subsystem": "ace",
        "components": [
          { "component": "ace_engine_lite", "features":[] }
        ]
      },
      ...
    ]
}
```

本章 7.3 节中的表 7-1 列举了产品的主要配置内容，这里不再赘述。
已定义的子系统可以在//build/subsystem_config.json 中找到。当然，也可以定制子系统。
至此，可以使用如下命令启动产品的构建了：

```
./build.sh --product-name MyProduct
```

构建完成后，可以在//out/{device_name}/packages/phone/images 目录下看到构建出来的 OpenHarmony 镜像文件。

2. 内核移植

这一步需要移植 Linux 内核，让 Linux 内核可以成功运行起来。

（1）为 SoC 添加内核构建的子系统

修改文件//build/subsystem_config.json，增加一个子系统。配置如下：

```
"MySOCVendor_products": {
  "project": "hmf/MySOCVendor_products",
  "path": "device/MySOCVendor/MySOC/build",
  "name": "MySOCVendor_products",
  "dir": "device/MySOCVendor"
},
```

接着，需要修改定义产品的配置文件//vendor/MyProductVendor/MyProduct/config.json，将刚刚定义的子系统加入到产品中。

（2）编译内核

源码中提供了 Linux 4.19 的内核，归档在//kernel/linux-4.19。下面以该内核版本为例，讲解如何编译内核。

在子系统的定义中，已指定子系统构建路径 path，即//device/MySOCVendor/MySOC/build。本节会在这个目录下创建构建脚本，用于告诉构建系统如何构建内核。

推荐的目录结构：

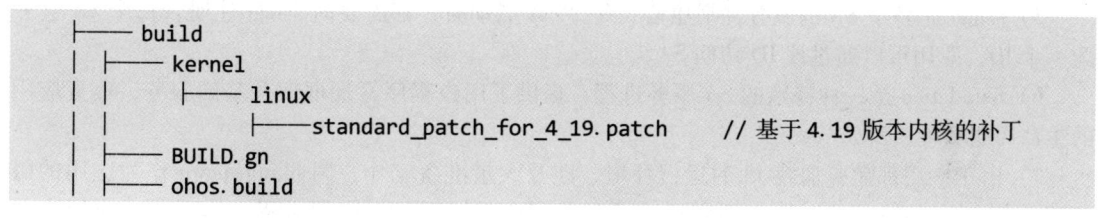

```
├── build
│   ├── kernel
│   │   ├── linux
│   │       ├── standard_patch_for_4_19.patch    // 基于 4.19 版本内核的补丁
│   ├── BUILD.gn
│   ├── ohos.build
```

BUILD.gn 是子系统构建的唯一入口。

表 7-9 所示为期望的构建结果。

表 7-9 期望的构建结果

文 件	文 件 说 明
$root_build_dir/packages/phone/images/uImage	内核镜像
$root_build_dir/packages/phone/images/uboot	bootloader 镜像

启动编译，验证预期的 Kernel 镜像是否成功生成。

3. 用户态进程启动引导

图 7-8 所示为用户态进程启动引导总体框图。

系统上电加载内核后，按照以下流程完成系统各个服务和应用的启动。

1）内核启动 init 进程，一般在 bootloader 启动内核时通过设置内核的 cmdline 来指定 init 的位置，如图 7-8 所示的"init=/init root=/dev/xxx"。

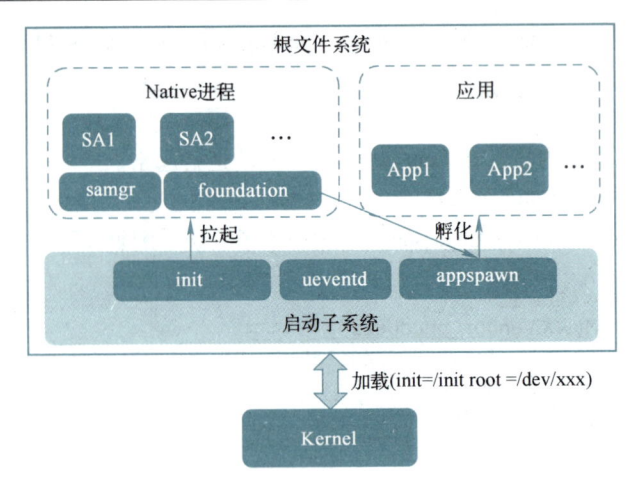

图 7-8　用户态进程启动引导总体框图

2）init 进程启动后，会挂载 tmpfs、procfs 等虚拟文件系统，并创建基本的 dev 设备节点，提供最基本的根文件系统。

3）init 继续启动 ueventd 守护进程监听内核热插拔事件，为这些设备创建 dev 设备节点（block 设备各个分区设备节点都是通过此事件创建的）。

4）init 进程挂载 block 设备各个分区（system、vendor），开始扫描各个系统服务的 init 启动脚本，并拉起各个 SA（System Ability，系统能力）服务。

5）samgr 是各个 SA 的服务注册中心，每个 SA 启动时，都需要向 samgr 注册，每个 SA 会分配一个 ID，应用可以通过该 ID 访问 SA。

6）foundation 是一种特殊的 SA 服务进程，提供了用户程序管理框架及基础服务，负责应用的生命周期管理。

7）由于应用都需要加载 JS 的运行环境，涉及大量准备工作，因此 appspawn 作为应用的孵化器，在接收到 foundation 的应用启动请求时，可以直接孵化出应用进程，从而减少应用启动时间。

init 启动引导组件配置文件定义了所有需要由 init 进程启动的系统关键服务的服务名、可执行文件路径、权限和其他信息。各系统服务各自安装其启动脚本到/system/etc/init 目录下。

进行新芯片平台移植时，需要在/vendor/etc/init 目录下增加平台相关的初始化配置文件 init.{hardware}.cfg。该文件负责平台相关的初始化设置，如安装 ko 驱动，设置平台相关的/proc 节点信息。

init 相关进程代码在//base/startup/init_lite 目录下，该进程是系统启动的第一个进程，它不依赖其他任何进程。

4. HDF 驱动移植

（1）LCD

HDF（硬件驱动框架）为 LCD（Liquid Crystal Display，液晶显示器）设计了驱动模型。支持一块新的 LCD，需要编写一个驱动，在驱动中生成模型的实例，并完成注册。

这些 LCD 的驱动被放置在//drivers/hdf_core/framework/model/display/driver/panel 目录中。

1) 创建 Panel 驱动。在驱动的 init 方法中，需要调用 RegisterPanel 接口注册模型实例，代码如下。

```
int32_t XXXInit(struct HdfDeviceObject * object)
{
    struct PanelData * panel = CreateYourPanel();
    // 注册
    if (RegisterPanel(panel) != HDF_SUCCESS) {
        HDF_LOGE("% s: RegisterPanel failed", __func__);
        return HDF_FAILURE;
    }
    return HDF_SUCCESS;
}
struct HdfDriverEntry g_xxxxDevEntry = {
    .moduleVersion = 1,
    .moduleName = "LCD_XXXX",
    .Init = XXXInit,
};
```

2) HDF_INIT(g_xxxxDevEntry)。Panel 驱动产品的所有设备信息被定义在文件//vendor/MyProductVendor/MyProduct/config/device_info/device_info.hcs 中。修改该文件，在名为 display 的 host 下找到名为 device_lcd 的 device 并增加配置。

注意：moduleName 要与 Panel 驱动中的 moduleName 相同。

```
root {
    ...
    display :: host {
        device_lcd :: device {
            deviceN :: deviceNode {
                policy = 0;
                priority = 100;
                preload = 2;
                moduleName = "LCD_XXXX";
            }
        }
    }
}
```

(2) 触摸屏

本节描述如何移植触摸屏驱动。触摸屏驱动代码位于//drivers/hdf_core/framework/model/input/driver/touchscreen 目录中。移植触摸屏驱动的主要工作是向系统注册 ChipDevice 模型实例。

1) 创建触摸屏器件驱动。在目录中创建名为 touch_ic_name.c 的文件。代码模板如下（注意将文件名中的"ic_name"替换为适配芯片的名称）。

```
# include "hdf_touch.h"

static int32_t HdfXXXXChipInit(structHdfDeviceObject * device)
{
    ChipDevice * tpImpl = CreateXXXXTpImpl();
    if(RegisterChipDevice(tpImpl) != HDF_SUCCESS) {
```

```
            ReleaseXXXXTpImpl(tpImpl);
            return HDF_FAILURE;
        }
        return HDF_SUCCESS;
}
struct HdfDriverEntry g_touchXXXXChipEntry = {
    .moduleVersion = 1,
    .moduleName = "HDF_TOUCH_XXXX",
    .Init = HdfXXXXChipInit,
};

HDF_INIT(g_touchXXXXChipEntry);
```

其中，ChipDevice 中提供若干方法。表 7-10 所示为 ChipDevice 中提供的方法。

表 7-10 ChipDevice 中提供的方法

方 法	实 现 说 明
int32_t (*Init)(ChipDevice *device)	器件初始化
int32_t (*Detect)(ChipDevice *device)	器件探测
int32_t (*Suspend)(ChipDevice *device)	器件休眠
int32_t (*Resume)(ChipDevice *device)	器件唤醒
int32_t (*DataHandle)(ChipDevice *device)	从器件读取数据，将触摸点数据填写入 device→driver→frameData 中
int32_t (*UpdateFirmware)(ChipDevice *device)	固件升级

2）配置产品，加载器件驱动。产品的所有设备信息都被定义在文件//vendor/MyProductVendor/MyProduct/config/device_info/device_info.hcs 中。修改该文件，在名为 input 的 host 中和名为 device_touch_chip 的 device 中增加配置。

注意：moduleName 要与触摸屏驱动中的 moduleName 相同。

```
deviceN :: deviceNode {
    policy = 0;
    priority = 130;
    preload = 0;
    permission = 0660;
    moduleName = "HDF_TOUCH_XXXX";
    deviceMatchAttr = "touch_XXXX_configs";
}
```

(3) WLAN

Wi-Fi 驱动分为两个功能模块，设备管理模块负责管理 WLAN 设备，流量处理模块负责处理 WLAN 流量。HDF WLAN 框架对这两个模块进行了抽象化设计。目前支持 SDIO 接口的 WLAN 芯片。

图 7-9 所示为 WLAN 芯片的典型结构框图。

第 7 章　OpenHarmony 编译构建

```
wpa_supplicant
 ┌─ wpa_supplicant ──── hostapd ─┐
 └──── HDF_WPA_DRIVER ──────────┘

协议栈
(lwIP/Linux net)

HDF WLAN框架
    HDF_WLAN_CORE          NetDevice

HDF WLAN ChipDriver
    HdfChipDriverFactory   HdfChipDriver
```

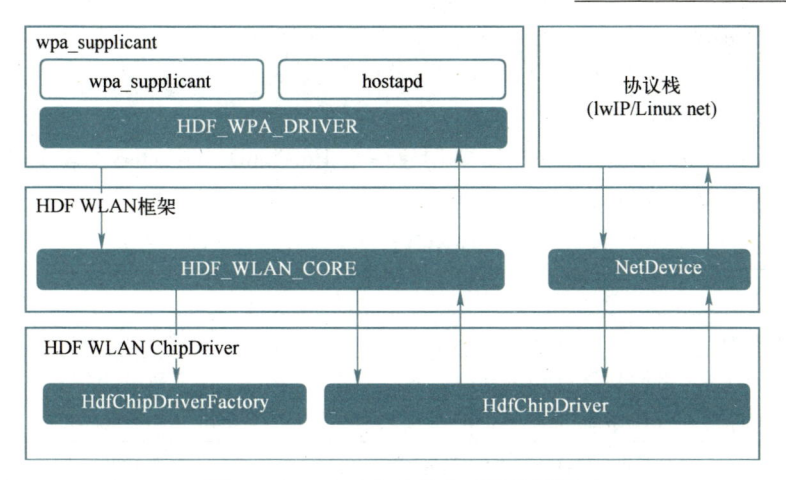

图 7-9　WLAN 芯片的典型结构框图

在 OpenHarmony 中支持一款芯片的重要工作是实现 ChipDriver 驱动。该驱动实现 HDF_WLAN_CORE 框架和 NetDevice 模块规定的接口功能。表 7-11 所示为 ChipDriver 驱动需要实现的接口。

表 7-11　ChipDriver 驱动需要实现的接口清单

接口	定义头文件	说明
HdfChipDriverFactory	//drivers/hdf_core/framework/include/wifi/hdf_wlan_chipdriver_manager.h	ChipDriver 的 Factory，用于支持一个芯片的多个 Wi-Fi 端口
HdfChipDriver	//drivers/hdf_core/framework/include/wifi/wifi_module.h	每个 WLAN 端口对应一个 HdfChipDriver，用来管理一个特定的 WLAN 端口
NetDeviceInterFace	//drivers/hdf_core/framework/include/net/net_device.h	—

一般按如下步骤进行适配操作。

1）创建 HDF 驱动时建议将代码放置在//device/MySoCVendor/peripheral/wifi/chip_name/下，文件模板如下。

```c
static int32_t HdfWlanXXXChipDriverInit(struct HdfDeviceObject * device) {
    static struct HdfChipDriverFactory factory = CreateChipDriverFactory();
    struct HdfChipDriverManager * driverMgr = HdfWlanGetChipDriverMgr();
    if (driverMgr->RegChipDriver(&factory) != HDF_SUCCESS) {
        HDF_LOGE("% s fail: driverMgr is NULL!", __func__);
        return HDF_FAILURE;
    }
    return HDF_SUCCESS;
}

struct HdfDriverEntry g_hdfXXXChipEntry = {
    .moduleVersion = 1,
    .Init = HdfWlanXXXChipDriverInit,
    .Release = HdfWlanXXXChipRelease,
    .moduleName = "HDF_WIFI_CHIP_XXX"
```

```
};

HDF_INIT(g_hdfXXXChipEntry);
```

2）在 CreateChipDriverFactory 中，需要创建一个 HdfChipDriverFactory。表 7-12 所示为 HdfChipDriverFactory 需要创建的接口。

表 7-12　HdfChipDriverFactory 需要创建的接口清单

接　　口	说　　明
const char *driverName	当前 driverName
int32_t (*InitChip)(struct HdfWlanDevice *device)	初始化芯片
int32_t (*DeinitChip)(struct HdfWlanDevice *device)	去初始化芯片
void (*ReleaseFactory)(struct HdfChipDriverFactory *factory)	释放 HdfChipDriverFactory 对象
struct HdfChipDriver *(*Build)(struct HdfWlanDevice *device, uint8_t ifIndex)	创建一个 HdfChipDriver；输入参数中，device 是设备信息，ifIndex 是当前创建的接口在这个芯片中的序号
void (*Release)(struct HdfChipDriver *chipDriver)	释放 chipDriver
uint8_t (*GetMaxIFCount)(struct HdfChipDriverFactory *factory)	获取当前芯片支持的最大接口数

HdfChipDriver 需要实现的接口见表 7-13。

表 7-13　HdfChipDriver 需要实现的接口

接　　口	说　　明
int32_t (*init)(struct HdfChipDriver *chipDriver, NetDevice *netDev)	初始化当前网络接口，这里需要向 netDev 提供接口 NetDeviceInterFace
int32_t (*deinit)(struct HdfChipDriver *chipDriver, NetDevice *netDev)	去初始化当前网络接口
struct HdfMac80211BaseOps *ops	WLAN 基础能力接口集
struct HdfMac80211STAOps *staOps	支持 STA 模式所需的接口集
struct HdfMac80211APOps *apOps	支持 AP 模式所需要的接口集

3）编写配置文件，描述驱动支持的设备。在产品配置目录下创建芯片的配置文件//vendor/MyProductVendor/MyProduct/config/wifi/wlan_chip_chip_name.hcs。

注意：路径中的 vendor_name、product_name、chip_name 须替换成实际名称。

模板如下：

```
root {
    wlan_config {
        chip_name :& chipList {
            chip_name :: chipInst {
                /* 配置匹配属性，用于指定驱动的配置根 */
                match_attr = "hdf_wlan_chips_chip_name";
                /* 与 HdfChipDriverFactory 中的 driverName 相同 */
                driverName = "driverName";
```

```
            sdio {
                vendorId = 0x0296;
                deviceId = [0x5347];
            }
        }
    }
}
```

4）编写配置文件，加载驱动。产品的所有设备信息被定义在文件//vendor/MyProductVendor/MyProduct/config/device_info/device_info.hcs 中。修改该文件，在名为 network 的 host 下找到名为 device_wlan_chips 的 device，在其中增加配置。

注意：moduleName 要与触摸屏驱动中的 moduleName 相同。

```
deviceN :: deviceNode {
    policy = 0;
    preload = 2;
    moduleName = "HDF_WLAN_CHIPS";
    deviceMatchAttr = "hdf_wlan_chips_chip_name";
    serviceName = "driverName";
}
```

5）构建驱动。在//device/MySoCVendor/peripheral 目录下创建内核配置菜单文件 Kconfig，内容模板如下。

```
config DRIVERS_WLAN_XXX
    bool "Enable XXX WLAN Host driver"
    default n
    depends on DRIVERS_HDF_WIFI
    help
      Answer Y to enable XXX Host driver. Support chip xxx
```

接着修改文件//drivers/hdf_core/adapter/khdf/linux/model/network/wifi/Kconfig，在文件末尾加入如下代码，从而将配置菜单加入内核中。

```
source"../../../../../device/MySoCVendor/peripheral/Kconfig"
```

6）创建构建脚本。在//drivers/hdf_core/adapter/khdf/linux/model/network/wifi/Makefile 文件末尾增加配置，模板如下。

```
HDF_DEVICE_ROOT := $(HDF_DIR_PREFIX)/../device
obj-$(CONFIG_DRIVERS_WLAN_XXX) += $(HDF_DEVICE_ROOT)/MySoCVendor/peripheral/build/standard/
```

当在内核中开启 DRIVERS_WLAN_XXX 开关时，会调用//device/MySoCVendor/peripheral/build/standard/中的 Makefile 文件。

7.9.2 将 OpenHarmony 移植到 SC-DAYU800A

参考 7.9.1 节的移植步骤，图 7-10 所示为将 OpenHarmony 移植到 SC-DAYU800A 的流程图。其中，OpenHarmony 版本选择 3.2 Beta2 或者以上版本。

```
┌─────────────────────┐
│ OpenHarmony版本选择 │─── Open Harmony 3.2 Beta2 或者以上
└──────────┬──────────┘
           ▼
┌─────────────────────┐     vendor/thead
│    产品架构适配     │───{
└──────────┬──────────┘     device/board/thead
           ▼                            ┌ 内核
                              ┌ 工具箱 ─┤
┌─────────────────────┐       │        └ 框架
│      编译适配       │───────┤        ┌ clang
└──────────┬──────────┘       ├ build仓 ┤ riscv64架构
           │                  │        └ musl配置
           │                  │           ┌ 内核
           │                  └ 编译优先级 ┤ musl库
           ▼                              └ 其他库
┌─────────────────────┐     ┌ 内核启动调试
│      运行调试       │─────┤ Launcher适配
└─────────────────────┘     └ audio、camera等模块调试
```

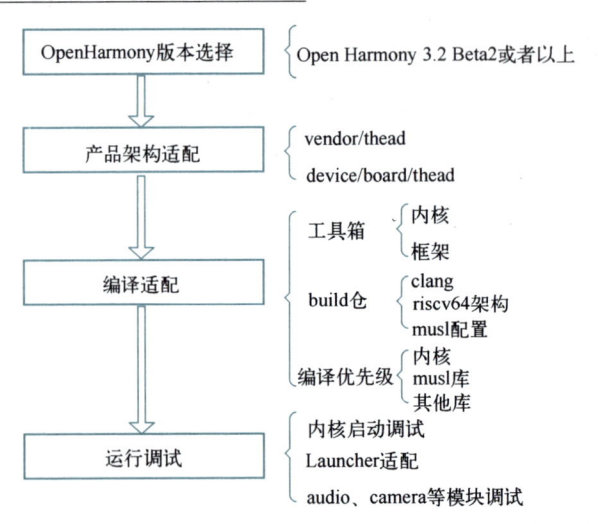

图 7-10 将 OpenHarmony 移植到 SC-DAYU800A 的流程图

1. 产品定义

（1） vendor 仓适配

在 //vendor/hihope 目录下创建一个 SC-DAYU800A 的产品，即 //vendor/hihope/dayu800，然后创建一个 config.json 文件，该文件用于描述产品所使用的 SoC 以及所需的子系统（具体配置请参考本书配套资源）。

（2） devices 仓适配

该部分根据 vendor 仓的定义，在 //device/board/hihope 目录下创建一个 SC-DAYU800A 的产品，然后创建一个 ohos.build 文件（定义产品的 subsystem）以及 BUILD.gn（定义产品的编译项目）。

在 //device/soc 下根据芯片公司名称创建一个 thead 仓，存放 th1520 soc 相关的代码和闭源库，通过 //device/board/hihope/BUILD.gn 添加模块进行关联编译。

至此，可以通过使用如下命令启动 SC-DAYU800A 的构建。

```
./build.sh --product-name dayu800
```

2. 工具链适配

因为官方的 OpenHarmony 不支持 riscv64 架构，因此在工具链架构的配置上相对比较复杂。首先需要解决 build 仓的架构适配问题，这部分可以参照 arm64 配置，添加相应的 riscv64 架构。同时，对于 musl 的编译配置，根据 riscv64 架构进行相应调整。

内核的编译部分，根据平头哥提供的编译工具链，使用 LLVM 时会出现相关私有指令集无法编译的情况。

3. musl 库适配

musl 库是一个轻量级、高性能的 C 标准库（libc）实现，专为 Linux 系统设计。它旨在提供标准兼容性、代码简洁性和高效性，尤其适合嵌入式系统、容器化环境（如 Docker）或需要高度可移植性的场景。这里首先编译 musl 库是因为该库依赖的模块相对最少，能最快测试 riscv64 架构编译配置结果是否符合要求。该部分的编译主要涉及 build 仓的配置、musl 仓的 riscv64 架构

配置，以及 musl 库中有架构的代码（部分代码来源于 glibc）。详情可见本书配套资源。

4. 内核移植

内核当前采用的是平头哥提供的 Linux 内核，在此内核的基础上适配了 OpenHarmony 的特性。这一步操作相对于在 OpenHarmony 的内核基础上移植 th1520 的特性更加容易，便于快速适配（新分支已经将 th1520 内核适配到 OpenHarmony 的内核中），内核的编译文件在 device/board/hihope/dayu800/kernel 目录下，内核编译成功后打包成 boot.ext4 镜像。详情可见本书配套资源。

5. init 启动子系统移植

在成功适配 musl 库和内核后，需要适配和启动第一个 init 进程以及初始化的 cfg 配置文件，这一步主要是 startup_init 的编译适配，这一步适配成功后，可以尝试整机启动。详情可见本书配套资源。

6. 显示适配

显示首先适配的是在 Shell 中运行 bootanimation；在 bootanimation 启动成功后，调测 OpenHarmony 的 Launcher 启动。完成这两步后，系统完成基本启动。详情可见本书配套资源。

7.10 编译 OpenHarmony 的 LLVM 工具链

本节介绍如何编译 OpenHarmony 的 LLVM 工具链。首先下载 OpenHarmony 代码，然后下载 clang+llvm-10.0.1-x86_64-linux-gnu-ubuntu-16.04.tar.xz，接下来安装依赖。请读者注意本节与 3.4.1 小节的工具链构建的区别。

```
sudo apt-get install autoconf
sudo apt-get install binutils-dev
sudo apt-get install automake
sudo apt-get install autotools-dev
sudo apt-get install texinfo
sudo apt-get install libncursesw5-dev
sudo apt-get install swig3.0
sudo apt-get install liblzma-dev
sudo apt-get install liblua5.3-dev
sudo apt-get install libedit-dev
sudo apt-get install libsphinxbase-dev
sudo apt-get install lzma-dev
sudo apt-get install swig
sudo apt-get install lua5.3
sudo apt install libncurses5
sudo apt install python3-sphinx
python3 -m pip install pyyaml
pip3 install -U Sphinx -i https://mirrors.aliyun.com/pypi/simple
pip3 install recommonmark -i https://mirrors.aliyun.com/pypi/simple
```

安装完毕后就可以进行工具链编译了，比如采用 clang 15.0.4 版本全量编译。

```
python3 ./toolchain/llvm-project/llvm-build/build.py
```

7.11 本章小结

本章详细介绍了 OpenHarmony 的编译构建，主要从工作流程、配置规则、实现方法等方面展开阐述，然后介绍了 OpenHarmony 的移植方法和实现细节。通过本章，读者可以了解到 OpenHarmony 的编译构建知识和移植方法。

习题

一、单项选择题

1. OpenHarmony 编译子系统是以（ ）为基础构建的。
   A. GN 和 Ninja   B. Makefile   C. CMake   D. Ant
2. OpenHarmony 中，部件是（ ）的集合。
   A. 模块   B. 子系统   C. 产品   D. 特性
3. 在 OpenHarmony 中，以下哪个命令用于执行编译命令？（ ）
   A. make   B. hb   C. cmake   D. ninja
4. OpenHarmony 的编译构建流程主要分为哪两个步骤？（ ）
   A. 配置和编译   B. 初始化和构建   C. 下载和安装   D. 编译和测试
5. 在 OpenHarmony 中，以下哪个文件用于生成 Ninja 文件？（ ）
   A. config.gni   B. BUILD.gn   C. ohos.gni   D. product.json
6. OpenHarmony 的 Kconfig 可视化配置是基于以下哪个工具实现的？（ ）
   A. Kconfiglib   B. Qt   C. GTK   D. wxWidgets

二、填空题

1. 在 OpenHarmony 中，_____目录用于存放编译相关的配置项。
2. OpenHarmony 的编译构建子系统中，_____是编译目标。
3. 在 OpenHarmony 中，_____命令用于设置要编译的产品。
4. OpenHarmony 的编译构建子系统中，_____文件用于定义产品的配置。

第 8 章 OpenHarmony 驱动程序

设备驱动程序是应用程序和硬件设备之间的一个软件层，它向下负责和硬件设备的交互，向上通过一个通用的接口挂接到文件系统上，从而使用户或应用程序在访问硬件时可以无须考虑具体的硬件实现环节。由于设备驱动程序为应用程序屏蔽了硬件细节，在用户或者应用程序看来，硬件设备只是一个透明的设备文件，应用程序对该硬件进行操作就像是对普通的文件进行访问（如打开、关闭、读和写等）。从通用意义上来说，设备驱动程序主要完成以下功能：

1) 对设备初始化和释放。
2) 把数据从内核传送到硬件和从硬件读取数据。
3) 读取应用程序传送给设备文件的数据和回送应用程序请求的数据。
4) 检测错误和处理中断。

8.1 OpenHarmony 驱动程序概述

8.1.1 OpenHarmony 驱动程序框架

OpenHarmony 采用多内核（Linux 内核或者 LiteOS）设计，支持在不同资源容量的设备上灵活部署。当相同的硬件部署不同内核时，如何能够让设备驱动程序在不同内核间流畅切换，消除驱动代码移植适配和维护的负担，这是 OpenHarmony 驱动子系统需要解决的重要问题。

为了缩短驱动开发者的驱动开发周期，降低第三方设备驱动集成的难度，OpenHarmony 驱动子系统支持以下关键特性和能力。

（1）弹性化的框架能力

在传统的驱动框架能力的基础上，OpenHarmony 驱动子系统通过构建弹性化的框架，可支持在百 KB 级别到百 MB 级资源容量的终端设备上部署。

（2）规范化的驱动接口

OpenHarmony 定义了常见驱动接口，为驱动开发者和使用者提供丰富、稳定的接口，并和未来开放的面向手机、平板计算机、智慧屏等设备驱动接口保持 API 兼容性。

（3）组件化的驱动模型

OpenHarmony 支持组件化的驱动模型，为开发者提供更精细化的驱动管理，开发者可以对驱动进行组件化拆分，使得驱动开发者可以更多关注驱动与硬件交互的部分。同时，系统也预置了部分模板化的驱动模型组件，如网络设备模型等。

（4）归一化的配置界面

OpenHarmony 提供统一的配置界面，构建跨平台的配置转换和生成工具，实现跨平台的无缝切换。

OpenHarmony 提供 HDF，旨在构建统一的驱动架构平台，为驱动开发者提供更精准、更高效的开发环境，力求做到"一次开发，多端部署"。

HDF 采用 C 语言面向对象编程模型构建，通过平台解耦、内核解耦，达到兼容不同内核、统一平台底座的目的。HDF 架构如图 8-1 所示。

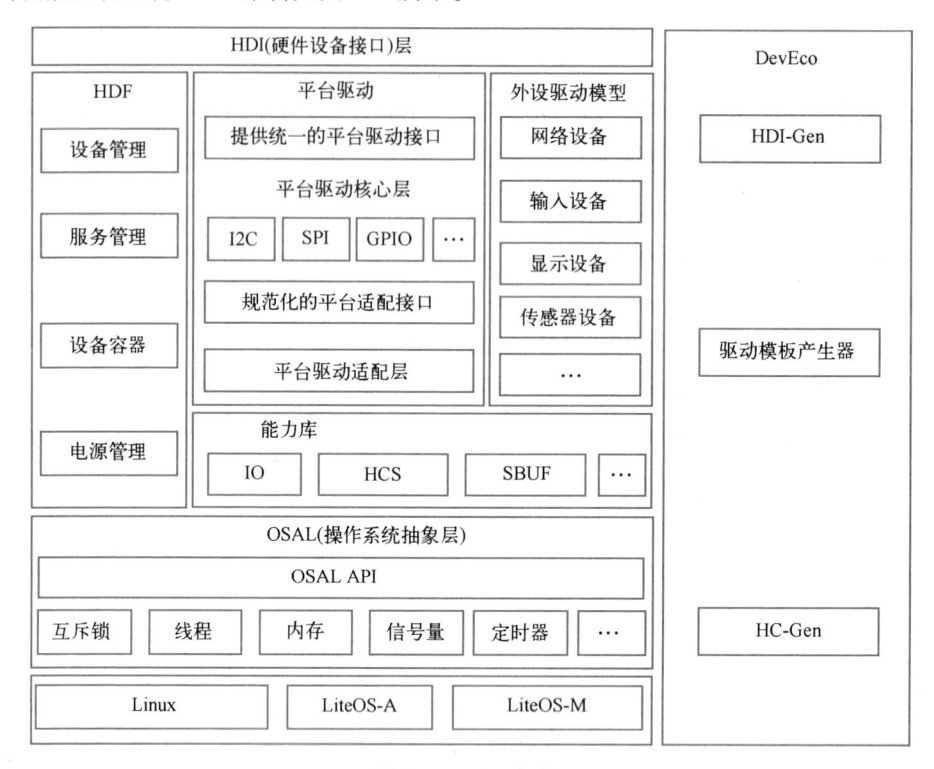

图 8-1　HDF 架构

HDF 的主要组成部分如下。

1）HDI（Hardware Device Interface，硬件设备接口）层：通过规范化的设备接口标准，为系统提供统一、稳定的硬件设备操作接口。

2）HDF：实现包括设备管理、服务管理、设备容器和电源管理功能在内的多项管理功能。其中，设备管理包含驱动的注册、加载、生命周期控制等功能。服务管理实现驱动能力的抽象与暴露（如相机服务、音频服务）等功能。设备容器可以隔离不同厂商的驱动实现。电源管理实现统一休眠/唤醒等低功耗策略。

3）统一的配置界面：支持硬件资源的抽象描述，屏蔽硬件差异，可以支持开发者开发出与配置信息不绑定的通用驱动代码，提升开发及迁移效率，并可通过 HC-Gen 等工具快捷地生成配置文件。

4）操作系统抽象层（Operating System Abstraction Layer，OSAL）：提供统一封装的内核操作

相关接口，屏蔽不同系统的操作差异，包含内存、锁、线程、信号量等接口。

5）平台驱动：为外设驱动提供板级硬件（如 I2C/SPI/UART 总线等平台资源）的统一接口，同时对板级硬件操作进行统一的适配接口抽象，以便于在不同平台之间迁移。

6）外设驱动模型：面向外设驱动开发，提供常见的驱动抽象模型，主要达成两个目的，即提供标准化的器件驱动，开发者无须独立开发，通过配置即可完成驱动部署；提供驱动模型抽象，屏蔽驱动与不同系统组件间的交互细节，提高驱动的通用性。

8.1.2 驱动开发分类

OpenHarmony 驱动开发主要涉及平台驱动开发和外设驱动开发。

1. 平台驱动开发

OpenHarmony 平台驱动（Platform Driver），即平台设备（Platform Device）驱动，为系统及外设驱动提供访问接口。这里的平台设备，泛指 I2C/UART 等总线以及 GPIO/RTC 等特定硬件资源。平台驱动框架是 OpenHarmony 驱动框架的重要组成部分，它基于 HDF、操作系统抽象层以及驱动配置管理机制，为各类平台设备驱动的实现提供标准模型。平台驱动框架为外设提供了标准的平台设备访问接口，使其不必关注具体硬件；同时为平台设备驱动提供统一的适配接口，使其只关注自身硬件的控制。

平台驱动框架提供如下特性。

1）统一的平台设备访问接口：对平台设备操作接口进行统一封装，屏蔽不同 SoC 平台硬件差异以及不同 OS 形态差异。

2）统一的平台驱动适配接口：为平台设备驱动提供统一的适配接口，使其只关注自身硬件的控制，而不必关注设备管理及公共业务流程。

3）提供设备注册、管理、访问控制等与 SoC 无关的公共能力。

平台驱动框架目前支持的设备类型包括但不限于 ADC、DAC、GPIO、HDMI、I2C、I3C、MIPI-CSI、MIPI-DSI、MMC、PIN、PWM、Regulator、RTC、SDIO、SPI、UART、Watchdog 等。

2. 外设驱动开发

OpenHarmony 在 HDF 及平台驱动框架的基础上，提供常见外设的驱动抽象模型。它提供标准化的外设器件驱动，可以减少重复开发；同时提供统一的外设驱动模型抽象，屏蔽驱动与不同系统组件间的交互细节，使得驱动更具备通用性。

OpenHarmony 当前支持的外设类型主要有 Audio、Camera、Codec、Face auth、Fingerprint Auth、LCD、Light、Motion、Pin Auth、Sensor、Touchscreen、USB、User Auth、Vibrator、WLAN 等。

3. 驱动代码仓

HDF 根据功能和模块分为多个代码仓，见表 8-1。

表 8-1 HDF 代码仓

仓库路径	仓库内容
drivers/hdf_core/framework	HDF 框架、平台驱动框架、驱动模型等平台无关化的公共框架。 ● framework/core 目录：驱动框架 提供驱动框架能力，主要完成驱动加载和启动功能；通过对象管理器方式可实现驱动框架的弹性化部署和扩展。

（续）

仓 库 路 径	仓 库 内 容
drivers/hdf_core/framework	• framework/model 目录：驱动模型 提供了模型化驱动能力，如网络设备模型。 • framework/ability 目录：驱动能力库 提供基础驱动能力模型，如 I/O 通信能力模型。 • framework/tools 目录：驱动工具 提供 HDI 接口转换、驱动配置编译等工具。 • framework/support 目录：Support 提供规范化的平台驱动接口和系统接口抽象能力
drivers/hdf_core/adapter	包含所有 LiteOS-M 内核、LiteOS-A 内核以及用户态接口库的相关适配代码以及编译脚本
drivers/hdf_core// adapter/khdf/linux	包含所有 Linux 内核相关的适配代码及编译脚本
drivers/peripheral	Display、Input、Sensor、WLAN、Audio、Camera 等外设模块硬件抽象层
drivers/interface	Display、Input、Sensor、WLAN、Audio、Camera 等外设模块 HDI 接口定义

当需要为新的平台设备适配 OpenHarmony 驱动时，可使用 OpenHarmony 平台驱动框架提供的标准模型和统一的适配接口，这样只需要关注自身硬件的控制，而不必关注设备管理及公共业务流程。

平台驱动适配完成后，可以使用 OpenHarmony 平台驱动框架为系统及外设驱动提供的统一访问接口进一步开发服务和应用，而不必关注不同硬件及 OS 平台间的具体差异。

OpenHarmony 驱动架构为用户提供了多种标准外设驱动模型。这些模型屏蔽了不同硬件的差异，为上层服务提供稳定、标准的接口。可以基于这些模型进行外设驱动的开发，不同类型的外设采用不同的模型。

8.2 HDF 驱动开发流程

8.2.1 驱动开发概述

HDF 为驱动开发者提供驱动开发能力，包括驱动加载、驱动服务管理、驱动消息机制和配置管理，并以组件化驱动模型作为核心设计思路，让驱动开发和部署更加规范。

1. 驱动加载

HDF 设备驱动加载功能能够将驱动程序和配置的设备列表进行匹配并加载该功能，支持按需加载和按序加载两种策略，具体设备的加载策略由配置文件中的 preload 字段来控制。preload 字段的配置值参考如下。

```
typedef enum {
    DEVICE_PRELOAD_ENABLE = 0,
    DEVICE_PRELOAD_ENABLE_STEP2 = 1,
    DEVICE_PRELOAD_DISABLE = 2,
    DEVICE_PRELOAD_INVALID
} DevicePreload;
```

（1）按需加载

preload 字段配置为 0（DEVICE_PRELOAD_ENABLE）时，系统启动过程中默认加载。

preload 字段配置为 1（DEVICE_PRELOAD_ENABLE_STEP2）时，当系统支持快速启动的时候，在系统完成之后再加载这一类驱动，否则和 DEVICE_PRELOAD_ENABLE 含义相同。

preload 字段配置为 2（DEVICE_PRELOAD_DISABLE）时，系统启动过程中默认不加载，支持后续动态加载，当用户态获取驱动服务消息机制时，如果驱动服务不存在，HDF 会尝试动态加载该驱动。

（2）按序加载（默认加载策略）

配置文件中的 priority（取值范围为 0~200 之间的整数）表示 host（驱动容器）和驱动的优先级。不同 host 内的驱动，host 的 priority 值越小，驱动加载优先级越高；同一个 host 内，驱动的 priority 值越小，加载优先级越高。

（3）异常恢复（用户态驱动）

当驱动服务异常退出时，恢复策略如下。

- preload 字段配置为 0（DEVICE_PRELOAD_ENABLE）或 1（DEVICE_PRELOAD_ENABLE_STEP2）的驱动服务，由启动模块拉起 host 并重新加载服务。
- preload 字段配置为 2（DEVICE_PRELOAD_DISABLE）的驱动服务，需要业务模块注册 HDF 的服务状态监听器，当收到服务退出消息时，业务模块调用 LoadDevice 重新加载服务。

2. 驱动服务管理

当驱动需要以接口的形式对外提供能力时，可以使用 HDF 的驱动服务管理能力。HDF 可以集中管理驱动服务，开发者可直接通过 HDF 对外提供的能力接口获取驱动相关的服务。驱动服务是 HDF 驱动设备对外提供能力的对象，由 HDF 统一管理。驱动服务管理主要包含驱动服务的发布和获取。HDF 定义了驱动对外发布服务的策略，由配置文件中的 policy 字段来控制。policy 字段的取值范围及其含义如下。

```
typedef enum {
    /* 驱动不提供服务 */
    SERVICE_POLICY_NONE = 0,
    /* 驱动对内核态发布服务 */
    SERVICE_POLICY_PUBLIC = 1,
    /* 驱动对内核态和用户态都发布服务 */
    SERVICE_POLICY_CAPACITY = 2,
    /* 驱动服务不对外发布服务,但可以被订阅 */
    SERVICE_POLICY_FRIENDLY = 3,
    /* 驱动私有服务不对外发布服务,也不能被订阅 */
    SERVICE_POLICY_PRIVATE = 4,
    /* 错误的服务策略 */
    SERVICE_POLICY_INVALID
} ServicePolicy;
```

针对驱动服务管理功能，HDF 开放了以下接口供开发者调用，见表 8-2。

表 8-2　服务管理接口

方　法	描　述
int32_t (* Bind) (struct HdfDeviceObject * deviceObject)	需要驱动开发者实现 Bind 函数，将自己的服务接口绑定到 HDF 中
const struct HdfObject * DevSvcManagerClntGetService(const char * svcName)	获取驱动的服务
int HdfDeviceSubscribeService (struct HdfDeviceObject * deviceObject, const char * serviceName, struct SubscriberCallback callback)	订阅驱动的服务

3. 驱动消息机制

当用户态应用和内核态驱动需要交互时，可以使用 HDF 的消息机制来实现。HDF 提供统一的驱动消息机制，支持用户态应用向内核态驱动发送消息，也支持内核态驱动向用户态应用发送消息。消息机制的功能主要有以下两种：

➢ 用户态应用发送消息到内核态驱动。
➢ 用户态应用接收内核态驱动主动上报的事件。

表 8-3 所示为消息机制接口。

表 8-3　消息机制接口

方　法	描　述
struct HdfIoService * HdfIoServiceBind(const char * serviceName);	用户态获取内核态驱动的服务，获取该服务之后，通过服务中的 Dispatch 方法向内核态驱动发送消息
void HdfIoServiceRecycle(struct HdfIoService * service);	释放内核态驱动服务
int HdfDeviceRegisterEventListener (struct HdfIoService * target, struct HdfDevEventlistener * listener);	用户态程序注册接收内核态驱动上报事件的操作方法
int32_t HdfDeviceSendEvent(const struct HdfDeviceObject * deviceObject, uint32_t id, const struct HdfSBuf * data)	内核态驱动主动上报事件接口

4. 配置管理

HCS（Hardware Configuration Source）是 HDF 的硬件配置描述文件，内容以 Key-Value（键值对）为主要形式。它实现了配置代码与驱动代码解耦，便于开发者进行配置管理。配置管理是 HDF 非常重要的环节，本书将在 8.2.2 小节进一步详细介绍。

5. 驱动模型

HDF 将一类设备驱动放在同一个 Host（设备容器）里面，用于管理一组设备的启动加载等过程。在划分 Host 时，驱动程序是部署在一个 Host 中还是部署在不同的 Host 中，主要取决于驱动程序之间是否存在耦合性。如果两个驱动程序之间存在依赖，可以考虑将这部分驱动程序部署在一个 Host 中，否则部署到独立的 Host 中是更好的选择。Device 对应一个真实的物理设备。DeviceNode 是设备的一个部件，一个 Device 至少有一个 DeviceNode。每个 DeviceNode 可以发布一个设备服务。驱动即驱动程序，每个 DeviceNode 唯一对应一个驱动，实现和硬件的功能交互。HDF 驱动模型如图 8-2 所示。

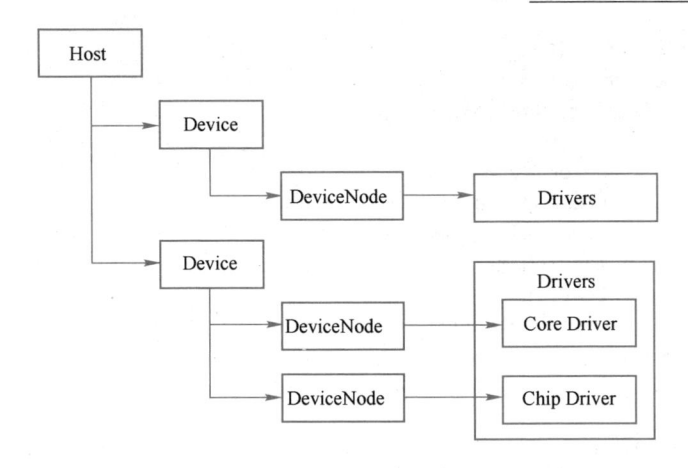

图 8-2　HDF 驱动模型

8.2.2　HDF 配置管理

在 8.2.1 小节中提到过，HCS 是 HDF 的硬件配置描述文件。HC-GEN（HDF Configuration Generator，也可写作 hc-gen）是 HCS 配置转换工具，可以将 HCS 转换为软件可读取的文件格式。

在性能受限环境中，HCS 可转换为配置树源码或配置树宏定义，驱动可直接调用 C 代码或宏式 API 获取配置。

在高性能环境中，HCS 可转换为 HCB（HDF Configuration Binary）文件格式，驱动可使用 HDF 提供的配置解析接口获取配置。

图 8-3 所示为配置使用流程图。

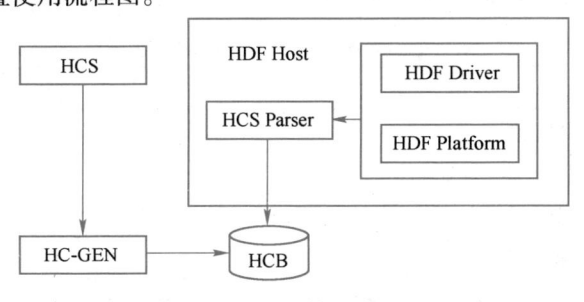

图 8-3　配置使用流程图

HCS 经过 HC-GEN 编译后生成 HCB 文件，HDF 中的 HCS Parser 模块会从 HCB 文件中重建配置树，HDF Driver 模块使用 HCS Parser 提供的配置解析接口获取配置内容。

下面的代码是有关 SC-DAYU800A 的 device_info.hcs 的部分代码，本小节通过对它的分析来了解 HCS 配置语法。

```
root {
    device_info {
        match_attr = "hdf_manager";
        template host {
            hostName = "";
```

```
            priority = 100;
            template device {
                template deviceNode {
                    policy = 0;
                    priority = 100;
                    preload = 0;
                    permission = 0664;
                    moduleName = "";
                    serviceName = "";
                    deviceMatchAttr = "";
                }
            }
        }
        base :: host {
            hostName = "base_host";
            priority = 50;
            device_support :: device {
                device0 :: deviceNode {
                    policy = 2;
                    priority = 10;
                    permission = 0644;
                    moduleName = "HDF_KEVENT";
                    serviceName = "hdf_kevent";
                }
            }
        }
...
```

HCS 配置语法保留了如表 8-4 所示的关键字。

表 8-4 HCS 配置语法保留的关键字

关 键 字	用 途	说 明
root	配置根节点	—
include	引用其他 HCS 配置文件	—
delete	删除节点或属性	只能用于操作使用 include 关键字导入的配置树
template	定义模板节点	—
match_attr	用于标记节点的匹配查找属性	解析配置时可以使用该属性的值查找到对应节点

1. 基本结构

HCS 主要分为属性（Attribute）和节点（Node）两种结构。
1）属性是最小的配置单元，是一个独立的配置项。语法如下：

```
attribute_name = value;
```

其中，attribute_ name 是字母、数字、下画线的组合且必须以字母或下画线开头，字母区分大小写。

value 的可用格式如下：
➢ 数字常量，支持二进制、八进制、十进制、十六进制数。

> 字符串，内容使用双引号（""）引用。
> 节点引用。

属性必须以分号（;）结束且必须属于一个节点。

2）节点是一组属性的集合，语法如下：

```
node_name {
    module = "sample";
    ...
}
```

其中，node_name 是字母、数字、下画线的组合且必须以字母或下画线开头，字母区分大小写。大括号后无须添加结束符";"。

root 为保留关键字，用于声明配置表的根节点。每个配置表必须从 root 节点开始。

root 节点中必须包含 module 属性，其值应该为一个字符串，用于表征该配置所属模块。

节点中可以增加 match_attr 属性，其值为一个全局唯一的字符串。当驱动程序在解析配置时可以以该属性的值为参数，通过调用查找接口查找到包含该属性的节点。

2. 数据类型

在属性定义中使用自动数据类型推断机制，无须显式指定类型。属性支持的数据类型如下：

（1）整型

整型长度通过自动推断确定，根据实际数据的长度选择占用空间最小的类型。

> 二进制，0b 前缀，示例：0b1010。
> 八进制，0 前缀，示例：0664。
> 十进制，无前缀，且支持有符号整型与无符号整型，示例：1024、+1024 均合法。驱动程序在读取负值时须使用有符号数读取接口。
> 十六进制，0x 前缀，示例：0xff00、0xFF。

（2）字符串

字符串使用双引号（""）表示。

（3）数组

数组元素支持整型、字符串，不支持混合类型。在整型数组中，uint32_t 和 uint64_t 混用会向上转型为 uint64_t 数组。

示例 8-1：整型数组与字符串数组示例

```
attr_foo = [0x01, 0x02,0x03, 0x04];
attr_bar = ["hello", "world"];
```

（4）bool 类型

bool 类型中，true 表示真，false 表示假。

（5）预处理

include 关键字用于导入其他 HCS 文件。

示例 8-2：语法示例

```
#include "foo.hcs"
#include "../bar.hcs"
```

其中文件名必须使用双引号（""），若文件不在同一目录下，使用相对路径引用。使用

include 关键字导入的文件必须是合法的 HCS 文件。若多个 include 语句导入相同的节点，则后者覆盖前者，其余的节点依次展开。

（6）注释

OpenHarmony 支持两种注释风格。

单行注释格式如下：

```
// comment
```

多行注释格式如下：

```
/*
comment
*/
```

注意：多行注释不支持嵌套。

（7）引用修改

引用修改的作用是在当前节点中修改其他任意一个节点的内容，语法如下：

```
node :& source_node
```

上述语句表示当前节点 node 中的内容是对 source_node 节点内容的修改。

示例 8-3：引用修改示例

```
root {
    module = "sample";
    foo {
        foo_ :& root.bar{
            attr = "foo";
        }
        foo1 :& foo2 {
            attr = 0x2;
        }
        foo2 {
            attr = 0x1;
        }
    }
    bar {
        attr = "bar";
    }
}
```

最终生成的配置树如下：

```
root {
    module = "sample";
    foo {
        foo2 {
            attr = 0x2;
        }
    }
    bar {
```

```
        attr = "foo";
    }
}
```

在以上示例中，可以看到 foo.foo_ 节点通过引用将 bar.attr 属性的值修改为"foo"，foo.foo1 节点通过引用将 foo.foo2.attr 属性的值修改为 0x2。foo.foo_以及 foo.foo1 节点表示对目标节点内容的修改，其自身并不会存在于最终生成的配置树中。

引用同级节点的情况下，可以直接使用节点名称，否则被引用的节点必须使用绝对路径。节点间使用"."分隔，root 表示根节点，格式为 root 开始的节点路径序列，例如 root.foo.bar 即为一个合法的绝对路径。

如果出现修改冲突（即多处修改同一个属性），编译器将提出警告，因为这种情况下只会令某一个修改生效而导致最终结果不确定。

(8) 节点复制

节点复制可以实现在节点定义时从另一个节点复制内容，用于定义内容相似的节点。语法如下：

```
node : source_node
```

上述语句表示在定义"node"节点时将另一个节点的"source_node"属性复制过来。

示例 8-4：节点复制示例

```
root {
    module = "sample";
    foo {
        attr_0 = 0x0;
    }
    bar:foo {
        attr_1 = 0x1;
    }
}
```

上述代码最终生成的配置树如下：

```
root {
    module = "sample";
    foo {
        attr_0 = 0x0;
    }
    bar {
        attr_1 = 0x1;
        attr_0 = 0x0;
    }
}
```

在上述示例中，编译后 bar 节点既包含 attr_0 属性又包含 attr_1 属性，在 bar 中对 attr_0 的修改不会影响到 foo。

当 foo 和 bar 在同级节点中时，可不指定 foo 的路径，否则需要使用绝对路径引用。

(9) 删除

要对使用 include 关键字导入的 base 配置树中不需要的节点或属性进行删除，可以使用

delete 关键字。下面的示例中，sample1.hcs 通过 include 关键字导入了 sample2.hcs 中的配置内容，并使用 delete 删除了 sample2.hcs 中的 attr_2 属性和 foo_2 节点。

示例 8-5：删除示例

```
// sample2.hcs
root {
    attr_1 = 0x1;
    attr_2 = 0x2;
    foo_2 {
        t = 0x1;
    }
}
// sample1.hcs
#include "sample2.hcs"
root {
    attr_2 = delete;
    foo_2 : delete {
    }
}
```

上述代码在生成过程中将会删除 root.foo_2 节点与 attr_2 属性，最终生成的配置树如下：

```
root {
    attr_1 = 0x1;
}
```

注意：delete 主要用于跨文件的配置覆盖，在同一个 HCS 文件中不允许使用 delete 删除节点或属性，建议直接删除不需要的属性。

（10）属性引用

为了在解析配置时快速定位到关联的节点，可以把节点作为属性的右值，通过读取属性查找到对应节点。语法如下：

```
attribute = &node;
```

上述语句表示 attribute 的值是节点 node 的引用，在解析时可以引用这个 attribute 快速定位到 node，便于关联和查询其他节点。

示例 8-6：属性引用示例

```
node1 {
    attributes;
}
node2 {
    attr_1 = &root.node1;
}
```

或者

```
node2 {
    node1 {
        attributes;
    }
}
```

```
    attr_1 = &node1;
}
```

(11) 模板

模板的用途在于生成严格一致的节点结构，以便对同类型节点进行遍历和管理。使用 template 关键字定义节点模板，子节点通过双冒号"::"声明继承关系。子节点可以改写或新增属性，但不能删除模板中的属性，子节点中没有定义的属性将使用模板中的定义作为默认值。

示例 8-7：模板示例

```
root {
    module = "sample";
    template foo {
        attr_1 = 0x1;
        attr_2 = 0x2;
    }
    bar :: foo {
    }
    bar_1 :: foo {
        attr_1 = 0x2;
    }
}
```

生成的配置树如下：

```
root {
    module = "sample";
    bar {
        attr_1 = 0x1;
        attr_2 = 0x2;
    }
    bar_1 {
        attr_1 = 0x2;
        attr_2 = 0x2;
    }
}
```

在上述示例中，bar 和 bar_1 节点继承了 foo 节点，生成配置树的节点结构与 foo 保持完全一致，只是属性的值不同。

8.2.3　配置生成

HC-GEN 是 HCS 配置转换工具，可以对 HCS 配置语法进行检查并把 HCS 源文件转化成 HCB 二进制文件。

HC-GEN 的用法如下。

```
hc-gen [选项] [文件]
```

选项说明如下。

➢ -o <file>：指定输出文件名，默认与输入文件相同。

➢ -a：生成的 HCB 文件按 4 字节对齐。

➢ -b：输出二进制文件（默认启用）。

- -t：以 C 语言源文件格式输出配置。
- -m：以宏定义源文件格式输出配置。
- -i：以 C 语言源文件格式输出二进制数据的十六进制转储。
- -p<前缀>：指定生成符号名的前缀。
- -d：反编译 HCB 文件为 HCS 文件。
- -V：显示详细输出信息。
- -v：显示版本信息。
- -h：显示帮助信息。

生成 .c/.h 配置文件：

```
hc-gen -o [OutputCFileName] -t [SourceHcsFileName]
```

生成 HCB 配置文件：

```
hc-gen -o [OutputHcbFileName] -b [SourceHcsFileName]
```

生成宏定义配置文件：

```
hc-gen -o [OutputMacroFileName] -m [SourceHcsFileName]
```

反编译 HCB 文件为 HCS 文件：

```
hc-gen -o [OutputHcsFileName] -d [SourceHcbFileName]
```

8.3 基于 HDF 的驱动开发步骤

基于 HDF 的驱动开发主要分为三个部分：驱动实现、驱动编译脚本编写和驱动配置。

8.3.1 驱动实现

驱动实现包含驱动业务代码实现和驱动入口注册，具体写法如下。

1. 驱动业务代码实现

```
#include "hdf_device_desc.h"        // HDF 提供的驱动开发相关能力接口的头文件
#include "hdf_log.h"                // HDF 提供的日志接口头文件
// 打印日志所包含的标签，如果不定义，则用默认的 HDF_TAG 标签
#define HDF_LOG_TAG sample_driver
// 将驱动对外提供的服务能力接口绑定到 HDF
int32_t HdfSampleDriverBind(struct HdfDeviceObject *deviceObject)
{
    HDF_LOGD("Sample driver bind success");
    return HDF_SUCCESS;
}
// 驱动自身业务初始化的接口
int32_t HdfSampleDriverInit(struct HdfDeviceObject *deviceObject)
{
    HDF_LOGD("Sample driver Init success");
    return HDF_SUCCESS;
}
// 驱动资源释放的接口
void HdfSampleDriverRelease(struct HdfDeviceObject *deviceObject)
```

```
{
    HDF_LOGD("Sample driver release success");
    return;
}
```

2. 驱动入口注册到 HDF 框架

```
// 定义驱动入口的对象，必须为 HdfDriverEntry（在 hdf_device_desc.h 中定义）类型的全局
变量
struct HdfDriverEntry g_sampleDriverEntry = {
    .moduleVersion = 1,
    .moduleName = "sample_driver",
    .Bind = HdfSampleDriverBind,
    .Init = HdfSampleDriverInit,
    .Release = HdfSampleDriverRelease,
};
// 调用 HDF_INIT 将驱动入口注册到 HDF 中。在加载驱动时，HDF 会先调用 Bind 函数，再调用 Init
函数加载该驱动；当 Init 调用异常时，HDF 会调用 Release 释放驱动资源并退出
HDF_INIT(g_sampleDriverEntry);
```

8.3.2 驱动编译脚本编写

如果要定义模块控制宏，需要在模块目录 xxx 下添加 Kconfig 文件，并把 Kconfig 文件路径添加到 drivers/hdf_core/adapter/khdf/linux/Kconfig 中，语法如下：

```
source "drivers/hdf/khdf/xxx/Kconfig"      # 此目录为 HDF 模块软链接到 Kernel 的目录
```

将模块目录添加到 drivers/hdf_core/adapter/khdf/linux/Makefile 中，语法如下：

```
obj-$(CONFIG_DRIVERS_HDF)    += xxx/
```

在模块目录 xxx 中创建 Makefile 文件，并在 Makefile 文件中添加模块代码编译规则，语法如下：

```
obj-y    += xxx.o
```

8.3.3 驱动配置

驱动配置包含两部分，HDF 定义的驱动设备描述和驱动私有配置信息。

1. 驱动设备描述（必选）

HDF 加载驱动所需要的信息来源于 HDF 定义的驱动设备描述，因此基于 HDF 开发的驱动必须在 HDF 定义的 device_info.hcs 配置文件中添加对应的设备描述。驱动的设备描述如下所示：

```
root {
    device_info {
        match_attr = "hdf_manager";
        // host 模板，继承该模板的节点（如下面的 sample_host）如果使用模板中的默认值，则
节点字段可以缺省
        template host {
            hostName = "";
            priority = 100;
            uid = "";                    // 用户 ID，缺省时使用 hostName 的值，即普通用户
```

```
            gid ="";              // 组 ID,缺省时使用 hostName 的值,即普通用户组
            caps = [""];          // Linux capabilities 配置,需要按照业务需求进行配置
            template device {
                template deviceNode {
                    policy = 0;
                    priority = 100;
                    preload = 0;
                    permission = 0664;
                    moduleName = "";
                    serviceName = "";
                    deviceMatchAttr = "";
                }
            }
        }
        sample_host :: host{
            hostName = "host0";    // host 名称,host 节点是用来存放某一类驱动的容器
            // host 启动优先级(0~200),值越大,优先级越低,建议保持默认值 100,优先级相同时不保证 host 的加载顺序
            priority = 100;
            // 用户态进程 Linux capabilities 配置
            caps = ["DAC_OVERRIDE", "DAC_READ_SEARCH"];
            device_sample :: device {         // sample 设备节点
                device0 :: deviceNode {       // sample 驱动的 DeviceNode 节点
                    // 驱动服务发布的策略,在 8.3.5 小节"驱动服务管理开发"中有详细介绍
                    policy = 1;
                    // 驱动启动优先级(0~200),值越大,优先级越低,建议保持默认值 100,优
先级相同时不保证 device 的加载顺序
                    priority = 100;
                    preload = 0;              // 驱动按需加载字段
                    permission = 0664;        // 驱动创建设备节点权限
                    // 驱动名称,该字段的值必须和驱动入口结构的 moduleName 值一致
                    moduleName = "sample_driver";
                    serviceName = "sample_service";  // 驱动对外发布服务的名称,必须唯一
                    // 驱动私有数据匹配的关键字,必须和驱动私有数据配置表中的 match_attr
值相等
                    deviceMatchAttr = "sample_config";
                }
            }
        }
    }
}
```

说明:

uid、gid、caps 等配置项是用户态驱动的启动配置,内核态不用配置。

根据进程权限最小化设计原则,业务模块的 uid、gid 不用配置,如上面的 sample_ host,使用普通用户权限,即 uid 和 gid 被定义为 hostName 的定义值。

进程的 uid 在文件 base/startup/init/services/etc/passwd 中配置,进程的 gid 在文件 base/startup/init/services/etc/group 中配置。

caps 值的配置格式为 caps = ["xxx"]，如果要配置 CAP_DAC_OVERRIDE 权限，则 caps = ["DAC_OVERRIDE"]，而不是 caps = ["CAP_DAC_OVERRIDE"]。

2. 驱动私有配置信息（可选）

如果驱动有私有配置，则可以添加一个驱动的配置文件以设置驱动的默认配置信息。HDF 在加载驱动的时候，会获取对应的配置信息并保存在 HdfDeviceObject 的 property 中，通过 Bind 和 Init（参考驱动实现）函数传递给驱动。

示例 8-8：驱动的配置信息示例

```
root {
    SampleDriverConfig {
        sample_version = 1;
        sample_bus = "I2C_0";
        // 该字段的值必须和 device_info.hcs 中的 deviceMatchAttr 值一致
        match_attr = "sample_config";
    }
}
```

定义配置信息之后，需要将该配置文件添加到板级配置入口文件 hdf.hcs 中，具体写法如下。

```
#include "device_info/device_info.hcs"
#include "sample/sample_config.hcs"
```

8.3.4 驱动消息机制管理开发

将驱动配置信息中的服务策略 policy 字段设置为 2（SERVICE_POLICY_CAPACITY），方法如下。

```
device_sample :: Device {
    policy = 2;
    ...
}
```

配置驱动信息中的 permission 字段用于设置框架给驱动创建设备节点的权限，默认值是 0666，驱动开发者可以根据驱动的实际使用场景配置驱动设备节点的权限。

在服务实现过程中，实现服务基类成员 IDeviceIoService 中的 Dispatch 方法如下。

```
// Dispatch 用来处理用户态发送的消息
int32_t SampleDriverDispatch(structHdfDeviceIoClient * device, int cmdCode, struct HdfSBuf * data, struct HdfSBuf * reply)
{
    HDF_LOGI("sample driver lite A dispatch");
    return HDF_SUCCESS;
}
int32_t SampleDriverBind(struct HdfDeviceObject * device)
{
    HDF_LOGI("test for lite os sample driver A Open!");
    if (device == NULL) {
        HDF_LOGE("test for lite os sample driver A Open failed!");
        return HDF_FAILURE;
    }
```

```c
    static struct ISampleDriverService sampleDriverA = {
        .ioService.Dispatch = SampleDriverDispatch,
        .ServiceA = SampleDriverServiceA,
        .ServiceB = SampleDriverServiceB,
    };
    device->service = (struct IDeviceIoService * )(&sampleDriverA);
    return HDF_SUCCESS;
}
```

驱动定义消息处理函数中的命令类型,具体方法如下。

```c
# define SAMPLE_WRITE_READ 1    // 读写操作码1
```

用户态获取服务接口并发送消息到驱动,具体方法如下。

```c
int SendMsg(const char * testMsg)
{
    if (testMsg == NULL) {
        HDF_LOGE("test msg is null");
        return HDF_FAILURE;
    }
    struct HdfIoService * serv = HdfIoServiceBind("sample_driver");
    if (serv == NULL) {
        HDF_LOGE("fail to get service");
        return HDF_FAILURE;
    }
    struct HdfSBuf * data = HdfSbufObtainDefaultSize();
    if (data == NULL) {
        HDF_LOGE("fail to obtain sbuf data");
        return HDF_FAILURE;
    }
    struct HdfSBuf * reply = HdfSbufObtainDefaultSize();
    if (reply == NULL) {
        HDF_LOGE("fail to obtain sbuf reply");
        ret = HDF_DEV_ERR_NO_MEMORY;
        goto out;
    }
    if (!HdfSbufWriteString(data, testMsg)) {
        HDF_LOGE("fail to write sbuf");
        ret = HDF_FAILURE;
        goto out;
    }
    int ret = serv->dispatcher->Dispatch(&serv->object, SAMPLE_WRITE_READ, data, reply);
    if (ret != HDF_SUCCESS) {
        HDF_LOGE("fail to send service call");
        goto out;
    }
}
out:
    HdfSbufRecycle(data);
    HdfSbufRecycle(reply);
```

```
    HdfIoServiceRecycle(serv);
    return ret;
}
```

用户态接收该驱动上报的消息。

用户态编写驱动上报消息的处理函数如下。

```
static int OnDevEventReceived(void * priv, uint32_t id, struct HdfSBuf * data)
{
    OsalTimespec time;
    OsalGetTime(&time);
    HDF_LOGI("% {public}s received event at % {public}llu.% {public}llu", (char * )
priv, time.sec, time.usec);

    const char * string = HdfSbufReadString(data);
    if (string == NULL) {
        HDF_LOGE("fail to read string in event data");
        return HDF_FAILURE;
    }
    HDF_LOGI("% {public}s: dev event received: % {public}d % {public}s", (char * )
priv, id, string);
    return HDF_SUCCESS;
}
```

用户态注册接收驱动上报消息的操作方法如下。

```
int RegisterListen()
{
    struct HdfIoService * serv = HdfIoServiceBind("sample_driver");
    if (serv == NULL) {
        HDF_LOGE("fail to get service");
        return HDF_FAILURE;
    }
    static struct HdfDevEventlistener listener = {
        .callBack = OnDevEventReceived,
        .priv ="Service0"
    };
    if (HdfDeviceRegisterEventListener(serv, &listener) != 0) {
        HDF_LOGE("fail to register event listener");
        return HDF_FAILURE;
    }
    ...
    HdfDeviceUnregisterEventListener(serv, &listener);
    HdfIoServiceRecycle(serv);
    return HDF_SUCCESS;
}
```

驱动上报事件如下。

```
int32_t SampleDriverDispatch(HdfDeviceIoClient * client, int cmdCode, struct HdfSBuf
 * data, struct HdfSBuf * reply)
{
```

```
    … // process api call here
    return HdfDeviceSendEvent(client->device, cmdCode, data);
}
```

8.3.5 驱动服务管理开发

驱动服务管理的开发包括驱动服务的编写、绑定、获取（或者订阅），详细步骤如下。

1. 驱动服务编写

```
// 驱动服务结构的定义
struct ISampleDriverService {
// 服务结构的首个成员必须是 IDeviceIoService 类型的
    struct IDeviceIoService ioService;
    int32_t (* ServiceA)(void);              // 驱动的第一个服务接口
    int32_t (* ServiceB)(uint32_t inputCode); // 驱动的第二个服务接口，可以依次添加更多接口
};
// 驱动服务接口的实现
int32_t SampleDriverServiceA(void)
{
    // 驱动开发者实现业务逻辑
    return HDF_SUCCESS;
}

int32_t SampleDriverServiceB(uint32_t inputCode)
{
    // 驱动开发者实现业务逻辑
    return HDF_SUCCESS;
}
```

2. 驱动服务绑定

开发者实现 HdfDriverEntry 中的 Bind 指针函数，如下面的 SampleDriverBind 把驱动服务绑定到 HDF 中，具体方法如下。

```
int32_t SampleDriverBind(struct HdfDeviceObject * deviceObject)
{
    // deviceObject 为 HDF 给每一个驱动创建的设备对象，用来保存设备相关的私有数据和服务接口
    if (deviceObject == NULL) {
        HDF_LOGE("Sample device object is null!");
        return HDF_FAILURE;
    }
    static struct ISampleDriverService sampleDriverA = {
        .ServiceA = SampleDriverServiceA,
        .ServiceB = SampleDriverServiceB,
    };
    deviceObject->service = &sampleDriverA.ioService;
    return HDF_SUCCESS;
}
```

3. 驱动服务获取

应用程序开发者获取驱动服务有两种方式：通过 HDF 接口直接获取和通过 HDF 提供的订阅

机制获取。

（1）通过 HDF 接口直接获取

当驱动服务获取者明确驱动已经加载完成时，获取该驱动的服务可以通过 HDF 提供的能力接口直接获取，如下所示。

```c
const struct ISampleDriverService * sampleService =
        (const struct ISampleDriverService * )DevSvcManagerClntGetService("sample_driver");
if (sampleService == NULL) {
    return HDF_FAILURE;
}
sampleService->ServiceA();
sampleService->ServiceB(5);
```

（2）通过 HDF 提供的订阅机制获取

当内核态驱动服务获取者对驱动（同一个 host）加载的时机不可知时，可以通过 HDF 提供的订阅机制来订阅该驱动服务。当该驱动加载完成时，HDF 会将被订阅的驱动服务发布给订阅者（驱动服务获取者），实现方式如下。

```c
// 订阅回调函数的编写，当被订阅的驱动加载完成后，HDF 会将被订阅驱动的服务发布给订阅者，通过这个回调函数给订阅者使用
// deviceObject 为订阅者的驱动设备对象，service 为被订阅的服务对象
int32_t TestDriverSubCallBack(struct HdfDeviceObject * deviceObject, const struct HdfObject * service)
{
    const struct ISampleDriverService * sampleService =
        (const struct ISampleDriverService * )service;
    if (sampleService == NULL) {
        return HDF_FAILURE;
    }
    sampleService->ServiceA();
    sampleService->ServiceB(5);
}
// 订阅过程的实现
int32_t TestDriverInit(struct HdfDeviceObject * deviceObject)
{
    if (deviceObject == NULL) {
        HDF_LOGE("Test driver init failed, deviceObject is null!");
        return HDF_FAILURE;
    }
    struct SubscriberCallback callBack;
    callBack.deviceObject = deviceObject;
    callBack.OnServiceConnected = TestDriverSubCallBack;
    int32_t ret = HdfDeviceSubscribeService(deviceObject, "sample_driver", callBack);
    if (ret != HDF_SUCCESS) {
        HDF_LOGE("Test driver subscribe sample driver failed!");
    }
    return ret;
}
```

8.3.6 HDF 开发示例代码

下面基于 HDF 提供一个完整的示例代码，包含配置文件的添加、驱动代码的实现以及用户态程序和驱动交互代码的实现。

1. 添加配置

在 HDF 的配置文件（例如 vendor/hisilicon/xxx/hdf_config/device_info）中添加该驱动的配置信息，如下所示。

示例 8-9：HDF 开发中的配置信息添加

```
root {
    device_info {
        match_attr = "hdf_manager";
        template host {
            hostName = "";
            priority = 100;
            template device {
                template deviceNode {
                    policy = 0;
                    priority = 100;
                    preload = 0;
                    permission = 0664;
                    moduleName = "";
                    serviceName = "";
                    deviceMatchAttr = "";
                }
            }
        }
        sample_host :: host {
            hostName = "sample_host";
            sample_device :: device {
                device0 :: deviceNode {
                    policy = 2;
                    priority = 100;
                    preload = 1;
                    permission = 0664;
                    moduleName = "sample_driver";
                    serviceName = "sample_service";
                }
            }
        }
    }
}
```

2. 编写驱动代码

基于 HDF 编写的驱动代码请参考本书配套资源。

3. 编写用户态程序和驱动交互代码

基于 HDF 编写的用户态程序和驱动交互的代码请见本书配套资源。

8.4 典型设备驱动程序开发项目：触摸屏 Touchscreen

8.4.1 触摸屏 Touchscreen 概述

触摸屏 Touchscreen 驱动用于驱动触摸屏使其正常工作。该驱动主要完成如下工作：对触摸屏驱动 IC 进行上电、配置硬件引脚并初始化其状态、注册中断、配置通信接口（I2C 或 SPI）、设定 Input 相关配置、下载及更新固件等操作。

在 HDF 的基础上，Input 驱动模型通过调用 OSAL 接口层和 Platform 接口层提供的基础接口进行开发，涉及的接口包括 Bus 通信接口、操作系统原生接口（如内存、定时器等）。由于 OSAL 接口和 Platform 接口屏蔽了芯片平台的差异，因此基于 Input 驱动模型实现的 Touchscreen 驱动可以进行跨平台、跨 OS 迁移，从而实现驱动的"一次开发，多端部署"。

Input 驱动模型基于 HDF、Platform 接口、OSAL 接口开发，向上对接规范化的驱动接口 HDI 层，通过 Input-HDI 层对外提供硬件能力，即上层 Input Service 可以通过 HDI 层获取相应的驱动能力，进而操控 Touchscreen 等输入设备。

Input 驱动模型的核心部分由设备管理层、公共驱动层、器件驱动层组成。器件产生的数据借助平台数据通道能力从内核传递到用户态，驱动模型通过配置文件适配不同器件及硬件平台，提高开发者对器件驱动的开发效率。模型各部分的说明如下。

1）Input 设备管理：为各类输入设备驱动提供 Input 设备的注册、注销接口，同时对 Input 设备列表进行统一管理。

2）Input 平台驱动：指各类 Input 设备的公共抽象驱动（例如触摸屏的公共驱动）。该部分主要负责对板级硬件进行初始化、硬件中断处理、向 InputManager 注册 Input 设备等。

3）Input 器件驱动：指各器件厂家的差异化驱动，开发者可以通过适配平台驱动预留的差异化接口进行器件驱动开发，实现器件驱动开发量最小化。

4）Input 数据通道：提供一套通用的数据上报通道，各类别的 Input 设备驱动均可用此通道上报 Input 事件。

5）Input 配置解析：负责对 Input 设备的板级配置及器件私有配置进行解析及管理。

Input 驱动主要完成如下工作：对触摸屏驱动 IC 进行上电、配置硬件引脚并初始化其状态、注册中断、配置通信接口（I2C 或 SPI）、设定 Input 相关配置、下载及更新固件等操作。

8.4.2 接口说明

1. 硬件接口

根据 PIN 脚的属性，Touchscreen 器件的硬件接口可以简单分为如下三类：电源接口、I/O 控制接口和通信接口。图 8-4 所示为 Touchscreen 器件常用引脚。

对图 8-4 中的三类接口简要说明如下。

（1）电源接口
➢ LDO_1P8：1.8 V 数字电路。
➢ LDO_3P3：3.3 V 模拟电路。

```
                    CPU                          触摸屏驱动IC
                ┌─────────┐                    ┌─────────┐
                │ LDO_1P8 │──── 1.8V电源 ────→│ LDO_1P8 │
                │ LDO_3P3 │──── 3.3V电源 ────→│ LDO_3P3 │
                │         │                    │         │
                │ RESET   │──── 重启信号 ────→│ RESET   │
                │ INT     │←─── 中断信号 ─────│ INT     │
                │         │                    │         │
                │ I2C_CLK │── I2C时钟信号 ───→│ I2C_CLK │
                │ I2C_DATA│── I2C数据信号 ───→│ I2C_DATA│
                │         │                    │         │
                │ SPI_CLK │── SPI时钟信号 ───→│ SPI_CLK │
                │ SPI_MISO│── SPI数据信号 ───→│ SPI_MISO│
                │ SPI_MOSI│── SPI数据信号 ───→│ SPI_MOSI│
                │ SPI_CS  │── SPI片选信号 ───→│ SPI_CS  │
                └─────────┘                    └─────────┘
```

图 8-4　Touchscreen 器件常用引脚

通常，Touchscreen 驱动 IC 和 LCD 驱动 IC 是相互分离的，此时 Touchscreen 驱动 IC 一般同时需要 1.8 V 和 3.3 V 两路供电。随着芯片的演进，业内已有将 Touchscreen 驱动 IC 和 LCD 驱动 IC 集成在一颗 IC 中的案例。对 Touchscreen 而言，只需要关注 1.8 V 供电即可，其内部需要的 3.3 V 电源，会在驱动 IC 内部从 LCD 的 VSP 电源（典型值 5.5 V）中分出来。

（2）I/O 控制接口
- RESET：reset 引脚，用于在系统休眠、唤醒时，由主机侧对驱动 IC 进行复位操作。
- INT：中断引脚，需要在驱动初始化时配置为输入上拉状态。在驱动 IC 检测到外部触摸信号后，通过操作中断引脚来触发中断，器件驱动则会在中断处理函数中进行报点数据读取等操作。

（3）通信接口
- I2C：由于 Touchscreen 的报点数据量相对较少，因此一般选用 I2C 方式传输数据。
- SPI：在需要传递的数据不仅包含报点坐标，还包含基础容值的情况下，由于需要传递的数据量较大，因此部分厂商会选用 SPI 通信方式。

2. 软件接口

Input HDF 驱动提供给系统服务 Input Service 调用的 HDI 驱动能力接口，按照业务范围可以分为三大模块：Input 设备管理模块、Input 数据上报模块和 Input 业务控制模块。具体的接口见表 8-5、表 8-6、表 8-7，包括输入设备打开及关闭接口、注册设备监听的回调接口、设备信息查询接口和电源状态控制接口等。

表 8-5　输入设备打开及关闭接口

接 口 名 称	功 能 描 述
int32_t（*OpenInputDevice）(uint32_t devIndex);	打开 Input 设备
int32_t（*CloseInputDevice）(uint32_t devIndex);	关闭 Input 设备
int32_t（*GetInputDevice）(uint32_t devIndex, DeviceInfo **devInfo);	获取指定 ID 的输入设备信息
int32_t（*GetInputDeviceList）(uint32_t *devNum, DeviceInfo **devList, uint32_t size);	获取输入设备列表

表 8-6 注册设备监听的回调接口

接口名称	功能描述
int32_t (*RegisterReportCallback)(uint32_t devIndex, InputReportEventCb *callback);	注册输入设备的回调
int32_t (*UnregisterReportCallback)(uint32_t devIndex);	注销输入设备的回调
void (*ReportEventPkgCallback)(const EventPackage **pkgs, uint32_t count);	上报数据的回调函数

表 8-7 设备信息查询接口和电源状态控制接口

接口名称	功能描述
int32_t (*SetPowerStatus)(uint32_t devIndex, uint32_t status);	设置电源状态
int32_t (*GetPowerStatus)(uint32_t devIndex, uint32_t *status);	获取电源状态
int32_t (*GetDeviceType)(uint32_t devIndex, uint32_t *deviceType);	获取设备类型
int32_t (*GetChipInfo)(uint32_t devIndex, char *chipInfo, uint32_t length);	获取器件编码信息
int32_t (*GetVendorName)(uint32_t devIndex, char *vendorName, uint32_t length);	获取模组厂商名
int32_t (*GetChipName)(uint32_t devIndex, char *chipName, uint32_t length);	获取芯片厂商名
int32_t (*SetGestureMode)(uint32_t devIndex, uint32_t gestureMode);	设置手势模式
int32_t (*RunCapacitanceTest)(uint32_t devIndex, uint32_t testType, char *result, uint32_t length);	执行容值自检测试
int32_t (*RunExtraCommand)(uint32_t devIndex, InputExtraCmd *cmd);	执行拓展指令

8.4.3 开发步骤

以 Touchscreen 器件驱动为例,Input 驱动模型的完整加载流程可以分为 6 步。

1)设备描述配置:由开发者参考已有模板进行设备描述配置,配置的信息包括驱动加载顺序、板级硬件信息、器件私有数据信息等。

2)加载 Input 设备管理驱动:由 HDF 加载 Input 设备管理驱动,完成设备 InputManager 的创建并对其进行初始化。

3)加载平台驱动:平台驱动由 HDF 加载,主要完成板级配置解析及硬件初始化,并提供器件注册接口。

4)加载器件驱动:器件驱动也由 HDF 加载,完成器件设备的实例化,包括器件私有配置解析和平台预留的差异化接口适配。

5)器件设备向平台驱动注册:将实例化的器件设备注册到平台驱动,实现设备和驱动的绑定,并完成中断注册、上下电等器件初始化工作。

6)Input 设备注册:在器件初始化完成后,实例化 Input 设备,并将其注册到 InputManager

进行管理。

根据 Input 驱动模型的加载流程可知，Touchscreen 器件驱动的开发过程主要包含以下三个步骤。

1）设备描述配置：目前 Input 驱动基于 HDF 编写，驱动的加载启动由 HDF 驱动管理框架统一处理。首先需要在对应的配置文件中将驱动信息注册进去，如是否加载、加载优先级，此后 HDF 会逐一启动注册过的驱动模块。

2）板级配置及 Touchscreen 器件私有配置：配置对应的 I/O 引脚功能，例如对单板上为 Touchscreen 设计预留的 I2C PIN 脚，须设置对应的寄存器，使其选择 I2C 的通信功能。

3）实现器件差异化适配接口：根据硬件单板设计的通信接口，使用 Platform 接口层提供的引脚操作接口配置对应的复位引脚、中断引脚以及电源操作。

8.4.4 开发代码

下面以 SC-DAYU800A 开发板的 input 模块为例，说明 Touchscreen 器件的适配和接口使用方法。

1. 设备描述配置

如下配置主要包含 Input 驱动模型各模块层级信息，配置文件路径为 vendor/hihope/dayu800/hdf_config/khdf/device_info/device_info.hcs。具体原理可参考 8.2 节"HDF 驱动开发流程"，HDF 依据该配置信息实现对 Input 模型各模块的依次加载等。

示例 8-10：SC-DAYU800A 开发板的 input 模块设备描述配置

```
input :: host {
    hostName = "input_host";
    priority = 100;
    device_input_manager :: device {
        device0 :: deviceNode {
            policy = 2;           // 向外发布服务
            priority = 100;       // 加载优先级，在 input 模块内，manager 模块优先级应最高
            preload = 0;          // 加载该驱动，0：加载；1：不加载
            permission = 0660;
            moduleName = "HDF_INPUT_MANAGER";
            serviceName = "hdf_input_host";
            deviceMatchAttr = "";
        }
    }
    device_hdf_touch :: device {
        device0 :: deviceNode {
            policy = 2;
            priority = 120;
            preload = 0;
            permission = 0660;
            moduleName = "HDF_TOUCH";
            serviceName = "hdf_input_event1";
            deviceMatchAttr = "touch_device1";
        }
    }
```

```
device_touch_chip :: device {
    device0 :: deviceNode {
        policy = 0;
        priority = 130;
        preload = 0;
        permission = 0660;
        moduleName = "HDF_TOUCH_GT911";
        serviceName = "hdf_touch_gt911_service";
        deviceMatchAttr = "zsj_gt911_th1520";
    }
  }
}
```

2. 板级配置及器件私有配置

板级硬件配置及器件私有数据配置的配置文件路径为 vendor/hihope/dayu800/hdf_config/khdf/input/input_config.hcs。在实际业务开发时，可根据具体需求增删及修改配置文件信息。详情请参考本书配套资源。

3. 添加器件驱动

在器件驱动中，主要实现了平台预留的差异化接口，以器件数据获取及解析进行示例说明，代码路径为 drivers/hdf_core/framework/model/input/driver/touchscreen/touch_gt911.c。具体开发过程需要根据实际使用的单板及器件进行适配。详情请参考本书配套资源。

8.5 典型设备驱动程序开发项目：串口通信（基于 NAPI）

NAPI（Native API）是 OpenHarmony 系统中的一套原生模块扩展开发框架。它基于 Node.js N-API 规范开发，为开发者提供了 JavaScript 与 C/C++模块之间相互调用的交互能力，在 OpenHarmony 应用层与系统框架层之间搭建桥梁，是 OpenHarmony 标准系统上的 JS API（JavaScript API，JavaScript 应用程序编程接口）实现方式。本节介绍使用 NAPI 机制实现 SC-DAYU800A 开发板串口通信。

8.5.1 napi_demo 代码处理

下载 itopen：napi_demo 代码并放置到 dayu800-ohos 代码的 device/soc/thead/th1520/hardware 目录下，然后在 BUILD.gn 中添加 napi_demo 模块。

```
cd device/soc/thead/th1520/hardware
git clonehttps://gitee.com/itopen/napi_demo.git
vim BUILD.gn
# 添加 napi_demo:napi_demo
group("hardware_group") {
  deps = [
    "bootanimation:bootanimation",
    "isp8000:isp8000",
    "camera:camera",
    "hap:th1520_hap",
```

```
    "napi_demo:napi_demo", # 第一个 napi_demo 表示 napi_demo 目录,第二个 napi_demo 表示
napi_demo 目录下 BUILD. gn 中的 napi_demo 模块
  ]
}
```

NAPI 提供了一系列接口函数,需要声明导入如下两个头文件。

```
# include "napi/native_api.h"
# include "napi/native_node_api.h"
```

这两个头文件分别在//foundation/arkui/napi/interfaces/kits/napi 和//foundation/arkui/napi/interfaces/inner_api/napi 之中。

8.5.2 napi_demo 代码介绍

napi_demo 代码结构如下：

```
├── BUILD.gn
├── CMakeLists.txt
├── include
│   ├── i_serialport_client.h
│   ├── log
│   │   └── serialport_log_wrapper.h
│   ├── serial_callback_base.h
│   └── serialport_types.h
├── serial_async_callback.cpp
├── serial_async_callback.h
├── serial_helper.cpp
├── serial_opt.cpp
├── serial_opt.h
├── types
│   └── libserialhelper
│       ├── package.json
│       └── serialhelper.d.ts
├── x_napi_tool.cpp
└── x_napi_tool.h
...
```

下面以打开串口的代码为例进行说明。详情请参考本书配套资源。

8.5.3 创建类型声明文件

类型声明文件的命名方式为 "动态库名称.d.ts",参照本书配套资源。

8.5.4 BUILD.gn 文件介绍

BUILD.gn 文件构成请见本书配套资源。

8.5.5 napi_demo 编译

为了节省编译时间,可以先通过指定 target 的指令查看是否有编写错误。

```
./build.sh --product-name dayu800 --ccache --build-target=serialhelperlib
```

或者直接采用下列命令进行全量编译。

```
./build.sh --product-name dayu800 --ccache
```

全量编译完成后，使用 find -name 指令查找类似 libserialhelper.z.so 的文件，若找到，则编译完成，将其发送到开发板设备的/system/lib64/module 目录中。

```
./build.sh --product-name dayu800 --ccache --build-target=napi_demo
# 编译的 libserialhelper.z.so 和 serialdebug 位于 ./out/dayu800/thead_products/thead_products/目录中
```

8.5.6 测试 NAPI 接口功能

打开 DevEco Studio 并创建一个空项目。在 entry/src/main/ets/pages/Index.ets 中编写 TypeScript 程序。

示例 8-11：测试 NAPI 接口功能的代码段。因代码较长，请参见本书配套资源。

8.6 本章小结

本章详细介绍了 OpenHarmony 的驱动程序相关知识，主要从基本概念、HDF 驱动开发流程、实现方法等方面展开阐述，然后以触摸屏和串口通信为例介绍了 OpenHarmony 的驱动程序开发方法和实现细节。通过本章，读者可以了解到 OpenHarmony 的驱动程序知识和南向开发方法。

习题

一、单项选择题
1. OpenHarmony 驱动程序可以完成以下哪项功能？（   ）
  A. 管理用户权限   B. 对设备初始化和释放   C. 管理网络连接   D. 管理应用程序
2. OpenHarmony 驱动子系统支持以下哪种特性？（   ）
  A. 弹性化的框架能力   B. 自动化测试   C. 云服务集成   D. 用户界面设计
3. HDF 采用哪种编程模型构建？（   ）
  A. 面向过程   B. 面向对象   C. 函数式编程   D. 事件驱动
4. HDF 的配置管理使用哪种工具？（   ）
  A. hc-gen   B. gcc   C. cmake   D. make
5. 在 OpenHarmony 中，以下哪个是驱动加载的策略？（   ）
  A. 按需加载   B. 按时加载   C. 按量加载   D. 按序加载

二、填空题
1. HDF 配置文件中，_____字段用于控制驱动的加载策略。
2. OpenHarmony 的驱动服务管理中，_____字段用于定义驱动服务的发布策略。
3. 在 OpenHarmony 中，驱动消息机制的功能包括用户态应用发送消息到驱动和_____。
4. OpenHarmony 的 HDF 中，_____组件用于管理硬件资源。
5. 在 OpenHarmony 中，驱动模型的核心组成部分是_____。

第 9 章 RISC-V+OpenHarmony 综合开发项目：相机

相机（Camera）调用摄像头采集并加工图像和视频数据，精确控制硬件，灵活输出图像和视频内容，满足多镜头硬件适配（如广角、长焦、TOF）以及多业务场景适配（如不同分辨率、不同格式、不同效果）的需求。

相机的工作流程如图 9-1 所示，可概括为相机输入设备管理、会话管理和相机输出管理三部分。

图 9-1 相机的工作流程

相机设备调用摄像头采集数据，作为相机输入流。

会话管理可配置输入流，即选择哪些镜头进行拍摄。另外，还可以配置闪光灯、曝光时间、对焦和调焦等参数，实现不同效果的拍摄，从而适配不同的业务场景。应用可以通过切换会话满足不同场景的拍摄需求。

配置相机的输出流，即将内容以预览流、拍照流或视频流输出。

相机模块（camera）主要针对相机预览、拍照、视频流等场景，对这些场景下的相机操作进行封装，使开发者更易操作相机硬件，提高开发效率。本章以相机模块为分析对象，分别介绍其北向开发项目和南向开发项目。

9.1 OpenHarmony 相机驱动框架

9.1.1 运行原理

OpenHarmony 相机驱动框架模型对上实现相机 HDI（Hardware Device Interface）接口，对下通过相机 Pipeline 模型管理相机的各个硬件设备。该驱动框架模型分为三层，依次为 HDI 实现层、框架层和设备适配层。各层的基本概念如下。

➢ HDI 实现层：实现 OHOS（OpenHarmony Operation System）相机标准南向接口。

➢ 框架层：对接 HDI 实现层，完成设备控制、数据流转发，实现数据通路的搭建，管理相机的各类硬件设备等。

➢ 设备适配层：屏蔽底层芯片和操作系统的差异，支持多平台适配。

camera 模块主要包含服务（Service）、设备的初始化，数据通路的搭建，流（Stream）的配置、创建、下发、捕获等，具体运作机制如下。

1）系统启动时创建 camera_host 进程。创建进程后，首先枚举底层设备，创建（也可以通过配置表创建）管理设备树的 DeviceManager 类及其内部各个底层设备的对象，创建对应的 CameraHost 类实例并将其注册到 UHDF（用户态 HDF）服务中，方便相机服务层通过 UHDF 服务获取底层的 CameraDeviceHost 服务，从而操作硬件设备。

2）Service 通过 CameraDeviceHost 服务获取 CameraHost 实例。CameraHost 可以获取底层的 Camera 能力，开启闪光灯、调用 Open 接口打开 Camera 并创建连接、创建 DeviceManager（负责底层硬件模块上电）、创建 CameraDevice（向上提供设备控制接口）。在创建 CameraDevice 时，会实例化 PipelineCore 的各个子模块，其中，StreamPipelineCore 负责创建数据处理流水线（Pipeline），MetaQueueManager 负责上报 metaData（元数据）。这里的 PipelineCore 是 OpenHarmony 相机子系统的核心引擎，通过 StreamPipelineCore 管理数据流处理链路，MetaQueueManager 确保元数据与图像帧的精准同步。模块化设计、零拷贝传输和动态调度机制，使其能够高效支撑从简单拍照到 4K 视频录制的复杂场景。开发者可通过自定义节点和优化流水线拓扑，实现高性能、低功耗的相机应用。

3）Service 通过 CameraDevice 模块配置流、创建 Stream 类。StreamPipelineStrategy 模块通过上层下发的模式和查询配置表创建对应流的节点（Node）连接方式，StreamPipelineBuilder 模块创建 Node 实例并且连接返回该 Pipeline 给 StreamPipelineDispatcher。StreamPipelineDispatcher 提供统一的 Pipeline 调用管理。

4）Service 通过 Stream 控制整个流的操作。AttachBufferQueue 接口将从显示模块申请的 BufferQueue 下发到底层，由 CameraDeviceDriverModel 自行管理 buffer。当 Capture 接口触发拍摄命令后，底层开始向上传递 buffer。在 Pipeline 中，IspNode 依次从 BufferQueue 获取指定数量的 buffer，然后下发到底层 ISP（Image Signal Processor，图像信号处理器）硬件。ISP 填充完之后，将 buffer 传递给 CameraDeviceDriverModel。CameraDeviceDriverModel 通过循环线程将 buffer 填充到已经创建好的 Pipeline 中，经过各个 Node 处理后，通过回调传递给上层。同时，buffer 返回 BufferQueue，等待下一次下发指令。

5）Service 通过 Capture 接口触发拍摄命令。ChangeToOfflineStream 接口查询拍照 buffer 位置：如果 ISP 已经完成图像处理，并且图像数据已经送到 IPP node，则可以将普通拍照流转换为离线流；否则直接执行关闭流程。ChangeToOfflineStream 接口传递 StreamInfo，使离线流获取到普通流的流信息，并且通过配置表确认离线流的具体 Node 连接方式，创建离线流的 Node 连接（如果已创建，则通过 CloseCamera 释放非离线流所需的 Node），等待 buffer 从底层 Pipeline 回传到上层，再释放持有的 Pipeline 相关资源。

6）Service 通过 CameraDevice 的 UpdateSettings 接口向下发送 CaptureSetting 参数，CameraDeviceDriverModel 通过 StreamPipelineDispatcher 模块向各个 Node 转发，StartStreamingCapture 和 Capture 接口携带的 CaptureSetting 通过 StreamPipelineDispatcher 模块向该流所属的 Node 转发。

7）Service 通过 EnableResult 和 DisableResult 接口控制底层 metaData 的上报。如果需要底层 metaData 上报，Pipeline 会在 CameraDeviceDriverModel 内部实例化一个 BufferQueue，用来收集和传递 metaData。根据 StreamPipelineStrategy 模块查询配置表并通过 StreamPipelineBuilder 创建和连

317

接 Node。MetaQueueManager 下发 buffer 至底层，待底层相关 Node 完成数据填充后，MetaQueueManager 模块再调用上层回调将 metaData 传递给上层。

8）Service 调用 CameraDevice 的 Close 接口，CameraDevice 调用对应的 DeviceManager 模块对各个硬件下电；如果此时在 IPP 的 SubPipeline 中存在 OfflineStream，则需要保留 OfflineStream，直到执行完毕。

9）动态帧率控制。在 StreamOperator 中创建一个 CollectBuffer 线程，CollectBuffer 线程从每一路流的 BufferQueue 中获取 buffer。如果某一路流的帧率需要控制（如设置为 sensor 输出帧率的 $1/n$ 分频），可以根据需求控制每一帧的 buffer 打包，并决定是否收集此路流的 buffer（比如 sensor 输出帧率为 120 fps，预览流的帧率为 30 fps 时，CollectBuffer 线程收集预览流的 buffer 时，每隔 4 帧采集 1 帧）。

9.1.2 接口

表 9-1 所示为 IDL 接口功能描述及其 C++ 语言函数接口，具体接口声明见 IDL 文件（/drivers/interface/camera/v1_1/）。

表 9-1 相机主要接口

功 能 描 述	接 口 名 称
获取流控制器	int32_t GetStreamOperator_V1_1(const sptr<OHOS::HDI::Camera::V1_0::IStreamOperatorCallback>& callbackObj, sptr<OHOS::HDI::Camera::V1_1::IStreamOperator>& streamOperator)
打开 Camera 设备	int32_t OpenCamera_V1_1(const std::string& cameraId, const sptr<OHOS::HDI::Camera::V1_0::ICameraDeviceCallback>& callbackObj, sptr<OHOS::HDI::Camera::V1_1::ICameraDevice>& device)
预启动摄像头设备	int32_t PreLaunch(const PrelaunchConfig& config)
查询是否支持添加参数对应的流	int32_t IsStreamsSupported_V1_1(OperationMode mode, const std::vector<uint8_t>& modeSetting, const std::vector<StreamInfo_V1_1>& infos, StreamSupportType& type)

9.1.3 开发步骤

Camera 驱动的开发过程主要包含以下步骤。

1. 注册 CameraHost

定义 Camera 的 HdfDriverEntry 结构体，该结构体中定义了 CameraHost 初始化的方法（代码目录为 drivers/peripheral/camera/interfaces/hdi_ipc/camera_host_driver.cpp）。

```
struct HdfDriverEntry g_cameraHostDriverEntry = {
    .moduleVersion = 1,
    .moduleName = "camera_service",
    .Bind = HdfCameraHostDriverBind,
    .Init = HdfCameraHostDriverInit,
    .Release = HdfCameraHostDriverRelease,
};
HDF_INIT(g_cameraHostDriverEntry);   // 将 Camera 的 HdfDriverEntry 结构体注册到 HDF 上
```

2. 初始化 Host 服务

步骤 1 提到的结构体中的 HdfCameraHostDriverBind 接口提供了 CameraServiceDispatch 和 CameraHostStubInstance 的注册。CameraServiceDispatch 接口是远端调用 CameraHost 的方法,如 OpenCamera( )、SetFlashlight( )等,CameraHostStubInstance 接口是 Camera 设备的初始化,在开机时被调用。

```cpp
static int HdfCameraHostDriverBind(struct HdfDeviceObject * deviceObject)
{
    HDF_LOGI("HdfCameraHostDriverBind enter");

    auto * hdfCameraHostHost = new (std::nothrow) HdfCameraHostHost;
    if (hdfCameraHostHost == nullptr) {
        HDF_LOGE("% {public}s: failed to create HdfCameraHostHost object", __func__);
        return HDF_FAILURE;
    }
    // 提供远端调用 CameraHost 的方法
    hdfCameraHostHost->ioService.Dispatch = CameraHostDriverDispatch;
    hdfCameraHostHost->ioService.Open = NULL;
    hdfCameraHostHost->ioService.Release = NULL;
    auto serviceImpl = ICameraHost::Get(true);
    if (serviceImpl == nullptr) {
        HDF_LOGE("% {public}s: failed to get of implement service", __func__);
        delete hdfCameraHostHost;
        return HDF_FAILURE;
    }
    hdfCameraHostHost -> stub = OHOS::HDI::ObjectCollector::GetInstance()
    .GetOrNewObject(serviceImpl,
        ICameraHost::GetDescriptor());                    // 初始化 Camera 设备
    if (hdfCameraHostHost->stub == nullptr) {
        HDF_LOGE("% {public}s: failed to get stub object", __func__);
        delete hdfCameraHostHost;
        return HDF_FAILURE;
    }
    deviceObject->service = &hdfCameraHostHost->ioService;
    return HDF_SUCCESS;
}
```

CameraHostStubInstance( )接口最终调用 CameraHostImpl::Init( )方法,该方法会获取物理 Camera,并对 DeviceManager 和 PipelineCore 进行初始化。

3. 获取 Host 服务

调用 Get( )接口从远端 CameraService 中获取 CameraHost 对象。Get( )方法如下。

```cpp
sptr<ICameraHost> ICameraHost::Get(const char * serviceName)
{
    do {
        using namespace OHOS::HDI::ServiceManager::V1_0;
        auto servMgr = IServiceManager::Get();
        if (servMgr == nullptr) {
            HDF_LOGE("% s: IServiceManager failed!", __func__);
            break;
        }
        // 根据 serviceName 获取 CameraHost
```

```cpp
        auto remote = servMgr->GetService(serviceName);
        if (remote != nullptr) {
            sptr<CameraHostProxy> hostSptr = iface_cast<CameraHostProxy>(remote);
            // 将 CameraHostProxy 对象返回给调用者, 该对象中包含 OpenCamera() 等方法
            return hostSptr;
        }
        HDF_LOGE("% s: GetService failed! serviceName = % s", __func__, serviceName);
    } while(false);
    HDF_LOGE("% s: get % s failed!", __func__, serviceName);
    return nullptr;
}
```

4. 打开设备

CameraHostProxy 对象中有 5 个方法，分别是 SetCallback、GetCameraIds、GetCameraAbility、OpenCamera 和 SetFlashlight。其中，OpenCamera 方法通过 CMD_CAMERA_HOST_OPEN_CAMERA 指令调用远端 CameraHostStub::OpenCamera 接口，并返回一个 ICameraDevice 对象。

```cpp
int32_t CameraHostProxy::OpenCamera(const std::string& cameraId, const sptr<ICameraDeviceCallback>& callbackObj,
    sptr<ICameraDevice>& device)
{
    MessageParcel cameraHostData;
    MessageParcel cameraHostReply;
    MessageOption cameraHostOption(MessageOption::TF_SYNC);

    if (!cameraHostData.WriteInterfaceToken(ICameraHost::GetDescriptor())) {
        HDF_LOGE("% {public}s: failed to write interface descriptor!", __func__);
        return HDF_ERR_INVALID_PARAM;
    }

    if (!cameraHostData.WriteCString(cameraId.c_str())) {
        HDF_LOGE("% {public}s: write cameraId failed!", __func__);
        return HDF_ERR_INVALID_PARAM;
    }

    if (!cameraHostData.WriteRemoteObject(OHOS::HDI::ObjectCollector::GetInstance()
        .GetOrNewObject(callbackObj,
        ICameraDeviceCallback::GetDescriptor()))) {
        HDF_LOGE("% {public}s: write callbackObj failed!", __func__);
        return HDF_ERR_INVALID_PARAM;
    }
     int32_t cameraHostRet = Remote()->SendRequest(CMD_CAMERA_HOST_OPEN_CAMERA, cameraHostData, cameraHostReply, cameraHostOption);
    if (cameraHostRet != HDF_SUCCESS) {
        HDF_LOGE("% {public}s failed, error code is % {public}d", __func__, cameraHostRet);
        return cameraHostRet;
    }
     device = hdi_facecast<ICameraDevice>(cameraHostReply.ReadRemoteObject());
```

```
        return cameraHostRet;
    }
```

Remote()->SendRequest 调用 CameraHostServiceStubOnRemoteRequest()，根据 cmdId 进入 CameraHostStub::OpenCamera() 接口，最终调用 CameraHostImpl::OpenCamera()。该接口获取了 CameraDevice 并对硬件进行上电等操作。

5. 获取流

CameraDeviceImpl 定义了 GetStreamOperator、UpdateSettings、SetResultMode 和 GetEnabledResult 等方法。

6. 创建流

调用 CreateStreams 前需要填充 StreamInfo 结构体，具体内容如下。

```
using StreamInfo = struct _StreamInfo {
    int streamId_;
    int width_;                                // 数据流宽
    int height_;                               // 数据流高
    int format_;                               // 像素格式，如 PIXEL_FMT_YCRCB_420_SP
    int dataSpace_;
    StreamIntent intent_;                      // 流用途，如 PREVIEW
    bool tunneledMode_;
    BufferProducerSequenceable bufferQueue_;
    int minFrameDuration_;
    EncodeType encodeType_;
};
```

CreateStreams() 接口是 StreamOperator（StreamOperatorImpl 类是 StreamOperator 的基类）类中的方法，该接口的主要作用是创建一个 StreamBase 对象，通过 StreamBase 的 Init 方法进行初始化 CreateBufferPool 等操作。

7. 配置流

CommitStreams() 是配置流的接口，必须在创建流之后调用，其主要作用是初始化 Pipeline 和创建 Pipeline。

8. 捕获图像

在调用 Capture() 接口前需要先填充 CaptureInfo 结构体，具体内容如下。

```
using CaptureInfo = struct _CaptureInfo {
    int[] streamIds_;                          // 需要捕获的 streamIds
    // 相机能力设置，可通过 CameraHost::GetCameraAbility()接口获取
    unsigned char[]  captureSetting_;
    bool enableShutterCallback_;
};
```

StreamOperator 中的 Capture 方法主要是捕获数据流，具体内容如下。

```
int32_t StreamOperator::Capture(int32_t captureId, const CaptureInfo& info, bool isStreaming)
{
    CHECK_IF_EQUAL_RETURN_VALUE(captureId < 0, true, INVALID_ARGUMENT);
    PLACE_A_NOKILL_WATCHDOG(requestTimeoutCB_);
```

```cpp
    DFX_LOCAL_HITRACE_BEGIN;

    for (auto id : info.streamIds_) {
        std::lock_guard<std::mutex> l(streamLock_);
        auto it = streamMap_.find(id);
        if (it == streamMap_.end()) {
            return INVALID_ARGUMENT;
        }
    }

    {
        std::lock_guard<std::mutex> l(requestLock_);
        auto itr = requestMap_.find(captureId);
        if (itr != requestMap_.end()) {
            return INVALID_ARGUMENT;
        }
    }

    std::shared_ptr<CameraMetadata> captureSetting;
    MetadataUtils::ConvertVecToMetadata(info.captureSetting_, captureSetting);
    CaptureSetting setting = captureSetting;
    auto request =
        std::make_shared<CaptureRequest>(captureId, info.streamIds_.size(), setting,
    info.enableShutterCallback_, isStreaming);
    for (auto id : info.streamIds_) {
        RetCode rc = streamMap_[id]->AddRequest(request);
        if (rc != RC_OK) {
            return DEVICE_ERROR;
        }
    }

    {
        std::lock_guard<std::mutex> l(requestLock_);
        requestMap_[captureId] = request;
    }
    return HDI::Camera::V1_0::NO_ERROR;
}
```

9. 取消捕获和释放离线流

StreamOperator 类中的 CancelCapture( ) 接口的主要作用是根据 captureId 取消数据流的捕获。

```cpp
int32_t StreamOperator::CancelCapture(int32_t captureId)
{
    CHECK_IF_EQUAL_RETURN_VALUE(captureId < 0, true, INVALID_ARGUMENT);
    PLACE_A_NOKILL_WATCHDOG(requestTimeoutCB_);
    DFX_LOCAL_HITRACE_BEGIN;
     std::lock_guard<std::mutex> l(requestLock_);
    // 根据 captureId 在 Map 中查找对应的 CameraCapture 对象
    auto itr = requestMap_.find(captureId);
    if (itr == requestMap_.end()) {
```

```
            CAMERA_LOGE("can't cancel capture [id = % {public}d], this capture doesn't ex-
ist", captureId);
            return INVALID_ARGUMENT;
        }
        // 调用 CameraCapture 中的 Cancel 方法结束数据捕获
        RetCode rc = itr->second->Cancel();
        if (rc != RC_OK) {
            return DEVICE_ERROR;
        }
        requestMap_.erase(itr);// 擦除该 CameraCapture 对象

        DFX_LOCAL_HITRACE_END;
        return HDI::Camera::V1_0::NO_ERROR;
}
```

10. 关闭 Camera 设备

调用 CameraDeviceImpl 中的 Close( ) 来关闭 CameraDevice，该接口调用 deviceManager 中的 PowerDown( )来关闭设备。

9.1.4 开发代码

在/drivers/peripheral/camera/test/demo 目录下有一个关于 Camera 的 demo，开机后会在/vendor/bin 下生成可执行文件 ohos_camera_demo。该 demo 可以完成 Camera 的预览、拍照等基础功能。下面以此 demo 为例讲述怎样用 HDI 接口去编写预览方法 PreviewOn( ) 和拍照方法 CaptureON( )的用例。因代码较长，详情请参考本书配套资源。

以 SC-DAYU800A 为例，执行全量编译命令：

```
./build.sh --product-name dayu800 --ccache
```

生成可执行二进制文件 ohos_camera_demo，路径为 out/dayu800/packages/phone/vendor/bin/。

将可执行文件 ohos_camera_demo 导入开发板，修改权限后直接运行即可。

9.2 OpenHarmony 南向开发典型项目：相机驱动测试

本节的案例主要是针对 OpenHarmony 的相机驱动测试设计的。

SC-DAYU800A 开发板上的相机分为两类，一类是板载的 MIPI Camera，另一类是 USB Camera。MIPI Camera 的驱动和 Sensor 能力由芯片厂家平头哥提供的闭源库实现，开发者只能通过其对外提供的接口进行调用。而 USB Camera 符合标准的 V4L2 框架协议，因此可以通过测试用例了解其参数。

9.2.1 添加测试用例白名单

OpenHarmony 具有白名单机制。在 OpenHarmony 中，"白名单"（Whitelist）通常指的是一个允许列表，用于指定哪些应用、服务或者组件被系统信任并允许运行。这是操作系统安全机制的一部分，用于防止未经授权的访问和潜在的安全威胁。第三方模块只有被添加到白名单中才能在编译时不报错。

白名单添加方法：打开文件 build/compile_standard_whitelist.json，在 gn_part_or_subsystem_error、deps_added_external_part_module、external_deps_added_self_part_module、external_deps_bundle_not_add、third_deps_bundle_not_add 五个模块中添加对应的编译模块路径。添加的路径为//device/soc/thead/th1520/hardware/test/demotest/driver_demo/mipi_camera_driver_test：mipi_camera_driver_test 和//device/soc/thead/th1520/hardware/test/demotest/driver_demo/usb_camera_driver_test：usb_camera_driver_test。

将 driver_demo 整个目录复制到 dayu800-v4.1-release 代码的 device/soc/thead/th1520/hardware/test/demotest 目录下，然后将 device/soc/thead/th1520/hardware/test/demotest/BUILD.gn 文件内容做如下修改。

```
import("// build/ohos.gni")
group("demotest") {
  deps = [
    "welog_test:welog_test",
    "driver_demo:driver_demo",
  ]
}
...
```

修改完成后编译镜像烧录，测试用例存储在/vendor/bin 目录下。

9.2.2 测试代码介绍

1. mipi_camera_driver_test

该 demo 用例通过调用 MIPI Camera 提供的接口实现图像的保存，拍摄的图像保存在/data/misc/camera/目录下。详情请参考本书配套资源。

2. usb_camera_driver_test

该 demo 用例通过调用 USB Camera 提供的接口实现图像的保存并将图像格式转换成想要的格式，其中，ImageHandle 函数就是转换图片格式的处理函数。详情请参考本书配套资源。

微课 9-1 MIPI 相机测试程序

微课 9-2 USB 相机测试程序

9.3 OpenHarmony 南向开发典型项目：HAL 框架 Demo

在 OpenHarmony 中，HAL（Hardware Abstraction Layer，硬件抽象层）是一个关键组件，它提供了操作系统与硬件设备之间的接口。HAL 的作用是抽象硬件操作，使得软件可以按统一的方式与不同的硬件设备进行交互，而不必关心硬件的具体细节。该部分的 demo 主要是针对 OpenHarmony 的 HAL 侧接口和代码调测设计。

该 Demo 用例原型基于 9.1 节中 OpenHarmony 原生的 Camera 测试用例（路径为 drivers/peripheral/camera/test/demo），根据 SC-DAYU800A 产品特性进行了二次开发。这也是 OpenHarmony 适配 Camera 功能非常重要的一环。该用例的主要作用是测试 OpenHarmony 的 Camera HAL 适配情况。

该 Demo 用例包含了预览、拍照和录像功能。SC-DAYU800A 的 Camera HAL 适配路径是 device/board/hihope/dayu800/camera/vdi_impl/v4l2。该 Demo 用例的添加测试白名单、修改

微课 9-3 HAL 测试用例

BUILD.gn 配置及编译烧录方法和 9.2.1 节介绍的方法相同。

该 Demo 用例直接调用 device/board/hihope/dayu800/camera/vdi_impl/v4l2 中适配的接口，从而验证 Camera 适配是否正确。源码请参考本书配套资源。

9.4　OpenHarmony 北向开发典型项目：相机应用侧开发

图 9-2 所示为相机开发模型。相机应用程序通过控制相机，实现图像显示（预览）、照片保存（拍照）、视频录制（录像）等基础操作。在实现基本操作的过程中，相机服务（Service）会控制相机设备采集和输出数据，采集的图像数据保存在相机底层的硬件设备接口（HDI），直接通过 BufferQueue 传递到具体的功能模块进行处理。在应用开发中，开发者无须关注 BufferQueue 的具体实现。该机制主要用于将底层处理的数据及时送到上层进行图像显示。

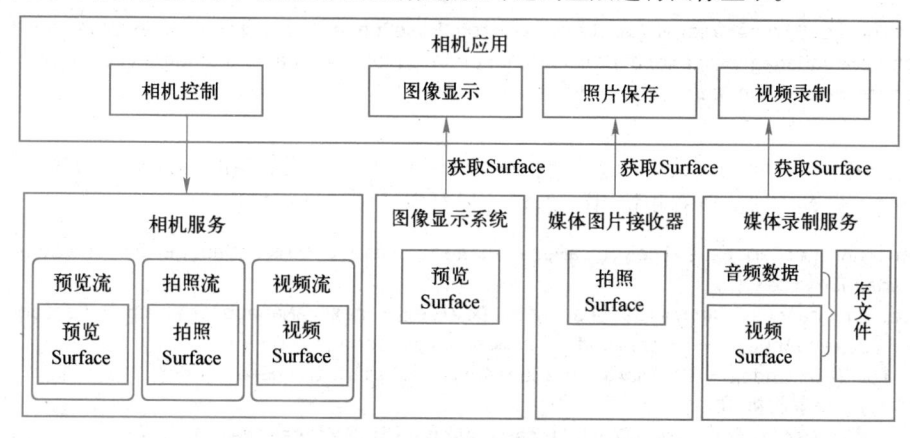

图 9-2　相机开发模型

以视频录制为例进行说明，相机应用在录制视频的过程中，媒体录制服务先创建一个视频 Surface 用于传递数据，并提供给相机服务；相机服务可控制相机设备采集视频数据，生成视频流。采集的数据通过底层相机 HDI 处理后，通过 Surface 将视频流传递给媒体录制服务，媒体录制服务对视频数据进行处理后，保存为视频文件，完成视频录制。

相机应用侧开发分为两部分，一部分是系统层面对于输入设备（即摄像设备）的视频流进行处理，一部分是 HAP 应用层对相机功能的调用。前者已在 9.1 节介绍过，本节介绍 HAP 应用层对 camera 接口的调用。开发者通过调用 Camera Kit（相机服务）提供的接口可以开发相机应用，应用通过访问和操作相机硬件实现基础操作，如预览、拍照和录像；还可以通过接口组合完成更多操作，如控制闪光灯、曝光时间、对焦或调焦等。

相机应用侧开发需要使用系统服务，需要先获取如下与相机相关的权限。

- ohos.permission.CAMERA：允许应用使用相机拍摄照片和录制视频。
- ohos.permission.MICROPHONE：允许应用使用麦克风（可选）。如要同时录制音频，需要申请该权限。
- ohos.permission.WRITE_MEDIA：允许应用读写用户外部存储中的媒体文件信息（可选）。
- ohos.permission.READ_MEDIA：允许应用读取用户外部存储中的媒体文件信息（可选）。
- ohos.permission.MEDIA_LOCATION：允许应用访问用户媒体文件中的地理位置信息

（可选）。

以上获取权限的方式，均为用户授权。

具体开发步骤如下。

1. 导入 camera 接口

camera 接口中提供了与相机相关的属性和方法，导入方法如下：

```
import camera from '@ohos.multimedia.camera';
import { BusinessError } from '@ohos.base';
import common from '@ohos.app.ability.common';
```

2. 创建相机管理对象，获取视频流

Camera 所有的操作均基于视频流，以下为获取视频流的步骤。

1) 通过 getCameraManager 方法，获取 cameraManager 对象。

```
function getCameraManager(context: common.BaseContext): camera.CameraManager {
  let cameraManager: camera.CameraManager = camera.getCameraManager(context);
  return cameraManager;
}
```

2) 通过 cameraManager 类中的 getSupportedCameras 方法，获取当前设备支持的相机列表。该列表中存储了设备支持的所有相机 ID，然后选择对应的设备进行操作。

```
function getCameraDevices(cameraManager: camera.CameraManager): Array<camera.CameraDevice> {
  let cameraArray: Array<camera.CameraDevice> = cameraManager.getSupportedCameras();
  if (cameraArray != undefined && cameraArray.length > 0) {
    for (let index = 0; index < cameraArray.length; index++) {
      // 获取相机 ID
      console.info('cameraId : ' + cameraArray[index].cameraId);
      // 获取相机位置
      console.info('cameraPosition : ' + cameraArray[index].cameraPosition);
      // 获取相机类型
      console.info('cameraType : ' + cameraArray[index].cameraType);
      // 获取相机连接类型
      console.info('connectionType : ' + cameraArray[index].connectionType);
    }
    return cameraArray;
  } else {
    console.error("cameraManager.getSupportedCameras error");
    return [];
  }
}
```

3) 通过 getSupportedOutputCapability 方法，获取当前设备支持的所有输出流，如预览流、拍照流等。输出流在 CameraOutputCapability 的各个 profile 字段中。

```
async function getSupportedOutputCapability(cameraDevice: camera.CameraDevice, cameraManager: camera.CameraManager, sceneMode: camera.SceneMode): Promise<camera.CameraOutputCapability | undefined> {
  // 创建相机输入流
```

```
    let cameraInput: camera.CameraInput | undefined = undefined;
    try {
      cameraInput = cameraManager.createCameraInput(cameraDevice);
    } catch (error) {
      let err = error as BusinessError;
      console.error('Failed to createCameraInput errorCode = ' + err.code);
    }
    if (cameraInput === undefined) {
      return undefined;
    }
    // 监听 cameraInput 错误信息
    cameraInput.on('error', cameraDevice, (error: BusinessError) => {
      console.error(`Camera input error code: ${error.code}`);
    });
    // 打开相机
    await cameraInput.open();
    // 获取相机设备支持的输出流能力
    let cameraOutputCapability: camera.CameraOutputCapability = cameraManager.getSupportedOutputCapability(cameraDevice, sceneMode);
    if (!cameraOutputCapability) {
      console.error("cameraManager.getSupportedOutputCapability error");
      return undefined;
    }
    console.info("outputCapability: " + JSON.stringify(cameraOutputCapability));
    return cameraOutputCapability;
}
```

4）在相机应用开发过程中，可以随时监听相机状态，包括新相机的出现、相机的移除、相机的可用状态。在回调函数中，通过相机 ID 和相机状态这两个参数进行监听，如当有新相机出现时，可以将新相机加入到应用的备用相机列表中。

通过注册 cameraStatus 事件监听，回调函数会返回 cameraStatusInfo 参数，用于接收相机状态变更信息。

```
function onCameraStatus(cameraManager: camera.CameraManager): void {
    cameraManager.on ( ' cameraStatus ', ( err: BusinessError, cameraStatusInfo:
camera.CameraStatusInfo) => {
      console.info(`camera: ${cameraStatusInfo.camera.cameraId}`);
      console.info(`status: ${cameraStatusInfo.status}`);
    });
}
```

3. XComponent 组件介绍

XComponent 作为一个媒体组件，用于视频流播放；作为预览的载体，用于 EGL/OpenGL ES 和媒体数据写入显示。这里说明相机使用 XComponent 组件的过程。

1）布局 XComponent 的页面，具体代码如下。

```
@Component
struct XComponentPage {
  // 创建 XComponentController
  mXComponentController: XComponentController = new XComponentController;
```

```
surfaceId: string = '';
build() {
  Flex() {
    // 创建 XComponent
    XComponent({
      id: '',
      type: 'surface',
      libraryname: '',
      controller: this.mXComponentController
    })
      .onLoad(() => {
        // 设置 Surface 的宽和高（1920* 1080），预览尺寸设置参考前面 previewProfilesArray 获取的当前设备所支持的预览分辨率大小
        // 预览流与录像输出流的分辨率的宽高比要保持一致
        this.mXComponentController.setXComponentSurfaceSize({surfaceWidth: 1920, surfaceHeight:1080});
        // 获取 Surface ID
        this.surfaceId = this.mXComponentController.getXComponentSurfaceId();
      })
      .width('1920px')
      .height('1080px')
  }
}
```

2）通过 cameraOutputCapability 类中的 previewProfiles 属性获取当前设备支持的预览能力，返回 previewProfilesArray 数组。通过 createPreviewOutput 方法创建预览输出流，其中，createPreviewOutput 方法中的两个参数分别是 previewProfilesArray [0] 和 surfaceId。

```
function getPreviewOutput(cameraManager: camera.CameraManager, cameraOutputCapability: camera.CameraOutputCapability, surfaceId: string ): camera.PreviewOutput | undefined {
  let previewProfilesArray: Array<camera.Profile> = cameraOutputCapability.previewProfiles;
  let previewOutput: camera.PreviewOutput | undefined = undefined;
  try {
    previewOutput = cameraManager.createPreviewOutput(previewProfilesArray[0], surfaceId);
  } catch (error) {
    let err = error as BusinessError;
    console.error("Failed to create the PreviewOutput instance. error code: " + err.code);
  }
  return previewOutput;
}
```

3）预览相机视频流，具体代码如下。

```
async function startPreviewOutput ( cameraManager: camera.CameraManager, previewOutput: camera.PreviewOutput): Promise<void> {
  let cameraArray: Array<camera.CameraDevice> = [];
```

```
  cameraArray = cameraManager.getSupportedCameras();
  if (cameraArray.length == 0) {
    console.error('no camera.');
    return;
  }
  // 获取支持的模式类型
  let sceneModes: Array<camera.SceneMode> = cameraManager.getSupportedSceneModes
(cameraArray[0]);
  let isSupportPhotoMode: boolean = sceneModes.indexOf(camera.SceneMode.NORMAL_
PHOTO) >= 0;
  if (!isSupportPhotoMode) {
    console.error('photo mode not support');
    return;
  }
  let cameraInput: camera.CameraInput | undefined = undefined;
  cameraInput = cameraManager.createCameraInput(cameraArray[0]);
  if (cameraInput === undefined) {
    console.error('cameraInput is undefined');
    return;
  }
  //打开相机
  await cameraInput.open();
  let session: camera.PhotoSession = cameraManager.createSession(camera.SceneMode.NORMAL_
PHOTO) as camera.PhotoSession;
  session.beginConfig();
  session.addInput(cameraInput);
  session.addOutput(previewOutput);
  await session.commitConfig();
  await session.start();
}
```

4. 状态监听

在相机应用开发过程中，可以随时监听预览输出流状态，包括预览流启动、预览流结束、预览流输出错误。

1）预览流启动。

```
function onPreviewOutputFrameStart(previewOutput: camera.PreviewOutput): void {
  previewOutput.on('frameStart', () => {
    console.info('Preview frame started');
  });
}
```

2）预览流结束。

```
function onPreviewOutputFrameEnd(previewOutput: camera.PreviewOutput): void {
  previewOutput.on('frameEnd', () => {
    console.info('Preview frame ended');
  });
}
```

3）预览流输出错误。

```
function onPreviewOutputError(previewOutput: camera.PreviewOutput): void {
  previewOutput.on('error', (previewOutputError: BusinessError) => {
    console.error(`Preview output error code: ${previewOutputError.code}`);
  });
}
```

9.5 本章小结

本章详细介绍了 OpenHarmony 相机开发的相关知识，主要从原生驱动框架、驱动开发流程、南向 HAL 框架 Demo、北向应用侧开发等方面展开阐述。通过本章，读者可以了解到 OpenHarmony 的相机北向开发和南向开发方法。

习题

一、单项选择题

1. 在 OpenHarmony 中，相机输入设备管理主要负责什么？（　　）
   A. 管理用户权限　　　B. 调用摄像头采集数据　　C. 管理网络连接　　D. 管理应用程序
2. OpenHarmony 相机驱动框架的 HDI 实现层主要实现什么？（　　）
   A. OHOS 相机标准南向接口　　　　　B. 数据通路的搭建
   C. 硬件设备管理　　　　　　　　　　D. 配置管理
3. 在 OpenHarmony 中，相机的会话管理可以配置哪些参数？（　　）
   A. 闪光灯、曝光时间、对焦和调焦　　B. 用户权限
   C. 网络连接　　　　　　　　　　　　D. 应用程序管理
4. OpenHarmony 相机驱动框架的设备适配层的作用是什么？（　　）
   A. 管理用户权限　　　　　　　　　　B. 屏蔽底层芯片和操作系统差异
   C. 管理网络连接　　　　　　　　　　D. 管理应用程序
5. 在 OpenHarmony 中，相机的输出流可以配置为哪种流？（　　）
   A. 预览流　　　　　B. 网络流　　　　　C. 用户流　　　　　D. 应用流

二、填空题

1. OpenHarmony 相机驱动框架的 Service 通过＿＿＿＿接口获取 CameraHost 实例。
2. 在 OpenHarmony 中，相机的动态帧率控制是通过＿＿＿＿线程实现的。
3. OpenHarmony 相机驱动框架的 Service 通过＿＿＿＿接口触发拍摄命令。
4. 在 OpenHarmony 中，相机的流操作是通过＿＿＿＿接口控制的。

参 考 文 献

［1］ OpenHarmony. OpenHarmony 官方文档［EB/OL］. https：//gitee.com/openharmony/docs.
［2］ RISC-V International. RISC-V 指令集手册（第一卷：用户级 ISA）［EB/OL］. https：//riscv.org/technical/specifications.
［3］ 润开鸿数字科技有限公司. 润开鸿鸿锐开发板（SC-DAYU800A）技术手册.［Z］.2024.
［4］ OpenHarmony 开发者社区. HDF 驱动开发框架.［EB/OL］.［2023-12-01］. https：//gitee.com/openharmony/drivers_framework.
［5］ 刘畅，武延军，吴敬征，等. RISC-V 指令集架构研究综述［J］. 软件学报，2021，32（12）：3992-4024.
［6］ 林金龙，何小庆. 深入理解 RISC-V 程序开发［M］. 北京：北京航空航天大学出版社，2021.
［7］ 奔跑吧 Linux 社区. RISC-V 体系结构编程与实践［M］. 北京：人民邮电出版社，2023.
［8］ 陈鲤文，陈婧，叶伟华. OpenHarmony 开发与实践：基于红莓 RK2206 开发板［M］. 北京：清华大学出版社，2024.
［9］ 李雄，欧楠. OpenHarmony 程序设计任务驱动式教程［M］. 北京：清华大学出版社，2024.
［10］ 戈帅. OpenHarmony 轻量系统从入门到精通 50 例［M］. 北京：清华大学出版社，2023.
［11］ 丁刚毅，王成录，吴长高，等. OpenHarmony 操作系统［M］. 2 版. 北京：北京理工大学出版社，2024.
［12］ 王剑，刘鹏，陈景伟. 嵌入式系统原理与开发：基于 RISC-V 和 Linux 系统［M］. 北京：清华大学出版社，2024.